高等工科院校精品教材

复合材料力学基础

主编　刘　韡　李东波

中国建材工业出版社

图书在版编目（CIP）数据

复合材料力学基础/刘韡，李东波主编．--北京：
中国建材工业出版社，2023.8
高等工科院校精品教材
ISBN 978-7-5160-3664-8

Ⅰ.①复… Ⅱ.①刘… ②李… Ⅲ.①复合材料力学
—高等学校—教材 Ⅳ.①TB301

中国国家版本馆 CIP 数据核字（2023）第 004232 号

内 容 简 介

本书阐述了复合材料力学基础、复合材料宏观力学和细观力学基本理论和分析方法。其主要内容包括复合材料概论，各向异性弹性力学基础，复合材料单层的宏观力学分析，复合材料单层的细观力学分析，复合材料层合板刚度的宏观力学分析，复合材料层合板强度的宏观力学分析，复合材料层合板的弯曲、屈曲和振动等。

本书可作为高等学校力学及相关专业本科生、研究生复合材料力学课程教材使用，也可供有关科技人员学习参考。

复合材料力学基础
FUHE CAILIAO LIXUE JICHU
主编　刘　韡　李东波

出版发行：中国建材工业出版社
地　　址：北京市海淀区三里河路 11 号
邮　　编：100831
经　　销：全国各地新华书店
印　　刷：北京雁林吉兆印刷有限公司
开　　本：787mm×1092mm　1/16
印　　张：14
字　　数：350 千字
版　　次：2023 年 8 月第 1 版
印　　次：2023 年 8 月第 1 次
定　　价：52.00 元

本社网址：www.jccbs.com，微信公众号：zgjcgycbs
请选用正版图书，采购、销售盗版图书属违法行为

本书如有印装质量问题，由我社市场营销部负责调换，联系电话：(010)57811387

前　言

复合材料是一种新型材料，其比强度高、比刚度大，并具有抗疲劳、耐高温、减振、可设计等一系列优点。近 60 年来，复合材料在航空航天、航海、兵器、能源、交通、建筑、机电、化工、医疗、体育等领域得到广泛应用。复合材料是一种多相材料，它具有非均匀性和各向异性，其强度和刚度分析理论与方法不同于金属材料。

随着复合材料技术的不断发展，人们对复合材料力学特性的研究也越来越深入，复合材料力学已形成独立的科学体系并得到蓬勃发展。国内外许多高等院校已将复合材料力学列为力学及相关专业本科生和研究生的必修或选修课程。

为满足高等院校力学专业本科生和研究生复合材料力学课程教学需求，编者在参考国内外复合材料力学书籍的基础上，结合多年从事复合材料力学教学的体会和对 MATLAB 程序设计语言的了解，编写了这本《复合材料力学基础》。本书可作为高等学校力学及相关专业本科生、研究生复合材料力学课程教材使用，也可供有关科技人员学习参考。

本书阐述了连续纤维增强复合材料力学基础、复合材料宏观力学和细观力学基本理论和分析方法。全书内容分为 7 章，第 1 章为复合材料概论，第 2 章为各向异性弹性力学基础，第 3 章为复合材料单层的宏观力学分析，第 4 章为复合材料单层的细观力学分析，第 5 章为复合材料层合板刚度的宏观力学分析，第 6 章为复合材料层合板强度的宏观力学分析，第 7 章为复合材料层合板的弯曲、屈曲和振动。其中，第 1 章、第 4 章和第 7 章由刘韡编写，第 2 章和第 3 章由李东波编写，第 5 章和第 6 章由倪娜编写。

限于编者水平和经验，书中难免有疏漏和不妥之处，敬请读者批评指正。

编　者

2023 年 6 月

目　　录

1　复合材料概论

现代轻质复合材料具有高比强度、比模量，抗疲劳、耐腐蚀，成型工艺性好以及可设计性强等特点，现已成为飞机、火箭、宇宙飞船等航空航天结构中与铝合金、钛合金和钢并驾齐驱的四大结构材料之一。复合材料在国民经济发展中已发挥出重大作用，发达国家一直将其列为战略材料，列入为数有限的国防研究重点项目之一。

复合材料在材料的组成和结构、物理化学特性及制造工艺等方面，与金属材料、工程塑料等传统材料具有显著的区别，其力学性能也独具特色。本章主要介绍复合材料的种类、复合材料的构造和制法、复合材料的力学分析方法、复合材料的力学性能、复合材料的发展与应用等。

1.1　复合材料的种类

1.1.1　复合材料基本概念

复合材料（Composite Material）是由两种或者两种以上性质不同且互补的材料组成的，并被赋予了新特性的一种多相固体材料。其中的每一种组成材料被称为复合材料的组分。包容组分被称为基体（Matrix），而被包容组分被称为增强材料（Reinforcement）。基体与增强材料的结合面被称为界面。界面上存在力的相互作用，即界面力学问题。

复合材料具有比组分材料更优越的综合性能，有些性能甚至是组分材料所不具有的。如断裂能为 7N/m 的玻璃纤维与断裂能可达 220.5N/m 的塑料组成的复合材料，其断裂能可达 175000N/m。

自然界中存在大量的复合材料，如竹子、木材、动物的肌肉和骨骼等。从力学角度来看，天然复合材料结构往往是理想的结构，它们为发展人工纤维增强复合材料提供了仿生学依据。

人类使用复合材料的历史悠久。中国古代使用的土坯砖是由黏土和稻草（麦秆）两种材料组成的，稻草起增强黏性的作用。古代的宝剑是用复合浇铸技术得到的包层金属复合材料，它具有锋利、韧性好、耐腐蚀的优点。到了近代，复合材料已经深入人类生活的众多方面。例如，胶合板不但具有高于木材的强度和刚度，而且具有受热或受湿后变形小的特点，成为早期飞机的蒙皮材料；土建中广泛使用的钢筋混凝土，具有水泥、砂石和钢筋所不具备的优越综合性能；但真正称得上复合材料的还是 20 世纪 40 年代出现的玻璃纤维增强树脂（Glass Fiber Reinforced Plastics，GFRP），它是一种密度低、强度高的复合材料，俗称玻璃钢。

1.1.2 复合材料的种类

1.1.2.1 按用途分类

复合材料根据应用的性质可分为功能复合材料（Functional Composites）和结构复合材料（Structural Composites）两大类。

1. 功能复合材料

将复合材料的物理、化学和生物学功能作为主要用途的复合材料，称为功能复合材料。例如，将复合材料的电学性能（导电性、超导特性、半导体特性、绝缘性和压电特性等），磁学性能（磁饱和特性和透磁性等），光学性能（发光特性、荧光特性、感光特性、透光性、偏振光性、光电效应、折射和反射特性等），热学性能（耐热性、隔热性、导热性、比热、热膨胀或收缩特性等），化学性能（耐酸和耐碱性、耐腐蚀、有触媒作用和吸附性等），生物学性能（组织适应性、血液适应性、在生物体内的分解性等），力学性能（强度、刚度、硬度、比强度、比刚度、高温和低温强度、振动特性、隔声、隔震、弹塑性、耐摩擦与磨损、抗疲劳、韧性、耐冲击性和各向异性等）作为其主要用途。有些复合材料兼具多种功能，也可设计和制造成具有多种功能的复合材料。例如，耐烧蚀复合材料就具有热化学、隔热、耐气流冲刷和强度大等多种性能。

2. 结构复合材料

利用复合材料的各种良好力学性能，如比强度高、比刚度大和抗疲劳性能好等优点，进行结构建造或制造的材料，称为结构复合材料。并非所有利用复合材料力学性能的材料都属于结构复合材料，而结构复合材料有时也具有一些良好的非力学性能。功能复合材料在制造和使用过程中也存在不少力学问题，进而影响产品的质量和使用寿命，不可忽视。本书主要研究结构复合材料。

1.1.2.2 按纤维性能分类

根据纤维性能，可将复合材料分为先进复合材料和工程复合材料。

1. 先进复合材料

可用于加工主承力结构和次承力结构、刚度和强度性能相当于或超过铝合金的复合材料，称为先进复合材料（Advanced Composite Material，ACM）。目前主要是指以硼纤维（Boron Fiber）、碳纤维（Carbon Fiber）、碳化硅纤维（Silicon Carbide Fiber）、芳纶纤维（Aramid Fiber）等高级纤维增强的复合材料。

2. 工程复合材料

工程复合材料，如玻璃纤维增强塑料、玻璃纤维或钢纤维增强水泥等，与先进复合材料相比，其价格较低，某些性能较差，在工程上用量较大。

1.1.2.3 按增强材料的几何形状分类

根据复合材料中增强材料的几何形状，复合材料可分为颗粒复合材料（Particle Dispersed Composite Material）和纤维增强复合材料（Fiber Reinforced Composite Material）两类。

1. 颗粒复合材料

颗粒复合材料由颗粒增强材料和基体组成。颗粒可以是金属，也可以是非金属。它均匀地分散在基体中，用以增强基体的抗位错能力，因而提高了材料的强度和刚度，但同时增大了脆性。颗粒复合材料从宏观上可被看作均匀各向同性材料，但从微观构造上看它是不均匀且复杂的，也存在界面、缺陷和微裂纹，它不同于均匀、连续和各向同性的金属材料和工程塑料，尤其是在强度问题方面。本书不讨论颗粒复合材料的力学问题。

2. 纤维增强复合材料

纤维增强复合材料由增强纤维和基体组成。人类早就发现，各种长纤维比块状的相同材料的强度高得多。这是因为纤维的直径接近于晶体尺寸，缺陷小而少，强度自然高。例如，普通平板玻璃的拉伸强度只有 70MPa，但玻璃纤维的拉伸强度可达 2800～5000MPa。基体相较纤维来说，强度和模量要低得多。

在纤维增强复合材料中，纤维比较均匀地分散在基体中，从纤维方向增强基体，以发挥主要承载作用。基体的作用是把纤维黏结为一个整体，保持纤维间的相对位置，使纤维发挥协同作用，保护纤维免受化学腐蚀和机械损伤，并减小对环境的不利影响，传递和承受切应力，在垂直纤维的方向承受拉、压应力等。纤维增强基体的效果，在合理的纤维体积百分比 V_f（纤维在复合材料中所占的体积百分比）范围内，与 V_f 成正比。V_f 太小，起不到增强效果，纤维在基体应变较大时就已大量断裂，在基体中造成很多缺陷，反而使强度下降，这是不可取的；V_f 太大，在工艺上不易操作，纤维和基体间由于黏结变差，缺陷增多，导致界面强度下降。韧性基体在复合材料中的体积百分比降低，脆性纤维的体积百分比提高，使复合材料的韧性减小，抗冲击和断裂性能下降，达不到良好的增强效果，这也是不可取的。连续纤维的 V_f 不宜超过 70%，以 60%～65% 为宜。本书主要讨论纤维增强复合材料的力学问题。

1.1.2.4 按增强纤维的长度分类

纤维增强复合材料根据纤维的长度可分为短纤维增强复合材料和长纤维（连续纤维）增强复合材料。

1. 短纤维增强复合材料

短纤维增强复合材料可分为单向短纤维增强复合材料和杂乱短纤维增强复合材料。单向短纤维增强复合材料，在纤维方向的强度和刚度最大，纤维起决定性作用；在垂直于纤维方向的强度和刚度，以及剪切强度和刚度方面，基体起主要作用。杂乱短纤维增强复合材料中的纤维在材料中是随机（杂乱）分布的。

2. 长纤维（连续纤维）增强复合材料

长纤维（连续纤维）增强复合材料是应用最广的复合材料之一，现已被用作飞机、火箭、汽车等的结构材料。这类复合材料通常采用层合或缠绕的方式被制成层合板（Laminate）或层合壳。连续纤维增强复合材料在纤维方向具有较高的强度和模量，但在剪切强度和模量方面及在垂直于纤维方向的拉、压强度和模量方面，远不如三维杂乱短纤维增强复合材料，常发生横向开裂和脱层（Delamination）。

织物增强复合材料（Fabric Composites）是一种连续纤维增强复合材料，是通过机织、针织、编织、缝纫等编织/纺织技术制造增强材料预成型体，再经树脂传递模塑等复合材料成型工艺制造的一种复合材料。它能有效地克服传统单向和层合复合材料的面内力学性能不均匀、损伤容限低等缺点。本书不讨论纺织复合材料的力学问题。

1.1.2.5 按基体材料分类

复合材料可按基体材料的不同分为聚合物基复合材料（PMCs）、金属基复合材料（MMCs）、陶瓷基复合材料（CMCs）和碳/碳复合材料（C/C）等。

1. 聚合物基复合材料

聚合物基复合材料是以有机合成树脂为基体，工作温度低于425℃。它的最大特点是易于成型，适用于制作大面积的复杂型面结构件，生产工艺比较成熟，只是使用温度因树脂性能的影响而受到一定的限制。然而，大多数民用产品和大部分军用产品的温度已经能够满足使用要求。因而，从国防工业到人民生活、民用工业等各个方面，它的应用范围和应用规模都在日益扩大。

2. 金属基复合材料

金属基复合材料是20世纪60年代发展起来的，现已发展为性能优越、包含多种类型、应用前景广阔的材料体系。金属基复合材料是以金属及其合金为基体的复合材料。它具有单一金属材料所不具备的优良力学性能和物理性能，克服了单一材料性能的局限性，能满足各种特殊和综合性能的需求。金属基复合材料已广泛应用于航空、航天、电子、机械、汽车等行业，并取得了明显的经济和技术效益。

3. 陶瓷基复合材料

陶瓷基复合材料是以陶瓷作为基体的一种复合材料。陶瓷本身坚硬、模量较高且耐高温，但性脆、断裂应变小、抗拉和抗冲击性能差是其致命的弱点。使用延伸率较大的纤维增强陶瓷可有效改善其韧性。纤维增强陶瓷是最典型的一种陶瓷基复合材料。对于长纤维来说，如何有效地使其均匀分布于基体中是这类材料制备的关键。目前，工业上多采用化学气相渗透（CVI）工艺来制备纤维增强陶瓷基复合材料。

4. 碳/碳复合材料

碳/碳复合材料是以碳纤维或石墨纤维为增强材料、碳或石墨为基体的一种复合材料。它具有许多突出的优点，如密度低、高温强度好、热膨胀系数低、热导率高、抗热冲击性能优异、断裂韧性较高、抗疲劳性能及抗蠕变性能强。由于碳/碳复合材料独特的优点和良好的烧蚀特性，被广泛用作宇航领域的烧蚀防热材料。随着碳/碳复合材料的研究和应用，碳/碳复合材料从火箭发动机及宇航飞行器应用到了飞机刹车。目前，一半以上的碳/碳复合材料被用于飞机刹车装置。

1.2 纤维和基体

1.2.1 几种常用纤维

复合材料中的增强材料通常是各种纤维状材料或其他材料，它们在复合材料中起主要作用，可提高复合材料的强度和刚度。常用的增强纤维有玻璃纤维、硼纤维、碳纤维、芳纶纤维和碳化硅纤维等。

1. 玻璃纤维

玻璃纤维是应用最早、用量最多的一种增强材料，在飞行器结构中常用E型玻璃和S型玻璃两个品种。玻璃纤维的直径为5～20μm，它强度高、延伸率较大，可制成织物，但弹性模量较低，与铝接近，约为 7×10^4 MPa。一般硅酸盐玻璃纤维可耐 450℃高温，石英和高硅氧玻璃纤维可耐 1000℃以上高温。玻璃纤维由拉丝炉拉出单丝，集束为原丝，再经纺丝加工成无捻纱、各种纤维布、带和绳等。

2. 硼纤维

硼纤维是由硼蒸气在钨丝上沉积而成的纤维，钨丝为芯，表面为硼。硼纤维可应用于 500℃高温下，在 500～700℃使用时，纤维表面必须有碳化硅涂层，以避免其与铝及钛基体发生化学反应。近年来以碳纤维取代钨丝生产出来的硼纤维质量不如采用钨丝芯的质量高。由于钨丝直径较大，硼纤维粗而硬，不易弯曲，很难做成织物。

3. 碳纤维

碳纤维是一种性能良好的高级纤维，它由各种有机纤维加热碳化制成。主要以聚丙烯腈（PAN）纤维或沥青为原料，纤维经加热氧化、碳化、石墨化处理而成。碳纤维可分为高强度、高模量、极高模量等种类，后两种需经 2500～3000℃石墨化处理，又被称为石墨纤维。由于碳纤维制造工艺较简单，价格比硼纤维低得多，因此成为最重要的先进纤维材料之一。其密度比玻璃纤维小，模量比玻璃纤维高数倍，碳纤维增强复合材料广泛应用于航空航天等工业。碳纤维的产量以日本最高，英国次之。我国已能生产碳纤维，但质量有待提升。

4. 芳纶纤维

芳纶纤维的制造工艺与碳纤维和玻璃纤维不同，它采用的是液晶纺丝工艺。芳纶纤维的相对密度（1.45）比玻璃纤维的相对密度（2.54）小得多，模量约为 E 型玻璃纤维的 2 倍，负膨胀系数较小，韧性较强，拉伸强度与玻璃纤维相近，比拉伸强度很高。其价格较玻璃纤维高，但比碳纤维低。芳纶纤维将取代玻璃纤维而得到广泛应用。芳纶纤维增强复合材料多应用于航空航天、船舶、军事装备（防弹衣等）等领域。

5. 碳化硅纤维

碳化硅纤维属于陶瓷纤维，它有两种形式，一种是采用与硼纤维相似的工艺，在钨丝上沉积碳化硅形成纤维；另一种是 20 世纪 70 年代日本研制的连续碳化硅纤维，它将二甲基二氯硅烷聚合纺纱为有机硅纤维，再高温处理转化为单向碳化硅纤维。碳化硅纤维具有抗氧化、耐腐蚀和耐高温等优点，它的金属相容性好，可制成金属基复合材料，用它增强的陶瓷基复合材料制成的发动机，工作温度可达 1200℃以上。

各种常见纤维的基本性能见表 1-1。

表 1-1　各种常见纤维的基本性能

纤维	直径/μm	熔点/℃	相对密度 γ	弹性模量 E/GPa	拉伸强度 σ_b/10MPa	热膨胀系数 α/10^{-6}℃$^{-1}$	伸长率 δ/%	比模量/GPa	比强度/10MPa	
玻璃纤维	E	10	700	2.55	74	350	5	4.8	29	137
	S	10	840	2.49	84	490	2.9	5.7	34	197
硼纤维		100	2300	2.65	410	350	4.5	0.5～0.8	155	132
		140		2.49		364			165	146

续表

纤维	直径/μm	熔点/℃	相对密度 γ	弹性模量 E/GPa	拉伸强度 σ_b/10MPa	热膨胀系数 α/10^{-6}℃$^{-1}$	伸长率 δ/%	比模量/GPa	比强度/10MPa	
碳纤维	普通		3650	1.75		250～300				143～171
	高强度	6			225～228	350～700			129～130	200～400
	高模度	6			350～580	240～350	−0.6	1.5～2.4	200～234	137～200
	极高模量	6			460～670	75～250	−1.4	0.5～0.7	263～383	43～143
芳纶纤维	K-49Ⅲ	10	1.47	134	283	−3.6	2.5	91	193	
	K-49Ⅳ	10		85	304		4.0	58	207	
碳化硅纤维	复相	100	2690	3.28	430	254	3.8		131	77.4
	单相	8～12		2.8	180～300	250～450			64～110	89～161

1.2.2 几种常用基体

复合材料中的基体具有支持和固定纤维、保护纤维、传递纤维间荷载的重要作用。基体分为非金属基体和金属基体。非金属基体材料包括聚合物、陶瓷、玻璃、水泥和碳等；金属基体材料包括铝合金、钛合金和镁合金等。

1. 聚合物基体

聚合物基体又分为热固性树脂基体和热塑性树脂基体两大类。常用的热固性树脂包括环氧、酚醛和不饱和聚酯树脂等，它们最早应用于复合材料。环氧树脂是航空航天工业中用作纤维增强复合材料的基体中性能最优的一种，其主要优点是黏结力强、与增强纤维表面浸润性好、固化收缩小、耐热性较高、固化成型方便。但作为基体材料，环氧树脂具有脆性，断裂应变也较低。因此，需要多方面改良性能，目前国内外有两种改进环氧树脂韧性的方法：一种是用橡胶增韧环氧，另一种是用无机粒状填充料增韧环氧。酚醛树脂耐高温性好，吸水性小，电绝缘性好，价格低廉，只是收缩率过大。聚酯树脂工艺性好，可室温固化，价格低廉，但固化时收缩率大，耐热性差。

热塑性树脂包括聚乙烯、聚苯乙烯、聚丙烯和聚酰胺（尼龙）等，当加热到转变温度时它们会被再次软化，易于制成模压复合材料。

上述几种聚合物基体各有优缺点，从力学角度看，希望基体具有较高的强度和刚度，能与纤维黏结得更牢固，具有较高的界面强度和适当的延伸率、无脆性不易开裂、线膨胀系数较低和使用温度较高等特性。几种常用树脂的性能见表 1-2。

表 1-2　几种常用树脂的性能

树脂名称	相对密度 γ	弹性模量 E/GPa	拉伸强度 σ_b/MPa	伸长率 δ/%	抗压强度/MPa	抗弯强度/MPa
环氧	1.1～1.3	3～4	60～95	5	90～110	100
酚醛	1.3	3.2	42～64	1.5～2.0	88～110	78～120
聚酯	1.1～1.4	2.1～4.5	42～71	5	92～190	60～120
聚酰胺（PA）	1.1	2.8	70	60	90	100

续表

树脂名称	相对密度 γ	弹性模量 E /GPa	拉伸强度 σ_b /MPa	伸长率 δ /%	抗压强度 /MPa	抗弯强度 /MPa
聚乙烯		8.4	23	60	20～25	25～29
聚丙烯（PP）	0.9	1.4	35～40	200	56	42～56
聚苯乙烯（PS）		2.8	59	2.0	98	77

2. 金属基体

目前用作金属基体的金属主要有铝及铝合金、镁合金、钛合金、镍合金、铜与铜合金、锌合金、铅、银、钛铝金属间化合物、镍铝金属间化合物等。金属基体的力学性能和物理性能直接影响复合材料的力学性能和物理性能。因此，应根据金属、合金的特点和复合材料的用途选择基体材料。例如，航天、航空领域的飞机、卫星、火箭等壳体和内部结构要求材料轻、比强度和比模量高、稳定性强，可选用镁合金、铝合金等轻金属合金作为基体；高性能发动机要求材料具有高比强度、高比模量、优良的耐高温性能，同时能在高温、氧化性环境中正常工作，可选用钛基合金、镍基合金及金属间化合物作为基体材料。由此可见，金属基体主要用于耐高温或其他特殊场合。几种纤维增强金属基复合材料的性能见表 1-3。

表 1-3　几种纤维增强金属基复合材料的性能

纤维名称	金属基体名称	抗拉强度 /MPa	拉伸模量 /GPa	泊松比 ν_{12}	其他
					纤维体积百分比
石墨	纯铝基	680	178		V_f=32%
		650	147		V_f=35%
石墨	铝镁基	680	195		V_f=31%
石墨	铜镍基	560（400℃）			V_f=30%～50%
石墨	镍基	800～830	240～310		V_f=50%
碳纤维 T300	201 铝合金	1050	148		V_f=40%
					纤维方向
SiC	钛合金	979	250	0.28	0
		930	240	0.28	15°
		779	220	0.35	30°
		738	210	0.35	45°
		656	190	0.25	90°

3. 陶瓷基体

陶瓷基体材料包括氧化物陶瓷、氮化物陶瓷和碳化物陶瓷等。它们耐高温、化学稳定性好，高模量和高抗压强度，但具有脆性，耐冲击性差，为此通过纤维增强制成复合材料，可改善其抗冲击性并已试用于发动机部分零件中。纤维增强陶瓷基复合材料，如单向碳纤维增强无定形二氧化硅复合材料，碳纤维体积百分比为 50%，室温弯曲模量为

155GPa，800℃时为105GPa。另外，多向碳纤维增强无定形石英复合材料，耐高温，可供远程火箭头锥作为烧蚀材料。几种纤维（晶须）增强陶瓷基复合材料的性能见表1-4。

表1-4 几种纤维（晶须）增强陶瓷基复合材料的性能

纤维（晶须）名称	基体名称	弯曲强度/MPa	断裂韧性/$(MPa\cdot m^{\frac{1}{2}})$	其他
				纤维体积百分比
碳纤维	全云母微晶玻璃	480	1.1	$V_f=5.56\%$
SiC 晶须	Si_3N_4	770	5.14	$V_f=0$
		855	8.79	$V_f=10\%$
		890	7.84	$V_f=20\%$
		621	6.23	$V_f=30\%$
SiC 晶须	TZP 多晶四方相氧化锆	1060	10.4	$V_f=0$
		800	11.7	$V_f=10\%$
		780	12.6	$V_f=15\%$
		640	13.1	$V_f=20\%$
		560	13.8	$V_f=25\%$
				相对密度
SiC 纤维	SiC	320		2.4
		300		2.3

1.3 复合材料的构造及制法

1.3.1 复合材料的构造形式

纤维增强复合材料的构造形式一般可分为单层复合材料、叠层复合材料和短纤维复合材料三种。

1. 单层复合材料（又称单层板）

如图1-1所示，单层复合材料中纤维按一个方向整齐排列或由双向交织纤维平面排列。其中，纤维方向称为纵向，用“1”或“L”表示；垂直于纤维的方向（有时有交织纤维，含量较少或一样多）称为横向，用“2”或“T”表示；单层复合材料厚度方向用“3”或“Z”表示。1、2、3轴称为材料主轴（Principal Axis）。单层复合材料是不均匀材料，虽然纤维和基体都可能是各向同性材料，但由于纤维排列具有方向性，或交织纤维在两个方向上的含量不同，因此单层复合材料一般是各向异性的。通常把单层复合材料的应力-应变关系看作是线弹性的。

2. 叠层复合材料（又称层合板）

叠层复合材料是由单层板按照事先预定的纤维方向和顺序铺放成叠层形式，进行黏合后再经过加热固化处理而得到的复合材料。纤维增强复合材料层合板由单层板构成，为使不同方向获得不同的强度和刚度，各层单层板的纤维方向一般不同，即铺设角度不

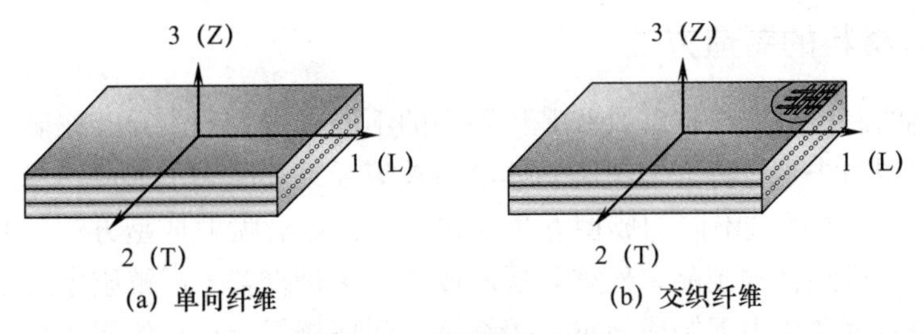

图 1-1　单层复合材料

同。取层合板的总体坐标系为 $Oxyz$，用每一单层的 1 轴与 x 轴的夹角 θ 表示铺设角度，并规定由 x 轴逆时针转向 1 轴的夹角为正。图 1-2 所示为四层单层板组成的纤维增强复合材料层合板，图中 (a)、(b)、(c)、(d) 表明了纤维增强复合材料层合板的铺设方式和铺设顺序，该层合板可表示为：

$$\alpha/0/90^\circ/-\alpha$$

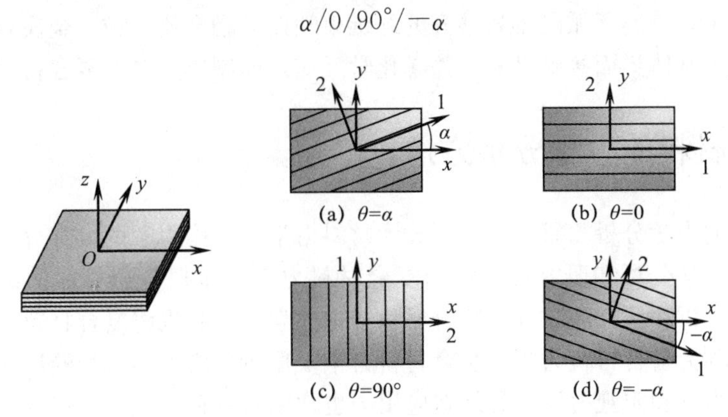

图 1-2　叠层复合材料的构造形式

其他复合材料层合板的铺层表示见 5.1 节。

层合板也是各向异性非均匀材料，且层合板这种各向异性非均匀性质远比单层板复杂，因此针对层合板的力学分析计算比单层板复杂得多。

3. 短纤维复合材料

单层复合材料（单层板）和叠层复合材料（层合板）的纤维都是按一定方式和顺序在基体中排布的。针对不同的实际需求，在复合材料的构造中，根据纤维的尺寸特征，常用的短纤维复合材料包括两种：随机取向短切纤维复合材料（由基体与短纤维均匀搅拌模压而成的复合材料）和单向短切纤维复合材料（短切纤维呈单向整齐排列在基体中），如图 1-3 所示。

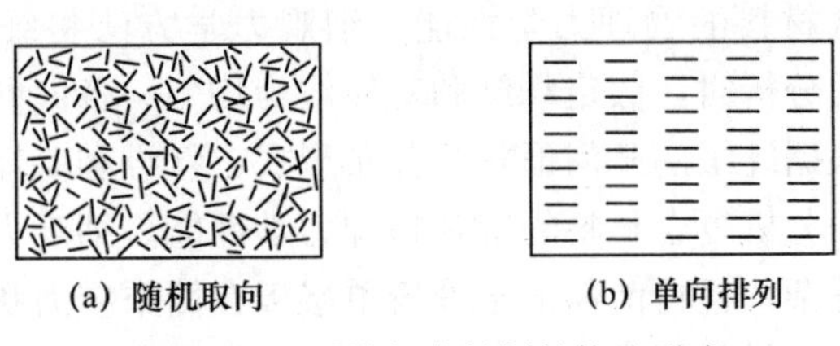

图 1-3　短纤维复合材料的构造形式

1.3.2 复合材料的制造方法

复合材料的制造方法根据纤维和基体种类的不同有很大的差异。玻璃纤维环氧树脂复合材料的典型制法是：将环氧树脂基体浸渍玻璃纤维，经烘干形成半成品材料——预浸料（Prepreg），再通过不同的成型方法（如手糊方法、喷射成型方法、缠绕方法、层压成型方法等）得到各种制品。例如，层压成型方法是将若干层浸胶布层叠起来送入热压机，在一定温度和压力下制成板材。碳纤维增强环氧复合材料的制法是：将碳纤维排列整齐，通过滚轮进入环氧树脂溶液池中浸渍后，经加热装置烘干成半成品——预浸料片，再按设计要求裁成不同角度的单层板，铺设成多层复合板，在一定温度和压力下通过热压机压成层合板材。碳纤维增强金属基复合材料的一般制造方法包括扩散结合法、熔融金属渗透法、连续铸造法和等离子喷涂法等。例如，扩散结合法是在高温下加静压力，将金属箔或薄片与碳纤维束交替重叠，加热加压成复合材料；等离子喷涂法是在惰性气体的保护下，等离子弧向排列整齐的纤维束喷射熔融金属微粒，金属粒子与纤维紧密结合，纤维与基体界面接触良好（并无化学反应）而制成金属基复合材料。

1.4 复合材料的力学分析方法

复合材料的力学分析和研究大致可分为材料力学和结构力学两大部分。习惯上把复合材料的材料力学分析和研究部分称为复合材料力学，而把复合材料的结构力学（如板、壳结构）分析和研究部分称为复合材料结构力学。有时也将复合材料力学、复合材料结构力学统称为复合材料力学。复合材料力学根据所采用力学模型的尺度又可分为两个部分：细观力学和宏观力学。另外在应用中也常用另一种分类，即将复合材料分为三个结构层次：一次结构——由基体和纤维增强材料复合而成的单层板，其力学性能主要取决于组分材料的力学性能及形状、分布和含量等；二次结构——由单层复合材料层合而成的层合复合材料体，其力学性能主要取决于单层复合材料的力学性能及各层合层的厚度、铺设方向和铺设顺序等；三次结构——通常意义上的工程结构或产品结构，其力学性能主要取决于层合复合材料体的力学性能及工程结构或产品结构的几何特征。

以下介绍复合材料的细观力学、宏观力学和复合材料结构力学的力学分析研究方法的基本特点。

1.4.1 细观力学

细观力学从介于微观尺度和宏观尺度的中间尺度——细观尺度上分析研究组分材料之间的相互作用及复合材料的物理力学性能。细观力学方法将纤维和基体作为基本单元，且在进行基本单元分析时，假定纤维和基体均为均匀、各向同性（或假定纤维为横观各向同性）材料，根据纤维的几何形状和分布形式、纤维和基体的力学性能、纤维和基体之间的相互作用来分析复合材料的宏观物理力学性能。细观力学分析方法虽然比较精确，但其数学推演复杂，且目前仅适于分析单层板在简单应力状态的一些基本力学性能。此外，由于实际复合材料纤维形状、尺寸不完全规则或排列不完全均匀，制作工艺存在差异或材料内部存在孔隙、缺陷等，细观力学分析方法还不能完全考虑材料的实际情况，需进一步深入研究。

以细观力学方法分析复合材料性质，是复合材料力学学科范围中不可缺少的重要组成部分，它对于研究材料破坏机理、提高复合材料性能、进行复合材料和结构设计具有重要意义。

1.4.2 宏观力学

从宏观角度出发，假定材料是均匀的，通过复合材料的表观统计平均力学性能分析组分材料的作用，进而研究复合材料的宏观力学性能。宏观力学方法以单层复合材料为基本单元，且在进行基本单元分析时假定单层复合材料为均匀各向异性的（不考虑纤维和基体的区别），利用基本单元的统计平均力学性能表示单层复合材料的刚度、强度等力学性能。宏观力学方法可以较容易地分析单层和叠层材料的各种力学性能，且所得结果与实际吻合度较高。

宏观力学方法的基础是预知单层材料的宏观力学性能，如弹性常数、强度等，这些力学性能由实验测定或通过细观力学分析。由于实验测定方法较为简便可靠，工程应用中往往采用此方法。本教材中主要介绍宏观力学分析方法。

1.4.3 复合材料结构力学

从宏观角度出发，通过叠层复合材料的表观统计平均力学性能（通过宏观力学或通过实验测定方法），并借助均匀、各向同性材料结构力学的分析方法，对各种形状的结构元件（如板、壳等）进行力学分析。复合材料结构力学能够方便地用于解决层合板和壳结构的弯曲、屈曲、振动、疲劳、断裂、损伤和开口强度等问题。

总之，复合材料力学理论是固体力学的一个新分支，它涉及复合材料的制造工艺、性能测试和结构设计等方面。随着新型复合材料的不断开发和广泛应用，复合材料力学理论也将不断得到发展。

1.5 复合材料的特性

1.5.1 纤维增强复合材料的主要力学性能

复合材料作为一种新型材料，与传统金属材料相比具有（但不能同时具有）优良的力学性能，不同的纤维和基体材料组成的复合材料的性能也不相同。作为主要力学性能指标，比强度（σ_b/γ）和比模量（E/γ）分别表示在重量相当情形下材料的承载能力和刚度特性，这两个值越大，表示性能越好。其中，σ_b 为材料的纵向拉伸强度，E 为材料的纵向拉伸模量，γ 为相对密度。表 1-5 中列出了目前比较成熟的几种复合材料的主要力学性能，作为比较，表中还列出了几种常用金属材料的主要力学性能。

1.5.2 复合材料的优点

1. 比强度高和比刚度大

对于航空、航天的结构部件，汽车、火车、舰艇、分离核燃料的高速离心机等运动、转动机构来说，比强度和比刚度是非常重要的指标，指标高意味着结构性能好且质量轻。对于土建工程和化工设备等来说，材料的比强度高、比刚度大，还意味着可以承受较大荷载并提升抗震性能等。

表 1-5 几种复合材料的力学性能

材料	相对密度 γ	纵向拉伸强度 σ_b /MPa	纵向拉伸模量 E /GPa	比强度（σ_b/γ）/MPa	比模量（E/γ）/GPa
玻璃/环氧	1.80	1370	45	761.1	25.0
高强碳/环氧	1.50	1330	155	886.6	103.3
高模碳/环氧	1.69	636	302	376.3	178.7
硼/环氧	1.97	1520	215	771.6	109.1
Kevlar49/环氧	1.38	1310	78	949.3	56.5
碳/石墨	2.20	738	137	335.5	62.3
碳/铝	2.34	800	120	341.9	51.3
碳/镁	1.83	510	301	278.7	164.5
硼/铝	2.64	1520	234	575.8	88.6
铝合金	2.71	296	70	109.2	25.8
镁合金	1.77	276	46	155.9	26.0
钛合金	4.43	1060	113	239.3	25.5
高强钢	7.83	1340	205	171.1	26.2

纤维增强复合材料的比强度高、比刚度大是指单向增强复合材料沿纤维方向的有关性能，而不是对所有方向的所有情况而言的。由于一个结构的承载方式、结构形式、支承条件、应力状态和破坏形式等是多种多样的，设计时必须考虑各个方向的强度与刚度，需要合理铺层，才能保证结构安全，满足使用要求。在实际的复合材料结构中，除极少数特殊情况外，都不能采用单向铺层，而必须采用双向或多向铺层。

2. 具有可设计性

复合材料的最主要的优点和特点在于它的可设计性。纤维增强复合材料，从微观上看是由纤维和基体组成的一种“结构”。在纤维和基体选定以后，许多材料参数和几何参数还可以变动，从而设计出不同性能的复合材料。纤维增强复合材料及其结构的可设计性，表现在可选纤维的种类、性能和体积百分比，安排铺层的方向、层数和层次等方面。根据荷载的种类、大小、使用要求和工艺条件等，对结构的形式、尺寸和厚度等进行设计，可使结构的性能、重量和经济指标等得到合理的优化。这么大的设计自由度是金属材料无法比拟的，当然，设计工作的复杂性和难度也大大增加了。

3. 抗疲劳性能好

疲劳破坏是材料在交变荷载作用下，因裂纹的形成和扩展而造成的低应力破坏。纤维增强复合材料的抗疲劳性能好，是指沿纤维方向的抗疲劳特性与金属相对而言的。金属材料的疲劳破坏是由里向外经过渐变后突然扩展的。在渐变阶段，疲劳裂纹甚少且损伤尺寸甚小，不易检测到，裂纹一旦达到临界尺寸，就突然断裂。因此在出现疲劳破坏之前，通常没有明显的征兆。而纤维增强复合材料的基体是断裂应变较大的韧性材料。在基体中和界面上，固化后常存在缺陷和裂纹，纤维和基体的界面常常能阻止裂纹的扩展或者改变裂纹扩展的方向。因此其疲劳破坏总是从纤维和基体的薄弱环节开始出现，并逐渐扩展到结合面上，损伤较多且尺寸较大，破坏前有明显的预兆，能够及时发现并采取措施。

4. 减振性能好

以聚合物为基体的纤维增强复合材料，其基体具有黏弹性。在基体中和界面上存在微裂纹和脱黏的地方，还存在摩擦力。在振动过程中，黏弹性和摩擦力使一部分动能转化为热能。因此，纤维增强复合材料的阻尼比钢和铝合金的大，若采取措施还可以使阻尼增大。这就是纤维增强复合材料减振性能好的原因。基于相同尺寸的梁进行的研究表明，铝合金梁需 9s 才能停止振动，而碳纤维/环氧复合材料的梁只需 2.5s 就能停止振动。另外，Kevlar 复合材料的减振性能比碳纤维复合材料更好些。

5. 耐高温性能好

这是相对而言的。纤维增强复合材料的耐高温性能都比基体材料的好。以聚酰亚胺为基体的纤维增强复合材料，使用温度可达 250～300℃，而在这个温度范围内铝合金的性能已明显下降。铝合金在 400℃时的弹性模量和强度将大幅下降（接近于零），而硼纤维/铝和碳纤维/铝复合材料在这个温度下，因受纤维性能的限制，沿纤维方向的强度和模量数值下降幅度甚小，所以有良好的耐高温性能。而横向拉伸强度和模量，以及剪切强度和模量等，是由基体性能限制的，高温时的性能将大幅下降。

6. 破损安全性好

单向纤维增强复合材料是成千上万根纤维沿同一方向由基体胶合而成的。纤维中不可避免地存在缺陷和损伤。基体若缺乏传递剪切应力，则在拉伸过程中，必定有一些纤维因应力过大或缺陷较大而先断裂，不再参与承载。于是各纤维的受力状态会发生变化，又有一些应力过大或缺陷较大的纤维再次发生断裂，并使断裂的过程加速，直至全部纤维断裂。各根纤维所承受的应力和应变非常悬殊，很不均匀，而全部纤维的平均应力和应变则很低。纤维束几乎没有抗压和抗弯能力。纤维是脆性材料，容易被折断和磨损，如没有基体还容易被氧化和腐蚀，因而纤维束不能单独作为结构材料使用。在纤维增强复合材料中，由于基体的作用，在沿纤维方向受拉时，各纤维的应变基本相同。已断裂的纤维，由于基体传递应力的结果，除断口处不发挥作用外，其余绝大部分纤维仍然发挥作用。断裂纤维周围的邻接纤维，除在局部需要多承受一些断裂纤维通过基体传递过来的应力而使应力略有升高外，各纤维从宏观角度看，几乎同等受力。各纤维间应力的不均匀程度大大降低了，其平均应力将大大高于没有基体的纤维束的平均应力，因而增大了平均应变，个别纤维的断裂就不会引起连锁反应和灾难性的急剧破坏，因而破损安全性能较好。纤维增强复合材料的压缩和弯曲强度与基体和界面的作用密切相关。受压缩的纤维在基体的连续支承并将纤维黏合为整体的条件下，具有较高的局部屈曲强度和整体屈曲强度，从而体现出较高的压缩强度和模量。在弯曲情况下，纤维应力在上、下两面最大，接近中面处应力较小，呈线性分布。内层纤维由于应力较小，有一些潜力来协助外层纤维，因此碳纤维/环氧复合材料的弯曲强度略高于单向拉伸强度。而 Kevlar 纤维/环氧由于纤维的受压性能较差，弯曲强度明显低于拉伸强度。弯曲时由于外层受压纤维有内层纤维的支承和协助，同时受拉纤维的影响，更不易产生局部失稳，因此可使弯曲强度和模量大于压缩强度和模量。理论和试验表明，基体具有非常重要的作用。

7. 成型工艺性能好

这里是指聚合物基体纤维增强复合材料的成型工艺性能好。连续纤维增强复合材料可采用手糊法、模压成型法、缠绕成型法和拉拔成型法等制造工艺。从原理和设备上讲，制造工艺比较简单，无须大量切割，原材料损耗少，所用功率也不大，可制成形状复杂的部件，尤其适宜制作较大的整体结构部件。这种较大的整体结构部件可一次成型，大大减少了零部件、紧固件和接头数目，减少了装配工作量，显著减轻了结构重量并减少了工时。但是，由于因素非常复杂，产品质量不易控制，需要进行研究改进。

1.5.3 复合材料的缺点

1. 脆性材料

大多数增强纤维（Kevlar 纤维等除外）拉伸时的断裂应变较小，所以纤维增强复合材料也是脆性材料。沿纤维方向是这样，垂直于纤维方向更是如此。其断裂应变比金属材料小得多，这是一个较大的缺点。但改善纤维的断裂应变、基体的韧性和界面情况，就能提高复合材料的强度和抗断裂、抗疲劳及抗冲击等性能。

2. 某些材料的强度和刚度性能很差

叠层复合材料的层间剪切强度和层间拉伸强度较低，这已成为致命的弱点；层间剪切模量相当低，会引发若干问题，带来不良后果。

3. 材料性能的分散性大

影响复合材料性能的因素很多，包括纤维和基体的性能情况，孔隙、裂纹和缺陷的数量，工艺流程和操作过程是否合理，固化温度、压力和时间的安排（升温和降温阶段）是否合适，生产环境和条件是否满足要求等。这些都会引起复合材料性能的较大变化。加上产品缺乏完善的检测方法，因此产品的质量不易控制，材料性能的分散性大，可靠性较差。放松对分散性的要求，将会出现安全问题，而采用过大的安全系数，复合材料的优点便得不到充分体现。

4. 材料成本较高

用硼纤维、碳纤维和碳化硅纤维等先进纤维制成的树脂基和金属基复合材料，虽然某些性能良好，但材料成本较高，限制了应用范围。

1.6 复合材料的应用

20 世纪 40 年代初，由于航空工业等领域发展的需要，高性能复合材料设计制造取得了很大的进展，现今已在航空航天工程、交通运输、高层建筑、机电工业、化学工业、竞技体育等领域得到了广泛应用，并显示出不可替代的重要地位。尤其是先进复合材料，不仅是新材料研制的典范，也是 21 世纪多功能、高性能、智能化新材料研究的重点方向。

先进复合材料在欧美虽已商品化，但它一直是各国重点研究的项目之一。我国先进复合材料的研究开发已走过了 60 余载的艰苦奋斗历程，基本上完成了从样件到生产件、从单件试制到小批量生产、从次承力结构件到主承力结构件、从单一功能到多功能、从等代设计到按复合材料特点进行设计、从军品到民品的多项转变，在树脂、纤维、制造、测试、结构分析、设计等诸多领域都已有一定的技术积累。许多环氧、双马来酰亚胺、聚酰亚胺树脂品种持有我国自主的知识产权；在热压罐成型、缠绕成型、搓卷成型等制造方法上已有成熟的经验；复合材料性能测试已建立了百余项国内标准；结构分析程序已能基本上满足大型、复杂型结构的计算；在设计上已实现气动弹性、强度、最小重量等综合优化铺层剪裁设计；就飞机结构而言，先进复合材料已成功应用于机翼、前机身、鸭翼、垂直安定面、水平安定面、方向舵、减速板、进气道侧壁等重要部位。

下面分几个方面介绍复合材料的应用情况。

1.6.1 航空航天工程中的应用

20 世纪 60 年代以来，先进复合材料，特别是先进树脂基复合材料，以其独有的特性在全球获得迅速发展，已成为现代航空航天最重要的、不可缺少的材料之一。表 1-6 列举了军机、客机、直升机用各种材料的质量百分比。

表 1-6 军机、客机、直升机用各种材料的质量百分比（%）

型号	设计年份	铝合金	钛合金	钢	复合材料	其他
F14A	1969	39	24	17	1	19
F15A	1972	36	27	6	2	29
F16A	1976	64	3	3	2	28
幻影 2000	1978		23		7	
F18A	1978	49	13	17	10	11
AV8B	1982	44	9		26	
阵风	1986				24	
F22	1989	11	41	5	24	
EF2000	1993	25	12		40	
F117					10	
B2					38	
X-45A					40	
苏-37					20	
RAH-66		16.7	12.7	14	40.6	
V-22					40	
B-747	1965	81	4	13	1	
A-300		46	4	13	5	
B-757/767	1972	78	6	12	3	
A-320	1978	76.5	4.5	13.5	16	
A-340		75	6	8	13	
MD-11		76	5	9	8	
B-777		70	7	11	11	
B-787		20	15	10	50	5
A-380					52	

1. 航空工程

复合材料已应用于飞机机身、机翼、驾驶舱、螺旋桨、雷达罩、机翼表面整流装置、直升机旋翼桨叶等。表 1-7 列出了各种复合材料在飞机中的应用。

表 1-7 各种复合材料在飞机中的应用

材料名称	应用部位	应用效果
碳纤维树脂基	L-1011 空中客车发动机 RB-211 叶片，直升机压气机叶片 F-22 蒙皮、进气道等 EF2000 机翼、中机身、前机身、垂尾、鸭翼、起落架舱门、进气道	代替钛合金、铝合金，减振性好
硼纤维/铝	TF-30 发动机叶片（第一、三级）	
碳纤维改性硼纤维/铝	发动机转子	降低重量和旋转时的离心力
玻璃钢	美 X-19、H-43、CH-47A 直升机螺旋桨 德 B-105、苏 M-4 直升机旋翼	旋翼长 10m
非金属蜂窝夹层	波音 727 雷达罩 B-52、B-57 轰炸机雷达罩 F-4H 战斗机雷达罩	减重 34%
CF/GF 复合材料，中间硼纤维增强蜂窝结构	机翼（F-14）整流装置 军机机翼、机身	减重 25%，节约费用 40%
混杂复合材料	美 YOH-60A 直升机旋翼桨叶 德 BO-117 直升机旋翼桨叶 法海豚直升机旋翼桨叶 延安-2 号直升机旋翼桨叶	减重 40%，使用寿命高达上万个小时
硼/环氧	F-14 水平尾翼蒙皮、水平安定面抗扭盒 F-15 水平尾翼和垂尾蒙皮、减速板 幻影 F-1 水平尾翼和水平安定面蒙皮 B-1 襟翼滑轨	
石墨/环氧	F-16 水平尾翼和垂尾蒙皮、操纵面 F-18 机翼蒙皮、水平尾翼和垂尾蒙皮、后缘襟翼、减速板等 AV8B 机翼蒙皮、抗扭盒梁、肋、水平尾翼蒙皮、襟翼、副翼、前机身、操纵面、整流罩、起落架支座等	
石墨纤维复合材料	喷气发动机 固体火箭喷管	推重比由 5∶1 增大到 40∶1
CF/KF 混杂复合材料	波音 757、767 前后翼身整流罩、主起落架舱门等	

2. 航天工程

复合材料在航天工程中具有广阔的发展前景。它可以用作结构材料，如洲际导弹的仪器舱、过渡段、级间段和尾段加强结构，固体火箭发动机壳体，卫星的框架、桁条，太阳能电池翻板和天线翻板等；还能大量用作烧蚀材料，如导弹弹头、卫星和载人飞船返回舱的防热层、火箭发动机的喷管和喉衬、航天飞机的机头罩和天线结构等。表 1-8 列出了一些国外航天工程中应用复合材料的例子。

表 1-8　国外航天工程中应用复合材料的例子

材料	应用部位	应用效果
纤维复合材料	美先锋号飞船第二级发动机壳体	
酚醛石棉内衬玻璃布/酚醛蜂窝夹层外壁	美“大力神”“北斗星”“阿特拉斯”火箭发动机 苏“萨龙”“索弗林”导弹	重量减轻 45%，射程由 1600km 增加到 4000km
金属蜂窝增强陶瓷	“宇宙神”、“大力神”、I 型弹头	
蜂窝夹层 铝面板玻璃布蜂窝夹芯 铝面板酚醛玻璃布蜂窝夹芯	阿波罗宇宙飞船火箭 S-Ⅳ级前后隔舱 S-Ⅱ和 S-Ⅳ级液氢液氧储箱共底	直径 10m 全长 110m 直径分别为 10m 和 6m，椭球形底
石墨/环氧层压板面板 Nomex 夹芯蜂窝	哥伦比亚航天飞机机身舱门	宽 4.57m 长 18.29m
石墨/铝复合材料	外壳构架、太阳能电池帆板、天线	

我国航天工业中也应用先进复合材料全面解决了战略导弹的热防护问题。例如，战略导弹端头用防热复合材料已从玻璃纤维复合材料、高硅氧纤维、陶瓷基复合材料发展到三向碳/碳复合材料，并进入第五代新防热复合材料时期。结构复合材料正应用于大型承力构件，例如 CZ-2E 用整流罩前后柱段为铝蜂窝结构、卫星接口支架为碳/环氧复合材料等。近年来，混杂复合材料已应用于航天工程，例如石墨-芳纶混杂复合材料应用于固体火箭发动机壳体，以及人造卫星中的卫星天线、摄像机支架和蒙皮；碳/玻璃纤维混杂复合材料用于卫星遥控协调电机壳体；碳纤维/玻璃纤维/酚醛复合材料用于战略导弹头锥。表 1-9 中列出了我国航天飞行器用部分结构复合材料的构件。

表 1-9　我国航天飞行器用部分结构复合材料的构件

材料	结构部件情况
碳/环氧	卫星接口支架　锥形　上 ϕ1.66m，下 ϕ2.04m，高 0.3m，厚 1.8m
玻璃钢蜂窝	CZ-2E 和 CZ-3 整流罩前锥
铝蜂窝	整流罩柱段　ϕ4.2m×1.5m，ϕ4.2m×3m　CZ-2E 整流罩侧锥　ϕ3.38m×1.34m，ϕ4.2m×1.34m 卫星消旋天线支承筒　比铝合金减轻 50%
碳复合材料	外加筋壳　ϕ0.45m×0.85m，质量 6.6kg，轴向荷载约 600kN，比铝合金减轻 30% 内加筋壳　ϕ0.45m×0.85m，质量 5.5kg，轴向荷载约 650kN，比铝合金减轻 30% 水平梁　ϕ0.96m×0.58m 加筋锥壳　飞行器头部及弹体的壳体 喇叭天线，用于同步试验通信卫星

1.6.2　兵器工业中的应用

树脂基复合材料以其理想的力学特性，优越的耐腐蚀性、耐老化性，独特的功能特性，轻质、易加工等优越的使用性能，在兵器工业中得到了广泛应用，已成为实现兵器小型化、轻量化、功能化、高性能化的关键技术之一。它是目前改造现役装备和研制新型武器装备不可缺少的材料，主要应用于：坦克装甲车辆的车体，发动机，炮塔平台、炮塔内外储箱炮管及其总成等结构件，轮毂、扭力杆等行动部件，厚板装甲、薄板装甲、轻质或超轻质装甲、防中子内衬等防护部件，药筒、弹带闭气环、弹托、尾翼、手榴弹、引信等弹药零部件，炮管热护套、炮塔、防盾板、紧塞垫等火炮部件，枪托、握把、护木、弹匣、大口径机枪枪架等枪械部件。表 1-10 列出了美国复合装甲应用研究情况。

表 1-10　美国复合装甲应用研究情况

序号	制品结构及材料	应用效果
1	M1A1 坦克用贫铀单晶晶须嵌入增强芳纶纤维网状复合材料复合装甲，夹层厚 6～15mm	伊 T-55 坦克炮弹一滑而过 苏 T-72 坦克炮弹只打了一个坑
2	以玻璃纤维/环氧或铝为面板，玻璃纤维/聚酯为背板，夹层为嵌入陶瓷粒子的聚氨酯弹性体复合装甲	质量轻（$171kg/m^2$），抗 50mm 口径穿甲弹
3	玻璃纤维增强复合材料板与陶瓷板交替排列制成的曲面多层复合装甲	可使弹丸偏移，防高速弹丸侵彻能力强
4	M60 坦克炮塔用 25.4mm 玻璃纤维复合材料复合装甲	
5	以 1.6mm 铝合金板为面板，58.9mm 碳化硼板和玻璃纤维/聚酯板为背板，在主装甲间铺设 58.9mm 厚 10 层的尼龙带制成间隙复合装甲	可防 23mm 杀伤燃烧弹、大口径弹，具有自熄性，可防中弹二次效应
6	Kevlar 纤维织物层合板与无规陶瓷耐磨粒子用胶黏结在一起，40 层厚板装甲	可防大口径机枪弹、小口径炮弹，使弹丸变形，吸收能量，阻止侵彻。已装入 M-1 主战坦克作内部隔板
7	玻璃纤维/尼龙或聚酯制薄板叠加 10 层 36.75mm 厚的装甲板	用 15 种弹在 1～3m 距离上射击都没被侵彻，均斜插在装甲基体内
8	以陶瓷为面板、玻璃纤维/聚酯为背板，用环氧黏结在一起制成双层复合装甲	弹道实践证明，中弹后陶瓷板被侵彻，复合材料板仅发生变形
9	以高强度玻璃纤维或碳纤维增强环氧或聚酯复合材料为基体支承板，将球形、三角形或模块状陶瓷嵌入其中，制成夹层式蜂窝结构装甲	类似于模块装甲，可使弹丸偏移，造成跳弹。单层装甲可防 14.5mm 穿甲弹侵彻，不会产生中弹二次效应

随着我国复合材料技术和应用技术水平的提高，复合材料在兵器工业中的应用越来越广泛。如芳纶纤维增强复合材料已用于主战坦克的首上装甲和炮塔复合装甲，玻璃纤维增强复合材料用于反坦克导弹的战斗部壳体、尾翼座、发动机壳体和火箭弹的喷管等。

1.6.3　船舶工业中的应用

在船舶工业中，大型船体和上层建筑等结构多采用玻璃纤维复合材料，而高性能船舶和重要军用舰艇的承载和功能结构逐渐应用先进复合材料制造。表 1-11 列出了一些国内外纤维复合材料船艇的情况。

表 1-11 国内外纤维复合材料船艇举例

船艇名称	建造国和地区及下水年份	主要尺寸	原材料及结构
鲁威渔 1703	中国 1999 年	总长 33.10m，主甲板宽 6.20m，型深 2.60m，吃水 1.95m，设计排水量 180t，设计航速 11.5 节，自持力 25 天	树脂：外层 S-688 间苯聚酯，内层 S-588 邻苯聚酯 增强材料：外层厚 0.8mm、重 770g/m^2 无捻粗纱方格布，中层 450g/m^2 无捻粗纱短切毡，内层厚 0.8mm、重 770g/m^2 方格布 单板壳体，手糊成型
7102 港湾扫雷艇	中国 1974 年	总长 39m，型宽 6.1m，型深 3.1m，排水量 125t	198 不饱和聚酯树脂，增强材料为 0.4～0.6mm 无碱无捻玻璃纤维布和 0.21mm 斜纹无碱布，后者经 A151 处理，单层结构壳体，手糊成型
7221GRP 双体气垫船	中国 1995 年	长 32.15m，宽 7.9m，型深 2.65m，航速 30 节，200 客位，总排水量 90t	船壳采用 189 聚酯树脂和 300g/m^2、600g/m^2 无碱无捻玻璃纤维布，平板龙骨部分用 Kevlar 纤维布，手糊成型。甲板、舱壁及上层建筑则采用法国生产的 NIDA-Core 聚丙烯蜂窝芯材的夹层结构。这是我国沿海高速客船
登陆舟	中国 1999 年	总长 3m，宽 0.9m，型深 0.45m，排水量 800kg	以竹片仿形纺织物作增强材料，不饱和聚酯树脂作基体，以 RTM 工艺成型，单壳结构
扫雷艇“Ton”级 HMS Wilton 号	英国 1972 年	总长 46.6m，型宽 8.5m，型深 6.1m，排水量 450t	BP 化学公司 Cellobond A2785CV 不饱和聚酯树脂，Tyglas Y920 无碱无捻玻璃纤维布，壳体为单层结构，铝骨架
扫雷艇“卓亚”号	前苏联 1971 年	总长 43m，型宽 7.6m，吃水 2.1m，排水量 320t	玻璃纤维复合材料，单层壳体结构
MHC-51 猎/扫雷艇	美国 1988 年	长 57.25m，型宽 11m，型深 2.9m，排水量 880t	船体用高级间苯聚酯树脂，1400g/m^2 无碱无捻粗纱布，有纬向增强物的织品，硬壳式结构 上层结构间苯聚酯树脂，粗纱布与毡缝合在一起成为“Rovimat”，1200g/m^2（400g/m^2 毡加 800g/m^2 布），便于半自动浸胶作业
豪华机动游艇	意大利 1990 年	长 35m，排水量 110t，航速 42 节	间苯聚酯树脂，600g/m^2（玻璃布加 Kevlar）混杂纤维织物增强材料艇壳，单壳结构
深潜探海艇（Auss MOD2）	美国 1996 年	下潜深度 6096m，重量/排水量之比不能大于 0.5，ID 654mm×OD 781mm×L 1651mm	环氧树脂、石墨纤维，缠绕成型制作筒体，两端用钛制连接环与半球形钛封头连接而成，单壳结构

除建造各种复合材料船舶，出口亚太地区和美国外，我国也研制开发了许多复合材料船舶结构。例如，20 世纪 60 年代末研制成功并应用于潜艇的复合材料声呐导流罩；“八五”期间研制并成功应用于大型船舶的混杂纤维先进复合材料导流罩，并向更大型化发展与应用；20 世纪 80 年代后期研制成功了复合材料雷达天线罩、水雷壳体并投入使用；20 世纪 90 年代研制成大型水面舰复合材料桅杆、舱口盖、舱门、炮塔和上层建筑等。

1.6.4 建筑工业中的应用

复合材料在建筑工业中具有广泛应用，大致可分为以下几个方面：承载结构、围护结构、采光制品、给水排水工程材料、卫生洁具、供暖通风材料、高层楼房屋顶建筑、特殊建筑等。例如，纤维增强塑料（FRP）复合材料在建筑工程中作为承载构件（柱、梁、桁架、基础、屋面板、楼板等）使用对减轻建筑物自重、提高建筑物使用功能、改革建筑设计、加速施工进度、降低工程造价、提高经济效益都是十分有利的；大型体育场馆、厂房、超市等需要屋顶采光，采用短玻璃纤维或玻璃纤维布增强树脂复合材料制成薄壳结构，透光柔和、五光十色，又拆装方便、成本较低；大口径纤维增强塑料夹砂管道（RPM管）由于其具有重量轻、内壁光滑、水力特性好、不结垢、耐腐蚀、使用寿命长、施工方便、周期短、工程综合造价低等优点，已在各国的引水、输水和治污工程中广泛应用，最大口径达3.7m。20世纪90年代，我国建设部已在直径2.8m以下的排水管和直径2.0m以下的污水管中推荐使用玻璃纤维增强塑料夹砂管。

此外，复合材料还被应用于基础设施的加固补强中。1983年荷兰研制出芳纶预应力筋，与普通混凝土构件相比，采用这种预应力筋不需要混凝土保护层，可以减小构件截面尺寸。1986年美国建成了第一座配置FRP筋的预应力混凝土桥梁。1994年加拿大建成了第一座采用碳纤维预应力绞线的公路大桥。1995年日本阪神地震，采用碳纤维布对混凝土结构进行抗震加固，由于碳纤维布加固技术具有高强高效、施工便捷、耐久性好等优点，为抗震救灾和震后恢复重建赢得了时间。

我国在土木工程领域对FRP材料应用技术的研究与开发基本上是从20世纪90年代中期开始的，目前已有中冶集团建筑研究总院、清华大学、东南大学等数十家单位开展了相关研究，已完成FRP加固修复工程数百项。我国基础建设应用高性能纤维复合材料的起步较晚，碳纤维片材的应用刚刚起步，且仅用于结构加固修复方面。

1.6.5 机电工业中的应用

复合材料在机电工业中得到了极其广泛的应用。许多机械设备的零部件，如齿轮、轴承、活塞等，既要有一定的承载强度和刚度，又要具有耐磨、耐腐蚀、减振和降噪等功能，传统上它们是由金属材料制造的，现在都可以用聚合物基复合材料、金属基复合材料或陶瓷基复合材料来制造，以获得更高的效益成本比率。例如，工程机械内燃机长期工作在高温高压下，活塞与活塞环、缸壁间不断产生摩擦，润滑条件不充分，工作条件非常恶劣，尤其是在大功率发动机中，普通的铸铁或铝合金活塞易发生变形、疲劳热裂。活塞头局部或全部采用复合材料后可提高活塞的工作稳定性并延长其使用寿命，降低油耗和废气排放量，解决工程机械发动机功率大、活塞易磨损的问题。

机电工业曾是复合材料应用最早的行业之一。聚合物基复合材料是优良的绝缘材料，发动机、变压器、熔断器等典型强电设备的零部件，如各种类型的绝缘管、消弧室、风冷套管等都可用纤维/聚合物基复合材料制造，既能满足绝缘性能要求，又能满足承受较大负荷的强电结构要求。例如，在一台6000kW的汽轮发动机上，已发现使用纤维/聚合物基复合材料的零部件1800多个；电流互感器的绝缘管和绝缘子传统上采用磁器，换成复合材料后体积减小了15%～20%，弯曲强度、拉伸强度和耐冲击强度都有所提高。

1.6.6 车辆制造工业中的应用

车辆制造工业是复合材料应用活跃的领域，复合材料可用作汽车车身、驱动轴、保险杠、底盘、发动机，新能源车的气罐，电动车、混合动力汽车的电池壳体等上百种部件。随着原材料的发展与工艺的改进，在汽车中大量应用复合材料将是今后汽车工业发展的必然趋势，复合材料概念车（CCV）已成为近些年世界重要车展的“明星”。例如，美国研制的 Saleen S7 超级赛车，采用夹芯结构（含蜂窝结构加强筋的蜂窝芯/CFRP 蒙皮）材料的车壳，用黏结剂将车壳与空间构架黏结成整体结构。当车轮的转数为 6400r/min 时，发动机的功率为 550hp（410kW），最高行驶速度为 200mph（322km/h），启动 4s 行驶速度达 60mph（96.6km/h）。与国外相比，我国生产的复合材料汽车部件的档次还有待提高。

1.6.7 化学工业中的应用

化学工业中设备的腐蚀是一个重要问题，以复合材料替代不锈钢等金属材料，既可以避免腐蚀、延长寿命，又可减轻重量。例如，在化工设备中，使用复合材料制造各种管道、泵、阀门、反应罐和储罐等。美国各大石油公司的公路加油站已使用玻璃钢制造汽油储罐，容量为 22.5m^3，美国最大的玻璃钢储罐容量为 3000m^3。我国和日本、欧洲各国也有类似储罐的生产和应用。

1.6.8 医学方面的应用

碳纤维是一种可应用于生物环境中的新型材料，具有优异的生物相容性，并具有优异的比强度、比刚度和抗疲劳等性能，因此，它被越来越广泛地应用于生物医学工程中。

碳纤维还具有 X 射线和其他短波吸收率低的特性，是制造 X 光机的理想材料。用碳纤维复合材料制造胶片盒、支架座和支承病人的装置，可以较好地透过 X 射线，从而使用较低的剂量就可以拍摄到清晰的 X 光片，减小 X 光线对病人的有害影响。

碳纤维复合材料具有优异的生物组织相容性和血液相容性，在生物环境下具有高度的稳定性，无生物降解作用，且强度高、抗磨损、耐疲劳，有与骨骼相匹配的模量和较大的应变量。用于外科移植可使病人早日康复，这是金属材料无可比拟的。当前碳纤维增强碳复合材料已成功地应用于关节假体制造，如人体臀关节、心脏阀和假肢等。

1.6.9 体育用品中的应用

复合材料在体育用品方面的应用比较早，但先进复合材料在体育用品方面的应用是从日本人制造碳纤维增强复合材料（CFRP）钓鱼竿和美国人制造碳纤维增强复合材料（CFRP）高尔夫球杆开始的，随后发展到 CFRP 网球拍、羽毛球拍。目前钓鱼竿、高尔夫球杆、网球拍、羽毛球拍仍是 CFRP 体育用品的支柱产业，其用量占体育用品的 75%以上。除以上产品外，使用 CFRP 的体育用品还有滑雪板、滑雪杆、撑杆、赛车、赛艇、冲浪板、桨板、乒乓球拍、自行车、冰球杆、门球杆、垒球棒、跳板、弓箭等。例如，碳纤维增强环氧树脂赛艇的重量比玻璃纤维复合材料赛艇轻 30%，比木材赛艇轻 50%。过去的一支木质桨重量是现在一支同样尺寸桨重量的 1.5 倍。我国生产的一种双头勺形桨总长 200cm，两个桨叶各长 30cm，重量只有 1000g。

习　题

1.1　什么是复合材料？复合材料有哪些种类？

1.2　什么是单层板？什么是层合板？

1.3　简述纤维增强复合材料的优点。

1.4　复合材料在各种工程结构中有哪些应用？发展前景如何？

1.5　什么是比模量？什么是比强度？其工程意义是什么？

1.6　某种碳纤维增强复合材料的密度为 $1730\mathrm{kg/m^3}$，拉伸强度为 1320MPa，弹性模量为 156GPa。试计算该材料的比强度和比模量。

2 各向异性弹性力学基础

从宏观力学的角度，一般将复合材料视为均匀的各向异性弹性材料（Anisotropic Elastic Material）。在小变形线弹性条件下，各向异性弹性体和各向同性弹性体（Isotropic Elastic Body）的平衡微分方程和几何方程的表达式是相同的，而本质的区别在于本构方程，即应力-应变关系不同。各向异性的特性决定了各向异性弹性体的应力-应变关系比各向同性弹性体复杂得多，各向同性弹性体实际上是各向异性弹性体的一个特例。本章主要介绍各向异性弹性力学的基本方程，四种常见的对称性各向异性材料的应力-应变关系，正交各向异性材料的工程弹性常数。

2.1 各向异性弹性力学基本方程

2.1.1 应力分量、应变分量、位移分量

在外荷载作用下处于平衡或运动状态的连续弹性体中，任意一点的应力状态用应力分量表示：建立正交坐标系，取三个相互正交的平面，其法线分别平行于三个坐标轴。直角坐标系 $oxyz$ 中三个正交平面上的应力表示为：

$$\boldsymbol{\sigma}=\begin{bmatrix}\sigma_x & \tau_{xy} & \tau_{xz}\\ \tau_{yx} & \sigma_y & \tau_{yz}\\ \tau_{zx} & \tau_{zy} & \sigma_z\end{bmatrix}\tag{2-1}$$

由两相互正交平面上的切应力互等定理有 $\tau_{xy}=\tau_{yx}$，$\tau_{yz}=\tau_{zy}$，$\tau_{xz}=\tau_{zx}$。因此，弹性体中任一点的应力分量共 6 个，即 3 个正应力分量（Normal Stresses）σ_x、σ_y、σ_z 和 3 个切应力分量（Shearing Stresses）τ_{xy}、τ_{yz}、τ_{xz}。

同时，弹性体在外荷载作用下会发生变形，任意一点的应变状态用应变分量（Strain Component）表示。直角坐标系 $oxyz$ 中应变表示为：

$$\boldsymbol{\varepsilon}=\begin{bmatrix}\varepsilon_x & \varepsilon_{xy} & \varepsilon_{xz}\\ \varepsilon_{yx} & \varepsilon_y & \varepsilon_{yz}\\ \varepsilon_{zx} & \varepsilon_{zy} & \varepsilon_z\end{bmatrix}\tag{2-2}$$

式中，$\varepsilon_{xy}=\varepsilon_{yx}=\frac{1}{2}\gamma_{xy}=\frac{1}{2}\gamma_{yx}$，$\varepsilon_{yz}=\varepsilon_{zy}=\frac{1}{2}\gamma_{yz}=\frac{1}{2}\gamma_{zy}$，$\varepsilon_{zx}=\varepsilon_{xz}=\frac{1}{2}\gamma_{zx}=\frac{1}{2}\gamma_{xz}$。因此，弹性体中任一点的应变分量共 6 个。$\varepsilon_x$、$\varepsilon_y$、$\varepsilon_z$ 为线应变，ε_{ij}（$i\neq j$ 且 $i, j=x, y, z$）称为张量切应变（Tensorial Shear Strain），γ_{ij}（$i\neq j$ 且 $i, j=x, y, z$）称为工程切应变（Engineering Shear Strain）。

另外，弹性体中任意一点的位移用位移分量（Displacement Component）表示。直角坐标系 $oxyz$ 中位移表示为：

$$\boldsymbol{d}=\begin{bmatrix}u\\v\\w\end{bmatrix} \tag{2-3}$$

故弹性体中任一点共有15个未知量——6个应力分量、6个应变分量、3个位移分量。

2.1.2 平衡微分方程和几何方程

利用现代工艺技术生产的各类复合材料一般具有细观的非均质性，并形成材料的宏观各向异性特性，它与常规金属材料具有的均匀和各向同性性质明显不同。在各向同性材料的杆、板、壳结构中，经常被忽略的次要应力分量（σ_z，τ_{zx}，τ_{yz}）和应变分量（ε_z，γ_{zx}，γ_{yz}），对于各向异性显著的同类结构则可能发挥着重要作用，因此在各向异性弹性力学中必须予以考虑。

由于平衡条件和几何关系都与物性无关，所以各向同性弹性力学中的平衡微分方程和几何方程对于各向异性弹性体仍然适用。在线性各向异性弹性力学中，一般引入下列基本假设。

（1）研究对象是连续的弹性固体（介质）。

（2）位移与应变是微小的，其几何关系是线性的。

（3）材料是理想的，不存在初始应力。

（4）应力与应变关系是线性的，服从广义虎克定律。

上述假设中的第（4）项是关于物性的，它仅与应力-应变关系有关，我们将在下一小节中讨论。根据前三项假设，可直接引用弹性力学的结果。各向异性弹性体中任一点的应力分量、应变分量和位移分量必须满足平衡微分方程和几何方程。

对于直角坐标系 $oxyz$，平衡微分方程（Differential Equations of Equilibrium）为：

$$\left.\begin{aligned}\frac{\partial\sigma_x}{\partial x}+\frac{\partial\tau_{xy}}{\partial y}+\frac{\partial\tau_{xz}}{\partial z}+f_x=\rho\frac{\partial^2 u}{\partial t^2}\\\frac{\partial\tau_{xy}}{\partial x}+\frac{\partial\sigma_y}{\partial y}+\frac{\partial\tau_{yz}}{\partial z}+f_y=\rho\frac{\partial^2 v}{\partial t^2}\\\frac{\partial\tau_{xz}}{\partial x}+\frac{\partial\tau_{yz}}{\partial y}+\frac{\partial\sigma_z}{\partial z}+f_z=\rho\frac{\partial^2 w}{\partial t^2}\end{aligned}\right\} \tag{2-4}$$

式中，f_x、f_y、f_z 和 ρ 分别表示体力分量和密度。

对于直角坐标系 $oxyz$，几何方程为：

$$\left.\begin{aligned}\varepsilon_x&=\frac{\partial u}{\partial x} & \gamma_{yz}&=\frac{\partial v}{\partial z}+\frac{\partial w}{\partial y}\\\varepsilon_y&=\frac{\partial v}{\partial y} & \gamma_{xz}&=\frac{\partial w}{\partial x}+\frac{\partial u}{\partial z}\\\varepsilon_z&=\frac{\partial w}{\partial z} & \gamma_{xy}&=\frac{\partial u}{\partial y}+\frac{\partial v}{\partial x}\end{aligned}\right\} \tag{2-5}$$

2.1.3 边界条件

对于直角坐标系 $oxyz$，给定的应力边界条件（Boundary Condition）为：

$$\left.\begin{aligned} l(\sigma_x)_s+m(\tau_{xy})_s+n(\tau_{zx})_s=\overline{f}_x \\ l(\tau_{xy})_s+m(\sigma_y)_s+n(\tau_{zy})_s=\overline{f}_y \\ l(\tau_{zx})_s+m(\tau_{zy})_s+n(\sigma_z)_s=\overline{f}_z \end{aligned}\right\} \tag{2-6}$$

式中，l、m 和 n 分别是边界的外向法线与坐标轴 x、y 和 z 正向夹角的余弦；$(\sigma_x)_s$、$(\sigma_y)_s$、$(\sigma_z)_s$、$(\tau_{xy})_s$、$(\tau_{yz})_s$ 和 $(\tau_{zx})_s$ 分别为边界上的应力分量；$\overline{f}_x$、$\overline{f}_y$ 和 $\overline{f}_z$ 分别为边界上的面力分量。

给定的位移边界条件为：

$$\left.\begin{aligned} u_s=\overline{u} \\ v_s=\overline{v} \\ w_s=\overline{w} \end{aligned}\right\} \tag{2-7}$$

式中，u_s、v_s 和 w_s 分别是边界上的位移分量，$\overline{u}$、$\overline{v}$ 和 $\overline{w}$ 分别是给定的位移分量。

2.1.4 各向异性弹性体应力-应变关系（本构关系）

对于完全弹性的各向同性体，正应力只引起线应变，切应力只引起切应变。在直角坐标系 $oxyz$ 中，其物理关系为：

$$\left.\begin{aligned} \varepsilon_x=\frac{1}{E}[\sigma_x+\nu(\sigma_y+\sigma_z)] \qquad \gamma_{yz}=\frac{1}{G}\tau_{yz} \\ \varepsilon_y=\frac{1}{E}[\sigma_y+\nu(\sigma_z+\sigma_x)] \qquad \gamma_{zx}=\frac{1}{G}\tau_{zx} \\ \varepsilon_z=\frac{1}{E}[\sigma_z+\nu(\sigma_x+\sigma_y)] \qquad \gamma_{xy}=\frac{1}{G}\tau_{xy} \end{aligned}\right\} \tag{2-8}$$

式中，E 为拉压弹性模量（Extension-compression Elastic Modulus），G 为剪切弹性模量（Shear Modulus of Elasticity），ν 为泊松比（Poisson Ratio）。

以线应变 ε_x 为例：

$$\varepsilon_x=\frac{1}{E}[\sigma_x+\nu(\sigma_y+\sigma_z)]=S_{11}\sigma_x+S_{12}\sigma_y+S_{13}\sigma_z$$

式中，系数 S_{11}、S_{12} 和 S_{13} 与材料的弹性常数相关。

可见，在小变形情况下，完全弹性的各向同性材料的应力与应变成线性关系。而对于各向异性材料，应力与应变之间往往存在耦合效应，即不仅正应力会引起线应变，切应力也会引起线应变；不仅切应力会引起切应变，正应力也会引起切应变。在小变形情况下，假设各向异性弹性体中应力与应变成线弹性，即：

$$\varepsilon_x=S_{11}\sigma_x+S_{12}\sigma_y+S_{13}\sigma_z+S_{14}\tau_{yz}+S_{15}\tau_{zx}+S_{16}\tau_{xy}$$

同样

$$\begin{aligned} \varepsilon_y&=S_{21}\sigma_x+S_{22}\sigma_y+S_{23}\sigma_z+S_{24}\tau_{yz}+S_{25}\tau_{zx}+S_{26}\tau_{xy} \\ \varepsilon_z&=S_{31}\sigma_x+S_{32}\sigma_y+S_{33}\sigma_z+S_{34}\tau_{yz}+S_{35}\tau_{zx}+S_{36}\tau_{xy} \\ \gamma_{yz}&=S_{41}\sigma_x+S_{42}\sigma_y+S_{43}\sigma_z+S_{44}\tau_{yz}+S_{45}\tau_{zx}+S_{46}\tau_{xy} \\ \gamma_{zx}&=S_{51}\sigma_x+S_{52}\sigma_y+S_{53}\sigma_z+S_{54}\tau_{yz}+S_{55}\tau_{zx}+S_{56}\tau_{xy} \\ \gamma_{xy}&=S_{61}\sigma_x+S_{62}\sigma_y+S_{63}\sigma_z+S_{64}\tau_{yz}+S_{65}\tau_{zx}+S_{66}\tau_{xy} \end{aligned}$$

因此，在小变形情况下，对于均匀弹性体来说，在直角坐标系中，各向异性材料的应力-应变关系式（Stress-strain Connection）写成矩阵形式为：

$$\begin{bmatrix}\varepsilon_x\\ \varepsilon_y\\ \varepsilon_z\\ \gamma_{yz}\\ \gamma_{zx}\\ \gamma_{xy}\end{bmatrix}=\begin{bmatrix}S_{11} & S_{12} & S_{13} & S_{14} & S_{15} & S_{16}\\ S_{21} & S_{22} & S_{23} & S_{24} & S_{25} & S_{26}\\ S_{31} & S_{32} & S_{33} & S_{34} & S_{35} & S_{36}\\ S_{41} & S_{42} & S_{43} & S_{44} & S_{45} & S_{46}\\ S_{51} & S_{52} & S_{53} & S_{54} & S_{55} & S_{56}\\ S_{61} & S_{62} & S_{63} & S_{64} & S_{65} & S_{66}\end{bmatrix}\begin{bmatrix}\sigma_x\\ \sigma_y\\ \sigma_z\\ \tau_{yz}\\ \tau_{zx}\\ \tau_{xy}\end{bmatrix} \tag{2-9}$$

式中，S_{ij}（i，$j=1$，2，…，6）为表征弹性特性的柔度系数（Compliance Coefficient），共有 36 个。上式可简写为：

$$\boldsymbol{\varepsilon}=\boldsymbol{S\sigma} \tag{2-10}$$

式中，这里 $\boldsymbol{\varepsilon}$ 和 $\boldsymbol{\sigma}$ 分别为应变列阵和应力列阵，$\boldsymbol{S}$ 为柔度矩阵（Compliance Matrix）。由式（2-7）或式（2-8）可得：

$$\begin{bmatrix}\sigma_x\\ \sigma_y\\ \sigma_z\\ \tau_{yz}\\ \tau_{zx}\\ \tau_{xy}\end{bmatrix}=\begin{bmatrix}C_{11} & C_{12} & C_{13} & C_{14} & C_{15} & C_{16}\\ C_{21} & C_{22} & C_{23} & C_{24} & C_{25} & C_{26}\\ C_{31} & C_{32} & C_{33} & C_{34} & C_{35} & C_{36}\\ C_{41} & C_{42} & C_{43} & C_{44} & C_{45} & C_{46}\\ C_{51} & C_{52} & C_{53} & C_{54} & C_{55} & C_{56}\\ C_{61} & C_{62} & C_{63} & C_{64} & C_{65} & C_{66}\end{bmatrix}\begin{bmatrix}\varepsilon_x\\ \varepsilon_y\\ \varepsilon_z\\ \gamma_{yz}\\ \gamma_{zx}\\ \gamma_{xy}\end{bmatrix} \tag{2-11}$$

或

$$\boldsymbol{\sigma}=\boldsymbol{C\varepsilon} \tag{2-12}$$

式中，这里 C_{ij}（i，$j=1$，2，…，6）为表征弹性特性的刚度系数（Stiffness Coefficient），共计 36 个。$\boldsymbol{C}$ 为刚度矩阵（Stiffness Matrix），并有下列关系：

$$\boldsymbol{C}=\boldsymbol{S}^{-1} \tag{2-13}$$

以上 15 个方程，加上给定的应力边界条件和给定的位移边界条件，可以确定应力、应变和位移共 15 个未知量。

与各向同性弹性力学基本方程相比，区别只在于本构关系——应力-应变关系。

2.2 常见各向异性弹性体的应力-应变关系

现用 1、2、3 轴代替 x、y、z 轴，并将应力分量和应变分量符号用简写符号表示，相应替代关系如表 2-1 所示。

表 2-1 应力分量和应变分量符号与简写符号对照

应力		应变	
分量	简写符号	分量	简写符号
σ_x	σ_1	ε_x	ε_1
σ_y	σ_2	ε_y	ε_2
σ_z	σ_3	ε_z	ε_3

续表

应力		应变	
分量	简写符号	分量	简写符号
τ_{yz}	$\sigma_4=\tau_{23}$	γ_{yz}	$\varepsilon_4=2\varepsilon_{23}=\gamma_{23}$
τ_{zx}	$\sigma_5=\tau_{31}$	γ_{zx}	$\varepsilon_5=2\varepsilon_{31}=\gamma_{31}$
τ_{xy}	$\sigma_6=\tau_{12}$	γ_{xy}	$\varepsilon_6=2\varepsilon_{12}=\gamma_{12}$

这样，各向异性弹性体应力-应变线弹性关系式（2-9）可写为：

$$\begin{bmatrix}\varepsilon_1\\\varepsilon_2\\\varepsilon_3\\\varepsilon_4\\\varepsilon_5\\\varepsilon_6\end{bmatrix}=\begin{bmatrix}S_{11}&S_{12}&S_{13}&S_{14}&S_{15}&S_{16}\\S_{21}&S_{22}&S_{23}&S_{24}&S_{25}&S_{26}\\S_{31}&S_{32}&S_{33}&S_{34}&S_{35}&S_{36}\\S_{41}&S_{42}&S_{43}&S_{44}&S_{45}&S_{46}\\S_{51}&S_{52}&S_{53}&S_{54}&S_{55}&S_{56}\\S_{61}&S_{62}&S_{63}&S_{64}&S_{65}&S_{66}\end{bmatrix}\begin{bmatrix}\sigma_1\\\sigma_2\\\sigma_3\\\sigma_4\\\sigma_5\\\sigma_6\end{bmatrix} \tag{2-14}$$

或

$$\begin{bmatrix}\sigma_1\\\sigma_2\\\sigma_3\\\sigma_4\\\sigma_5\\\sigma_6\end{bmatrix}=\begin{bmatrix}C_{11}&C_{12}&C_{13}&C_{14}&C_{15}&C_{16}\\C_{21}&C_{22}&C_{23}&C_{24}&C_{25}&C_{26}\\C_{31}&C_{32}&C_{33}&C_{34}&C_{35}&C_{36}\\C_{41}&C_{42}&C_{43}&C_{44}&C_{45}&C_{46}\\C_{51}&C_{52}&C_{53}&C_{54}&C_{55}&C_{56}\\C_{61}&C_{62}&C_{63}&C_{64}&C_{65}&C_{66}\end{bmatrix}\begin{bmatrix}\varepsilon_1\\\varepsilon_2\\\varepsilon_3\\\varepsilon_4\\\varepsilon_5\\\varepsilon_6\end{bmatrix} \tag{2-15}$$

如用 σ_i 表示应力张量分量（Stress Tensor），ε_j 表示应变张量分量（Strain Tensor），i，$j=1$，2，…，6，则各向异性弹性体应力-应变线弹性关系式（2-14）和式（2-15）也可写为：

$$\varepsilon_j=S_{ji}\sigma_i \tag{2-16a}$$

或

$$\sigma_i=C_{ij}\varepsilon_j \tag{2-16b}$$

凡 i 或 j 重复，表示由 1，2，…，6 共 6 项相加，即 $\sum$ 。

对于完全弹性体来说，在外力作用及等温或绝热的条件下发生弹性变形，外力做功，弹性体内积蓄应变能。应变能只取决于应力状态或应变状态，而与加载过程无关。单位体积内积蓄的应变能（Strain Energy）称为应变能密度（Strain Energy Density），用 v_ε 表示。应变能密度可用应力在其相应的应变上所做的功计算。即：

$$v_\varepsilon=\int_0^{\varepsilon_i}\sigma_i\,\mathrm{d}\varepsilon_i\,(i=1,\ 2,\ \cdots,\ 6)$$

可见，应变能密度是以应变分量为自变量的泛函。它对应变的变化率等于与该应变所对应的应力，即：

$$\sigma_i=\frac{\partial v_\varepsilon}{\partial \varepsilon_i} \tag{2-17}$$

当应力-应变关系为线弹性时，应变能密度可写为：

$$v_\varepsilon=\frac{1}{2}(\sigma_1\varepsilon_1+\sigma_2\varepsilon_2+\sigma_3\varepsilon_3+\sigma_4\varepsilon_4+\sigma_5\varepsilon_5+\sigma_6\varepsilon_6)=\frac{1}{2}\sigma_i\varepsilon_i=\frac{1}{2}C_{ij}\varepsilon_i\varepsilon_j \tag{2-18}$$

当应力 σ_i 作用于应变增量 $\mathrm{d}\varepsilon_i$ 时，单位体积外力功的增量为 $\mathrm{d}A$，应变能密度的增量为 $\mathrm{d}v_\varepsilon$。按照功能原理有：

$$\mathrm{d}v_\varepsilon=\mathrm{d}A=\sigma_i\mathrm{d}\varepsilon_i\ (i=1,\ 2,\ \cdots,\ 6)$$

由式（2-16）和式（2-17）可知：

$$C_{ij}=\frac{\partial\sigma_i}{\partial\varepsilon_j}=\frac{\partial\left(\frac{\partial v_\varepsilon}{\partial\varepsilon_i}\right)}{\partial\varepsilon_j}=\frac{\partial^2 v_\varepsilon}{\partial\varepsilon_i\,\partial\varepsilon_j}=\frac{\partial\left(\frac{\partial v_\varepsilon}{\partial\varepsilon_j}\right)}{\partial\varepsilon_i}=\frac{\partial\sigma_j}{\partial\varepsilon_i}=C_{ji}$$

即：

$$C_{ij}=C_{ji} \tag{2-19}$$

式（2-19）表明刚度矩阵 $\boldsymbol{C}$ 是一个对称矩阵。因此只有 21 个刚度系数是独立的，即 $\boldsymbol{C}$ 可表示为：

$$\boldsymbol{C}=\begin{bmatrix}C_{11} & C_{12} & \cdots & C_{16}\\ C_{12} & C_{22} & \cdots & C_{26}\\ \vdots & \vdots & & \vdots\\ C_{16} & C_{26} & \cdots & C_{66}\end{bmatrix} \tag{2-20}$$

由于刚度矩阵 $\boldsymbol{C}$ 与柔度矩阵 $\boldsymbol{S}$ 互逆，而对称矩阵的逆矩阵仍然是对称矩阵，即：

$$S_{ij}=S_{ji} \tag{2-21}$$

因此也只有 21 个柔度系数是独立的，柔度矩阵 $\boldsymbol{S}$ 可表示为：

$$\boldsymbol{S}=\begin{bmatrix}S_{11} & S_{12} & \cdots & S_{16}\\ S_{12} & S_{22} & \cdots & S_{26}\\ \vdots & \vdots & & \vdots\\ S_{16} & S_{26} & \cdots & S_{66}\end{bmatrix} \tag{2-22}$$

刚度系数 C_{ij} 和柔度系数 S_{ij} $(i,\ j=1,\ 2,\ \cdots,\ 6)$ 对均质材料都可认为是弹性常数。也就是说，各向异性材料独立的弹性常数为 21 个。其应变能密度为：

$$v_\varepsilon=\frac{1}{2}\sigma_i\varepsilon_i=\frac{1}{2}C_{ij}\varepsilon_i\varepsilon_j=\frac{1}{2}S_{ij}\sigma_i\sigma_j=\frac{1}{2}\boldsymbol{\sigma}^{\mathrm{T}}\boldsymbol{\varepsilon}=\frac{1}{2}\boldsymbol{\sigma}^{\mathrm{T}}\boldsymbol{S}\boldsymbol{\sigma}=\frac{1}{2}\boldsymbol{\varepsilon}^{\mathrm{T}}\boldsymbol{C}\boldsymbol{\varepsilon} \tag{2-23}$$

用应变分量表示的展开式为：

$$\begin{aligned}v_\varepsilon&=\frac{1}{2}\ (\sigma_1\varepsilon_1+\sigma_2\varepsilon_2+\sigma_3\varepsilon_3+\sigma_4\varepsilon_4+\sigma_5\varepsilon_5+\sigma_6\varepsilon_6)\\&=\frac{1}{2}C_{11}\varepsilon_1^2+C_{12}\varepsilon_1\varepsilon_2+C_{13}\varepsilon_1\varepsilon_3+C_{14}\varepsilon_1\varepsilon_4+C_{15}\varepsilon_1\varepsilon_5+C_{16}\varepsilon_1\varepsilon_6+\frac{1}{2}C_{22}\varepsilon_2^2+C_{23}\varepsilon_2\varepsilon_3+\\&\quad C_{24}\varepsilon_2\varepsilon_4+C_{25}\varepsilon_2\varepsilon_5+C_{26}\varepsilon_2\varepsilon_6+\frac{1}{2}C_{33}\varepsilon_3^2+C_{34}\varepsilon_3\varepsilon_4+C_{35}\varepsilon_3\varepsilon_5+C_{36}\varepsilon_3\varepsilon_6+\frac{1}{2}C_{44}\varepsilon_4^2+\\&\quad C_{45}\varepsilon_4\varepsilon_5+C_{46}\varepsilon_4\varepsilon_6+\frac{1}{2}C_{55}\varepsilon_5^2+C_{56}\varepsilon_5\varepsilon_6+\frac{1}{2}C_{66}\varepsilon_6^2\end{aligned} \tag{2-24}$$

用应力分量表示的展开式为：

$$v_\varepsilon=\frac{1}{2}\ (\sigma_1\varepsilon_1+\sigma_2\varepsilon_2+\sigma_3\varepsilon_3+\sigma_4\varepsilon_4+\sigma_5\varepsilon_5+\sigma_6\varepsilon_6)$$

$$=\frac{1}{2}S_{11}\sigma_1^2+S_{12}\sigma_1\sigma_2+S_{13}\sigma_1\sigma_3+S_{14}\sigma_1\sigma_4+S_{15}\sigma_1\sigma_5+S_{16}\sigma_1\sigma_6+\frac{1}{2}S_{22}\sigma_2^2+S_{23}\sigma_2\sigma_3+$$
$$S_{24}\sigma_2\sigma_4+S_{25}\sigma_2\sigma_5+S_{26}\sigma_2\sigma_6+\frac{1}{2}S_{33}\sigma_3^2+S_{34}\sigma_3\sigma_4+S_{35}\sigma_3\sigma_5+S_{36}\sigma_3\sigma_6+\frac{1}{2}S_{44}\sigma_4^2+$$
$$S_{45}\sigma_4\sigma_5+S_{46}\sigma_4\sigma_6+\frac{1}{2}S_{55}\sigma_5^2+S_{56}\sigma_5\sigma_6+\frac{1}{2}S_{66}\sigma_6^2 \tag{2-25}$$

当各向异性弹性体具有对称的内部构造时，它的弹性特性也呈现某种对称性，这时物体中存在对称方向，相对该方向的弹性特性是相同的。具有对称性各向异性体的应力-应变关系可以简化。下面分别对几种工程实际中常见的各向异性材料进行讨论。

2.2.1 单对称材料

这种材料内每一点都存在一个弹性对称面，则关于该平面对称的任意两个方向上的弹性性质是相同的。与弹性对称面垂直的轴（方向）称为材料的弹性主轴（方向）。如取坐标平面 oxy 为弹性对称面，则 z 轴为材料弹性主轴。围绕 o 点按坐标方向切取一微单元体，如图 2-1（a）所示。由于坐标系的选择是人为的，当 z 轴变为相反方向 z' 时，如图 2-1（b）所示，材料的应力-应变关系不变，应变能密度表达式应保持不变，即：

$$v_\varepsilon=v'_\varepsilon$$

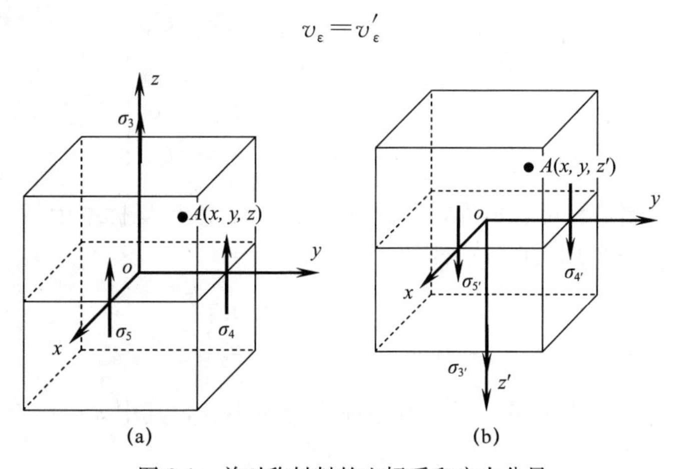

图 2-1 单对称材料的坐标系和应力分量

坐标系 $oxyz$ 中，材料的应变能密度表达式为式（2-24）。而当坐标系 $oxyz$ 换成 $oxyz'$时，有些位移分量、应力分量和应变分量的正负号会改变。例如，坐标系 $oxyz$ 微单元体中任一点 A（x，y，z）的位移分量为 u、v、w，新坐标系 $oxyz'$中点 A（x，y，z'）的位移分量为 u、v、w'。显然有：

$$\left.\begin{aligned}
&z'=-z\\
&w'=-w\\
&\varepsilon'_4=\gamma_{yz'}=\frac{\partial w'}{\partial y}+\frac{\partial v}{\partial z'}=-\left(\frac{\partial w}{\partial y}+\frac{\partial v}{\partial z}\right)=-\gamma_{yz}=-\varepsilon_4\\
&\varepsilon'_5=\gamma_{z'x}=\frac{\partial w'}{\partial x}+\frac{\partial u}{\partial z'}=-\left(\frac{\partial w}{\partial x}+\frac{\partial u}{\partial z}\right)=-\gamma_{zx}=-\varepsilon_5
\end{aligned}\right\}$$

即与 z 方向有关的切应变分量变号，其余应变分量不变，其中 $\varepsilon_3'=\varepsilon_{z'}=\dfrac{\partial w'}{\partial z'}=\dfrac{\partial w}{\partial z}=\varepsilon_z=\varepsilon_3$。

新坐标系 $oxyz'$中，材料的应变能密度

$$v_\varepsilon=\frac{1}{2}C_{11}\varepsilon_1^2+C_{12}\varepsilon_1\varepsilon_2+C_{13}\varepsilon_1\varepsilon_3-C_{14}\varepsilon_1\varepsilon_4-C_{15}\varepsilon_1\varepsilon_5+C_{16}\varepsilon_1\varepsilon_6+\frac{1}{2}C_{22}\varepsilon_2^2+C_{23}\varepsilon_2\varepsilon_3-C_{24}\varepsilon_2\varepsilon_4-C_{25}\varepsilon_2\varepsilon_5+C_{26}\varepsilon_2\varepsilon_6+\frac{1}{2}C_{33}\varepsilon_3^2-C_{34}\varepsilon_3\varepsilon_4-C_{35}\varepsilon_3\varepsilon_5+C_{36}\varepsilon_3\varepsilon_6+\frac{1}{2}C_{44}\varepsilon_4^2+C_{45}\varepsilon_4\varepsilon_5-C_{46}\varepsilon_4\varepsilon_6+\frac{1}{2}C_{55}\varepsilon_5^2-C_{56}\varepsilon_5\varepsilon_6+\frac{1}{2}C_{66}\varepsilon_6^2$$

为保证新旧坐标系中材料应变能密度保持不变，则必须有：

$$C_{14}=C_{15}=C_{24}=C_{25}=C_{34}=C_{35}=C_{46}=C_{56}=0 \tag{2-26}$$

即含有 ε_4 和 ε_5 的一次项系数为零，含有 ε_4 和 ε_5 的乘积项因不变号而系数不受限制。这样独立的刚度系数减少了 8 个，剩下 13 个，刚度矩阵变为：

$$\boldsymbol{C}=\begin{bmatrix} C_{11} & C_{12} & C_{13} & 0 & 0 & C_{16} \\ C_{12} & C_{22} & C_{23} & 0 & 0 & C_{26} \\ C_{13} & C_{23} & C_{33} & 0 & 0 & C_{36} \\ 0 & 0 & 0 & C_{44} & C_{45} & 0 \\ 0 & 0 & 0 & C_{45} & C_{55} & 0 \\ C_{16} & C_{26} & C_{36} & 0 & 0 & C_{66} \end{bmatrix} \tag{2-27}$$

材料的应变能密度也可表示为式（2-25）的形式。新旧坐标系中与 z 方向有关的正面上的应力分量如图 2-1 所示。显然有

$$\left.\begin{aligned} \sigma_{4'}&=\tau_{yz'}=-\tau_{yz}=-\sigma_4 \\ \sigma_{5'}&=\tau_{z'x}=-\tau_{zx}=-\sigma_5 \end{aligned}\right\}$$

即与 z 方向有关的切应力分量变号，其余应力分量不变，其中 $\sigma_{3'}=\sigma_{z'}=\sigma_z=\sigma_3$。新坐标系 $oxyz'$中，材料的应变能密度用应力分量表示为：

$$v_\varepsilon=\frac{1}{2}S_{11}\sigma_1^2+S_{12}\sigma_1\sigma_2+S_{13}\sigma_1\sigma_3-S_{14}\sigma_1\sigma_4-S_{15}\sigma_1\sigma_5+S_{16}\sigma_1\sigma_6+\frac{1}{2}S_{22}\sigma_2^2+S_{23}\sigma_2\sigma_3-S_{24}\sigma_2\sigma_4-S_{25}\sigma_2\sigma_5+S_{26}\sigma_2\sigma_6+\frac{1}{2}S_{33}\sigma_3^2-S_{34}\sigma_3\sigma_4-S_{35}\sigma_3\sigma_5+S_{36}\sigma_3\sigma_6+\frac{1}{2}S_{44}\sigma_4^2+S_{45}\sigma_4\sigma_5-S_{46}\sigma_4\sigma_6+\frac{1}{2}S_{55}\sigma_5^2-S_{56}\sigma_5\sigma_6+\frac{1}{2}S_{66}\sigma_6^2$$

为保证新旧坐标系中材料的应变能密度保持不变，同样必须有：

$$S_{14}=S_{15}=S_{24}=S_{25}=S_{34}=S_{35}=S_{46}=S_{56}=0 \tag{2-28}$$

即含有 σ_4 和 σ_5 的一次项系数为零，含有 σ_4 和 σ_5 的乘积项因不变号而系数不受限制。这样独立的柔度系数减少了 8 个，剩下 13 个，柔度矩阵变为：

$$\boldsymbol{S}=\begin{bmatrix} S_{11} & S_{12} & S_{13} & 0 & 0 & S_{16} \\ S_{12} & S_{22} & S_{23} & 0 & 0 & S_{26} \\ S_{13} & S_{23} & S_{33} & 0 & 0 & S_{36} \\ 0 & 0 & 0 & S_{44} & S_{45} & 0 \\ 0 & 0 & 0 & S_{45} & S_{55} & 0 \\ S_{16} & S_{26} & S_{36} & 0 & 0 & S_{66} \end{bmatrix} \tag{2-29}$$

因此，单对称材料的应力-应变关系式为：

$$\begin{bmatrix} \sigma_1 \\ \sigma_2 \\ \sigma_3 \\ \sigma_4 \\ \sigma_5 \\ \sigma_6 \end{bmatrix}=\begin{bmatrix} C_{11} & C_{12} & C_{13} & 0 & 0 & C_{16} \\ C_{12} & C_{22} & C_{23} & 0 & 0 & C_{26} \\ C_{13} & C_{23} & C_{33} & 0 & 0 & C_{36} \\ 0 & 0 & 0 & C_{44} & C_{45} & 0 \\ 0 & 0 & 0 & C_{45} & C_{55} & 0 \\ C_{16} & C_{26} & C_{36} & 0 & 0 & C_{66} \end{bmatrix}\begin{bmatrix} \varepsilon_1 \\ \varepsilon_2 \\ \varepsilon_3 \\ \varepsilon_4 \\ \varepsilon_5 \\ \varepsilon_6 \end{bmatrix} \tag{2-30}$$

或

$$\begin{bmatrix} \varepsilon_1 \\ \varepsilon_2 \\ \varepsilon_3 \\ \varepsilon_4 \\ \varepsilon_5 \\ \varepsilon_6 \end{bmatrix}=\begin{bmatrix} S_{11} & S_{12} & S_{13} & 0 & 0 & S_{16} \\ S_{12} & S_{22} & S_{23} & 0 & 0 & S_{26} \\ S_{13} & S_{23} & S_{33} & 0 & 0 & S_{36} \\ 0 & 0 & 0 & S_{44} & S_{45} & 0 \\ 0 & 0 & 0 & S_{45} & S_{55} & 0 \\ S_{16} & S_{26} & S_{36} & 0 & 0 & S_{66} \end{bmatrix}\begin{bmatrix} \sigma_1 \\ \sigma_2 \\ \sigma_3 \\ \sigma_4 \\ \sigma_5 \\ \sigma_6 \end{bmatrix} \tag{2-31}$$

式（2-30）和式（2-31）表明：单对称材料存在拉伸（压缩）与剪切的耦合效应。即使在弹性主轴方向受正应力 σ_3 作用，也会产生在弹性对称面上的切应变；反之弹性对称面上的内切应力 σ_6 作用也会引起线应变，同时存在剪切与剪切的耦合效应。但由于弹性对称面的存在，耦合效应的程度被减弱了。

2.2.2 正交各向异性材料

如果材料中的每一点都存在三个相互垂直的弹性对称面，则称作正交各向异性材料(Orthotropic Materials)，这时有三个正交的弹性主轴。设坐标面与弹性对称面一致，则坐标轴即为材料的主轴。

上面已证明了当材料存在一个弹性对称面 oxy 时，它有 13 个独立的弹性常数。如果它的正交平面 oyz 也是弹性对称面，则 x 轴改为相反方向时，应变能密度表达式保持不变，而 ε_5 和 ε_6 要变号，因此式（2-24）中含有 ε_5 和 ε_6 的一次项系数等于零。于是除了式（2-26）成立外，还需：

$$C_{16}=C_{26}=C_{36}=C_{45}=0 \tag{2-32}$$

同样，假设它的正交平面 zox 是弹性对称面，则 y 轴改为相反方向时，应变能密度表达式保持不变，而 ε_4 和 ε_6 要变号，因此式（2-24）中含有 ε_4 和 ε_6 的一次项系数为零。不过，没有得出新的结果。这就证明：如果一种材料存在两个相互正交的弹性对称面，则与该两平面正交的第三个平面也必须是弹性对称面。正交各向异性材料的独立刚度系数或柔度系数减少为 9 个，其刚度矩阵和柔度矩阵分别为：

$$\boldsymbol{C}=\begin{bmatrix} C_{11} & C_{12} & C_{13} & 0 & 0 & 0 \\ C_{12} & C_{22} & C_{23} & 0 & 0 & 0 \\ C_{13} & C_{23} & C_{33} & 0 & 0 & 0 \\ 0 & 0 & 0 & C_{44} & 0 & 0 \\ 0 & 0 & 0 & 0 & C_{55} & 0 \\ 0 & 0 & 0 & 0 & 0 & C_{66} \end{bmatrix} \tag{2-33}$$

$$\boldsymbol{S}=\begin{bmatrix} S_{11} & S_{12} & S_{13} & 0 & 0 & 0 \\ S_{12} & S_{22} & S_{23} & 0 & 0 & 0 \\ S_{13} & S_{23} & S_{33} & 0 & 0 & 0 \\ 0 & 0 & 0 & S_{44} & 0 & 0 \\ 0 & 0 & 0 & 0 & S_{55} & 0 \\ 0 & 0 & 0 & 0 & 0 & S_{66} \end{bmatrix} \tag{2-34}$$

正交各向异性材料的应力-应变关系式为：

$$\begin{bmatrix} \sigma_1 \\ \sigma_2 \\ \sigma_3 \\ \sigma_4 \\ \sigma_5 \\ \sigma_6 \end{bmatrix}=\begin{bmatrix} C_{11} & C_{12} & C_{13} & 0 & 0 & 0 \\ C_{12} & C_{22} & C_{23} & 0 & 0 & 0 \\ C_{13} & C_{23} & C_{33} & 0 & 0 & 0 \\ 0 & 0 & 0 & C_{44} & 0 & 0 \\ 0 & 0 & 0 & 0 & C_{55} & 0 \\ 0 & 0 & 0 & 0 & 0 & C_{66} \end{bmatrix}\begin{bmatrix} \varepsilon_1 \\ \varepsilon_2 \\ \varepsilon_3 \\ \varepsilon_4 \\ \varepsilon_5 \\ \varepsilon_6 \end{bmatrix} \tag{2-35}$$

或

$$\begin{bmatrix} \varepsilon_1 \\ \varepsilon_2 \\ \varepsilon_3 \\ \varepsilon_4 \\ \varepsilon_5 \\ \varepsilon_6 \end{bmatrix}=\begin{bmatrix} S_{11} & S_{12} & S_{13} & 0 & 0 & 0 \\ S_{12} & S_{22} & S_{23} & 0 & 0 & 0 \\ S_{13} & S_{23} & S_{33} & 0 & 0 & 0 \\ 0 & 0 & 0 & S_{44} & 0 & 0 \\ 0 & 0 & 0 & 0 & S_{55} & 0 \\ 0 & 0 & 0 & 0 & 0 & S_{66} \end{bmatrix}\begin{bmatrix} \sigma_1 \\ \sigma_2 \\ \sigma_3 \\ \sigma_4 \\ \sigma_5 \\ \sigma_6 \end{bmatrix} \tag{2-36}$$

式（2-35）和式（2-36）表明：正交各向异性材料在材料主方向上不存在拉伸（压缩）与剪切的耦合效应，即正应力只引起线应变，切应力只引起切应变。这是正交各向异性材料的一个重要性质。

2.2.3 横观各向同性材料

如果材料中的每一点都存在三个相互垂直的弹性对称面，但其中的一个平面是各向同性的，则称为横观各向同性材料（Transversely Isotropic Materials），与该平面垂直的轴是材料的弹性旋转对称轴。该材料的应变能密度表达式为：

$$\begin{aligned} v_\varepsilon = & \frac{1}{2}C_{11}\varepsilon_1^2+C_{12}\varepsilon_1\varepsilon_2+C_{13}\varepsilon_1\varepsilon_3+\frac{1}{2}C_{22}\varepsilon_2^2+C_{23}\varepsilon_2\varepsilon_3+\frac{1}{2}C_{33}\varepsilon_3^2+ \\ & \frac{1}{2}C_{44}\varepsilon_4^2+\frac{1}{2}C_{55}\varepsilon_5^2+\frac{1}{2}C_{66}\varepsilon_6^2 \end{aligned} \tag{2-37}$$

或

$$v_\varepsilon=\frac{1}{2}S_{11}\sigma_1^2+S_{12}\sigma_1\sigma_2+S_{13}\sigma_1\sigma_3+\frac{1}{2}S_{22}\sigma_2^2+S_{23}\sigma_2\sigma_3+\frac{1}{2}S_{33}\sigma_3^2+$$

$$\frac{1}{2}S_{44}\sigma_4^2+\frac{1}{2}S_{55}\sigma_5^2+\frac{1}{2}S_{66}\sigma_6^2 \tag{2-38}$$

如图 2-2 所示的纤维增强复合材料，垂直于纤维方向的 oxy 平面为各向同性面，z 轴为弹性旋转对称轴。当坐标轴 x 与 y 互换时，应变能密度保持不变。当 ε_1 换为 ε_2、ε_2 换为 ε_1、ε_4 换为 ε_5、ε_5 换为 ε_4，或当 σ_1 换为 σ_2、σ_2 换为 σ_1、σ_4 换为 σ_5、σ_5 换为 σ_4 时，要求应变能密度保持不变，则必须有：

$$C_{11}=C_{22}，C_{44}=C_{55}，C_{23}=C_{13} \tag{2-39}$$

或

$$S_{11}=S_{22}，S_{44}=S_{55}，S_{23}=S_{13} \tag{2-40}$$

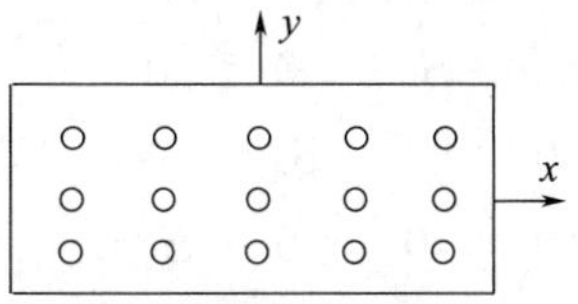

图 2-2 横观各向同性材料

将式（2-39）代入式（2-35），有：

$$\left.\begin{aligned}\sigma_1&=C_{11}\varepsilon_1+C_{12}\varepsilon_2+C_{13}\varepsilon_3\\\sigma_2&=C_{12}\varepsilon_1+C_{11}\varepsilon_2+C_{13}\varepsilon_3\\\sigma_6&=C_{66}\varepsilon_6\end{aligned}\right\}$$

由于 oxy 平面是材料的各向同性平面，则在这个平面内沿任何方向材料性质都相同，因此不论坐标轴转过多大角度，应力与应变之间都有相同的关系。

设 x、y 轴绕 z 轴转 θ，则：

$$\sigma_{6'}=C_{66}\varepsilon_{6'}$$

由应力分量转轴公式得：

$$\sigma_{6'}=\frac{1}{2}(\sigma_1-\sigma_2)\sin2\theta+\sigma_6\cos2\theta$$

由应变分量转轴公式得：

$$\varepsilon_{6'}=(\varepsilon_1-\varepsilon_2)\sin2\theta+\varepsilon_6\cos2\theta$$

因此

$$\frac{1}{2}(\sigma_1-\sigma_2)\sin2\theta+\sigma_6\cos2\theta=C_{66}[(\varepsilon_1-\varepsilon_2)\sin2\theta+\varepsilon_6\cos2\theta]$$

即

$$\frac{1}{2}(\varepsilon_1-\varepsilon_2)(C_{11}-C_{12})\sin2\theta+C_{66}\varepsilon_6\cos2\theta=C_{66}[(\varepsilon_1-\varepsilon_2)\sin2\theta+\varepsilon_6\cos2\theta]$$

所以

$$C_{66}=\frac{1}{2}(C_{11}-C_{12}) \tag{2-41}$$

这样横观各向同性材料只有 5 个独立刚度系数，其刚度矩阵为：

$$\boldsymbol{C}=\begin{bmatrix} C_{11} & C_{12} & C_{13} & 0 & 0 & 0 \\ C_{12} & C_{11} & C_{13} & 0 & 0 & 0 \\ C_{13} & C_{13} & C_{33} & 0 & 0 & 0 \\ 0 & 0 & 0 & C_{44} & 0 & 0 \\ 0 & 0 & 0 & 0 & C_{44} & 0 \\ 0 & 0 & 0 & 0 & 0 & (C_{11}-C_{12})/2 \end{bmatrix} \tag{2-42}$$

由于刚度矩阵与柔度矩阵互逆，对刚度矩阵求逆可得：

$$S_{66}=2\ (S_{11}-S_{12}) \tag{2-43}$$

横观各向同性材料只有 5 个独立柔度系数，其柔度矩阵为：

$$\boldsymbol{S}=\begin{bmatrix} S_{11} & S_{12} & S_{13} & 0 & 0 & 0 \\ S_{12} & S_{11} & S_{13} & 0 & 0 & 0 \\ S_{13} & S_{13} & S_{33} & 0 & 0 & 0 \\ 0 & 0 & 0 & S_{44} & 0 & 0 \\ 0 & 0 & 0 & 0 & S_{44} & 0 \\ 0 & 0 & 0 & 0 & 0 & 2(S_{11}-S_{12}) \end{bmatrix} \tag{2-44}$$

横观各向同性材料的应力-应变关系式为：

$$\begin{bmatrix} \sigma_1 \\ \sigma_2 \\ \sigma_3 \\ \sigma_4 \\ \sigma_5 \\ \sigma_6 \end{bmatrix}=\begin{bmatrix} C_{11} & C_{12} & C_{13} & 0 & 0 & 0 \\ C_{12} & C_{11} & C_{13} & 0 & 0 & 0 \\ C_{13} & C_{13} & C_{33} & 0 & 0 & 0 \\ 0 & 0 & 0 & C_{44} & 0 & 0 \\ 0 & 0 & 0 & 0 & C_{44} & 0 \\ 0 & 0 & 0 & 0 & 0 & (C_{11}-C_{12})/2 \end{bmatrix}\begin{bmatrix} \varepsilon_1 \\ \varepsilon_2 \\ \varepsilon_3 \\ \varepsilon_4 \\ \varepsilon_5 \\ \varepsilon_6 \end{bmatrix} \tag{2-45}$$

或

$$\begin{bmatrix} \varepsilon_1 \\ \varepsilon_2 \\ \varepsilon_3 \\ \varepsilon_4 \\ \varepsilon_5 \\ \varepsilon_6 \end{bmatrix}=\begin{bmatrix} S_{11} & S_{12} & S_{13} & 0 & 0 & 0 \\ S_{12} & S_{11} & S_{13} & 0 & 0 & 0 \\ S_{13} & S_{13} & S_{33} & 0 & 0 & 0 \\ 0 & 0 & 0 & S_{44} & 0 & 0 \\ 0 & 0 & 0 & 0 & S_{44} & 0 \\ 0 & 0 & 0 & 0 & 0 & 2(S_{11}-S_{12}) \end{bmatrix}\begin{bmatrix} \sigma_1 \\ \sigma_2 \\ \sigma_3 \\ \sigma_4 \\ \sigma_5 \\ \sigma_6 \end{bmatrix} \tag{2-46}$$

2.2.4 各向同性材料

如果一种材料具有无穷多个性能对称平面，则称为各向同性材料（Isotropic Materials）。这种材料的弹性性能在互相垂直的三个对称平面完全一样，当坐标轴依次轮换时，应变能密度表达式（2-37）或（2-38）保持不变，因此得到：

$$C_{11}=C_{22}=C_{33},\ C_{12}=C_{13}=C_{23},\ C_{44}=C_{55}=C_{66}=\frac{1}{2}\ (C_{11}-C_{12}) \tag{2-47}$$

和

$$S_{11}=S_{22}=S_{33},\ S_{12}=S_{13}=S_{23},\ S_{44}=S_{55}=S_{66}=2\ (S_{11}-S_{12}) \tag{2-48}$$

显然，各向同性材料只有 2 个独立的弹性常数，其刚度矩阵和柔度矩阵分别为：

$$\boldsymbol{C}=\begin{bmatrix} C_{11} & C_{12} & C_{12} & 0 & 0 & 0 \\ C_{12} & C_{11} & C_{12} & 0 & 0 & 0 \\ C_{12} & C_{12} & C_{11} & 0 & 0 & 0 \\ 0 & 0 & 0 & (C_{11}-C_{12})/2 & 0 & 0 \\ 0 & 0 & 0 & 0 & (C_{11}-C_{12})/2 & 0 \\ 0 & 0 & 0 & 0 & 0 & (C_{11}-C_{12})/2 \end{bmatrix} \tag{2-49}$$

$$\boldsymbol{S}=\begin{bmatrix} S_{11} & S_{12} & S_{12} & 0 & 0 & 0 \\ S_{12} & S_{11} & S_{12} & 0 & 0 & 0 \\ S_{12} & S_{12} & S_{11} & 0 & 0 & 0 \\ 0 & 0 & 0 & 2(S_{11}-S_{12}) & 0 & 0 \\ 0 & 0 & 0 & 0 & 2(S_{11}-S_{12}) & 0 \\ 0 & 0 & 0 & 0 & 0 & 2(S_{11}-S_{12}) \end{bmatrix} \tag{2-50}$$

各向同性材料的应力-应变关系表达式为：

$$\begin{bmatrix} \sigma_1 \\ \sigma_2 \\ \sigma_3 \\ \sigma_4 \\ \sigma_5 \\ \sigma_6 \end{bmatrix}=\begin{bmatrix} C_{11} & C_{12} & C_{12} & 0 & 0 & 0 \\ C_{12} & C_{11} & C_{12} & 0 & 0 & 0 \\ C_{12} & C_{12} & C_{11} & 0 & 0 & 0 \\ 0 & 0 & 0 & (C_{11}-C_{12})/2 & 0 & 0 \\ 0 & 0 & 0 & 0 & (C_{11}-C_{12})/2 & 0 \\ 0 & 0 & 0 & 0 & 0 & (C_{11}-C_{12})/2 \end{bmatrix}\begin{bmatrix} \varepsilon_1 \\ \varepsilon_2 \\ \varepsilon_3 \\ \varepsilon_4 \\ \varepsilon_5 \\ \varepsilon_6 \end{bmatrix} \tag{2-51}$$

或

$$\begin{bmatrix} \varepsilon_1 \\ \varepsilon_2 \\ \varepsilon_3 \\ \varepsilon_4 \\ \varepsilon_5 \\ \varepsilon_6 \end{bmatrix}=\begin{bmatrix} S_{11} & S_{12} & S_{12} & 0 & 0 & 0 \\ S_{12} & S_{11} & S_{12} & 0 & 0 & 0 \\ S_{12} & S_{12} & S_{11} & 0 & 0 & 0 \\ 0 & 0 & 0 & 2(S_{11}-S_{12}) & 0 & 0 \\ 0 & 0 & 0 & 0 & 2(S_{11}-S_{12}) & 0 \\ 0 & 0 & 0 & 0 & 0 & 2(S_{11}-S_{12}) \end{bmatrix}\begin{bmatrix} \sigma_1 \\ \sigma_2 \\ \sigma_3 \\ \sigma_4 \\ \sigma_5 \\ \sigma_6 \end{bmatrix} \tag{2-52}$$

2.3 正交各向异性材料的工程弹性常数

除了上述表示材料弹性特性的刚度系数 C_{ij} 和柔度系数 S_{ij} 外，工程上常采用工程弹性常数表示材料的弹性特性。这些常数包括广义的弹性模量 E_i、泊松比 ν_{ij} 和剪切弹性模量 G_{ij}。这些常数可由简单的拉伸及纯剪切试验测定。下面先来讨论正交各向异性材料的工程弹性常数与柔度系数的关系。

单向纤维复合材料属于正交各向异性材料。沿纤维方向是材料的弹性主轴之一，另两个材料弹性主轴与纤维垂直，如图 2-3 所示。根据广义虎克定律，应力-应变关系式为：

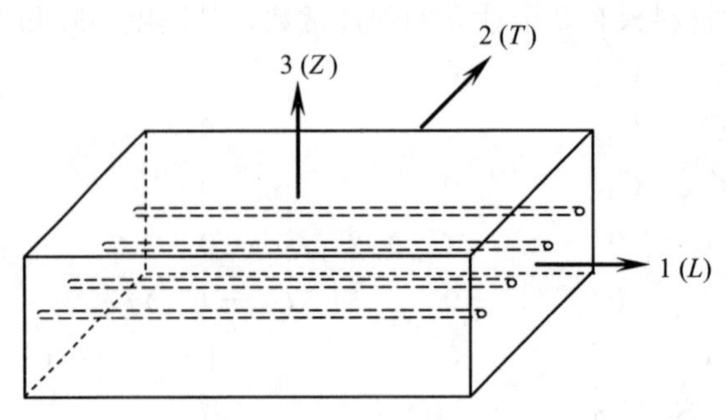

图 2-3 正交各向异性材料

$$\left.\begin{aligned}
\varepsilon_1&=\frac{\sigma_1}{E_1}-\frac{\sigma_2}{E_2}\nu_{21}-\frac{\sigma_3}{E_3}\nu_{31}\\
\varepsilon_2&=-\frac{\sigma_1}{E_1}\nu_{12}+\frac{\sigma_2}{E_2}-\frac{\sigma_3}{E_3}\nu_{32}\\
\varepsilon_3&=-\frac{\sigma_1}{E_1}\nu_{13}-\frac{\sigma_2}{E_2}\nu_{23}+\frac{\sigma_3}{E_3}\\
\varepsilon_4&=\gamma_{23}=\frac{1}{G_{23}}\tau_{23}=\frac{1}{G_{23}}\sigma_4\\
\varepsilon_5&=\gamma_{31}=\frac{1}{G_{31}}\tau_{31}=\frac{1}{G_{31}}\sigma_5\\
\varepsilon_6&=\gamma_{12}=\frac{1}{G_{12}}\tau_{12}=\frac{1}{G_{12}}\sigma_6
\end{aligned}\right\} \tag{2-53}$$

比较正交各向异性材料的柔度矩阵式（2-34）及式（2-47），用工程弹性常数表达的柔度矩阵可写为：

$$\boldsymbol{S}=\begin{bmatrix}
\frac{1}{E_1} & -\frac{\nu_{21}}{E_2} & -\frac{\nu_{31}}{E_3} & 0 & 0 & 0\\
-\frac{\nu_{12}}{E_1} & \frac{1}{E_2} & -\frac{\nu_{32}}{E_3} & 0 & 0 & 0\\
-\frac{\nu_{13}}{E_1} & -\frac{\nu_{23}}{E_2} & \frac{1}{E_3} & 0 & 0 & 0\\
0 & 0 & 0 & \frac{1}{G_{23}} & 0 & 0\\
0 & 0 & 0 & 0 & \frac{1}{G_{31}} & 0\\
0 & 0 & 0 & 0 & 0 & \frac{1}{G_{12}}
\end{bmatrix} \tag{2-54}$$

其中，E_i（$i=1, 2, 3$）表示沿材料弹性主方向 i 的弹性模量，其定义为：当只有一个主方向上有正应力作用时，正应力与该方向线应变的比值，即：

$$E_i=\frac{\sigma_i}{\varepsilon_i}\quad(i=1,\ 2,\ 3)$$

v_{ij}（i，j =1，2，3 且 $i \neq j$）表示由于沿材料弹性主方向 i 上作用应力 σ_i 而在材料弹性主方向 j 上引起横向变形的泊松比，即：

$$\nu_{ij}=-\frac{\varepsilon_j}{\varepsilon_i} \quad (i,\ j=1,\ 2,\ 3)$$

G_{ij}（i，j =1，2，3 且 $i \neq j$）表示在 i - j 平面上的剪切弹性模量。

由于柔度矩阵 $\boldsymbol{S}$ 是对称矩阵，从式（2-48）可得正交各向异性材料满足下列三个互等关系：

$$\left.\begin{aligned}\frac{\nu_{12}}{E_1}=\frac{\nu_{21}}{E_2}\\\frac{\nu_{13}}{E_1}=\frac{\nu_{31}}{E_3}\\\frac{\nu_{23}}{E_2}=\frac{\nu_{32}}{E_3}\end{aligned}\right\} \text{即 } \frac{\nu_{ij}}{E_i}=\frac{\nu_{ji}}{E_j} \ (i,\ j=1,\ 2,\ 3 \text{ 且 } i\neq j) \tag{2-55}$$

v_{ij}（i，j =1，2，3 且 $i \neq j$）共有 6 个，但其中 3 个可由另 3 个泊松比和 E_i（i = 1，2，3）通过式（2-55）求得。因此式（2-55）常用于检验试验结果的可靠性。式（2-55）中的三个互等关系也被称为麦克斯韦定理。

由于柔度矩阵 $\boldsymbol{S}$ 和刚度矩阵 $\boldsymbol{C}$ 互逆，因此求得正交各向异性材料用柔度系数表示刚度系数的关系式为：

$$\begin{aligned}
C_{11}&=\frac{S_{22}S_{33}-S_{23}^2}{S} & C_{12}&=\frac{S_{13}S_{23}-S_{12}S_{33}}{S}\\
C_{22}&=\frac{S_{33}S_{11}-S_{13}^2}{S} & C_{13}&=\frac{S_{12}S_{23}-S_{13}S_{22}}{S}\\
C_{33}&=\frac{S_{11}S_{22}-S_{12}^2}{S} & C_{23}&=\frac{S_{12}S_{13}-S_{23}S_{11}}{S}
\end{aligned}$$

$$C_{44}=\frac{1}{S_{44}} \qquad C_{55}=\frac{1}{S_{55}} \qquad C_{66}=\frac{1}{S_{66}} \tag{2-56}$$

式中

$$S=S_{11}S_{22}S_{33}-S_{11}S_{23}^2-S_{22}S_{13}^2-S_{33}S_{12}^2+2S_{12}S_{23}S_{13} \tag{2-57}$$

由式（2-54）可得：

$$\left.\begin{aligned}
&S_{11}=\frac{1}{E_1} & &S_{12}=-\frac{\nu_{21}}{E_2} & &S_{13}=-\frac{\nu_{31}}{E_3} & &S_{44}=\frac{1}{G_{23}}\\
&S_{21}=-\frac{\nu_{12}}{E_1} & &S_{22}=\frac{1}{E_2} & &S_{23}=-\frac{\nu_{32}}{E_3} & &S_{55}=\frac{1}{G_{31}}\\
&S_{31}=-\frac{\nu_{13}}{E_1} & &S_{32}=-\frac{\nu_{23}}{E_2} & &S_{33}=\frac{1}{E_3} & &S_{66}=\frac{1}{G_{12}}
\end{aligned}\right\} \tag{2-58}$$

将式（2-58）代入（2-57）可得：

$$S=\frac{1-\nu_{12}\nu_{21}-\nu_{23}\nu_{32}-\nu_{13}\nu_{31}-2\nu_{21}\nu_{32}\nu_{13}}{E_1E_2E_3}=\Delta \tag{2-59}$$

式中，Δ 为式（2-54）所表达的柔度矩阵 $\boldsymbol{S}$ 的行列式三阶主子式的值，即：

$$\Delta=\begin{vmatrix}\dfrac{1}{E_1} & -\dfrac{\nu_{21}}{E_2} & -\dfrac{\nu_{31}}{E_3}\\ -\dfrac{\nu_{12}}{E_1} & \dfrac{1}{E_2} & -\dfrac{\nu_{32}}{E_3}\\ -\dfrac{\nu_{13}}{E_1} & -\dfrac{\nu_{23}}{E_2} & \dfrac{1}{E_3}\end{vmatrix}=\frac{1-\nu_{12}\nu_{21}-\nu_{23}\nu_{32}-\nu_{13}\nu_{31}-2\nu_{21}\nu_{32}\nu_{13}}{E_1E_2E_3} \tag{2-60}$$

将式（2-58）、式（2-59）代入式（2-60），可得：

$$\left.\begin{aligned}
&C_{11}=\frac{1-\nu_{23}\nu_{32}}{E_2E_3\Delta}\\
&C_{22}=\frac{1-\nu_{13}\nu_{31}}{E_1E_3\Delta}\\
&C_{33}=\frac{1-\nu_{12}\nu_{21}}{E_1E_2\Delta}\\
&C_{12}=\frac{\nu_{21}+\nu_{31}\nu_{23}}{E_2E_3\Delta}=\frac{\nu_{12}+\nu_{32}\nu_{13}}{E_1E_3\Delta}\\
&C_{13}=\frac{\nu_{31}+\nu_{21}\nu_{32}}{E_2E_3\Delta}=\frac{\nu_{13}+\nu_{23}\nu_{12}}{E_1E_2\Delta}\\
&C_{23}=\frac{\nu_{32}+\nu_{12}\nu_{31}}{E_1E_3\Delta}=\frac{\nu_{23}+\nu_{21}\nu_{13}}{E_1E_2\Delta}\\
&C_{44}=G_{23}\quad C_{55}=G_{31}\quad C_{66}=G_{12}
\end{aligned}\right\} \tag{2-61}$$

例 2-1 石墨纤维增强聚合物复合材料的材料弹性常数为：$E_1=155.0\text{GPa}$，$E_2=E_3=12.10\text{GPa}$，$G_{23}=3.20\text{GPa}$，$G_{12}=G_{13}=4.40\text{GPa}$，$\nu_{23}=0.458$，$\nu_{12}=\nu_{13}=0.248$。试求该材料的柔度矩阵 $\boldsymbol{S}$。

解：

（1）计算柔度系数，由式（2-58）得：

$$S_{11}=\frac{1}{E_1}=\frac{1}{155.0}=6.45\times10^{-3}\text{GPa}^{-1}$$

$$S_{22}=S_{33}=\frac{1}{E_2}=\frac{1}{12.10}=82.64\times10^{-3}\text{GPa}^{-1}$$

$$S_{12}=S_{13}=-\frac{\nu_{12}}{E_1}=-\frac{0.248}{155.0}=-1.60\times10^{-3}\text{GPa}^{-1}$$

$$S_{23}=-\frac{\nu_{23}}{E_2}=-\frac{0.458}{12.10}=-37.85\times10^{-3}\text{GPa}^{-1}$$

$$S_{44}=\frac{1}{G_{23}}=\frac{1}{3.20}=312.50\times10^{-3}\text{GPa}^{-1}$$

$$S_{55}=S_{66}=\frac{1}{G_{12}}=\frac{1}{4.40}=227.27\times10^{-3}\text{GPa}^{-1}$$

(2) 写出柔度矩阵 $\boldsymbol{S}$ 为：

$$\boldsymbol{S}=\begin{bmatrix} 6.45 & -1.60 & -1.60 & 0 & 0 & 0 \\ -1.60 & 82.64 & -37.85 & 0 & 0 & 0 \\ -1.60 & -37.85 & 82.64 & 0 & 0 & 0 \\ 0 & 0 & 0 & 312.50 & 0 & 0 \\ 0 & 0 & 0 & 0 & 227.27 & 0 \\ 0 & 0 & 0 & 0 & 0 & 227.27 \end{bmatrix}\times 10^{-3}\text{GPa}^{-1}$$

2.4 正交各向异性材料工程弹性常数的限制条件

各向同性材料的弹性模量、泊松比、剪切弹性模量必须满足：

$$G=\frac{E}{2(1+\nu)},\quad E>0,\quad G>0$$

由此可知：

$$\nu>-1$$

另外，各向同性体受三向压力 p 的作用，体积应变为：

$$\theta=\varepsilon_1+\varepsilon_2+\varepsilon_3=\frac{-3p}{E}(1-2\nu)=\frac{-p}{\dfrac{E}{3(1-2\nu)}}=\frac{-p}{K}$$

式中

$$K=\frac{E}{3(1-2\nu)}$$

称为体积弹性模量。由 $K>0$ 可得 $\nu<\frac{1}{2}$。由此可得：

各向同性材料的泊松比应满足的变化范围为：

$$-1<\nu<\frac{1}{2} \tag{2-62}$$

正交各向异性材料的工程弹性常数也有类似的限制条件，这些条件可以作为判断某些实验数据是否合理的方法。

材料的应变能密度函数：

$$v_\varepsilon=\frac{1}{2}\sigma_i\varepsilon_i=\frac{1}{2}C_{ij}\varepsilon_i\varepsilon_j=\frac{1}{2}S_{ij}\sigma_i\sigma_j>0$$

因此刚度矩阵 $\boldsymbol{C}$ 和柔度矩阵 $\boldsymbol{S}$ 都应是正定的。正交各向异性材料柔度矩阵式 (2-34) 的主子式必须为正。

考虑正交各向异性材料承受单向拉应力 σ_1，则应变能密度为：

$$v_\varepsilon=\frac{1}{2}\sigma_1\varepsilon_1=\frac{1}{2}S_{11}\sigma_1^2>0$$

所以

$$S_{11}>0$$

同理，可以证明柔度矩阵 $\boldsymbol{S}$ 主对角线上的其他元素也都大于零，连同上式得：

$$S_{11},\ S_{22},\ S_{33},\ S_{44},\ S_{55},\ S_{66}>0$$

根据式（2-58），因此有工程弹性常数：

$$E_1,\ E_2,\ E_3,\ G_{23},\ G_{31},\ G_{12}>0$$

同样刚度矩阵 **C** 主对角线上的元素也都大于零，即：

$$C_{11},\ C_{22},\ C_{33},\ C_{44},\ C_{55},\ C_{66}>0$$

由于刚度矩阵 **C** 和柔度矩阵 **S** 均为正定阵，即 $\Delta>0$，$S>0$，由式（2-59）和式（2-60）得：

$$\frac{1-\nu_{12}\nu_{21}-\nu_{23}\nu_{32}-\nu_{13}\nu_{31}-2\nu_{21}\nu_{32}\nu_{13}}{E_1E_2E_3}>0$$

即

$$1-\nu_{12}\nu_{21}-\nu_{23}\nu_{32}-\nu_{13}\nu_{31}-2\nu_{21}\nu_{32}\nu_{13}>0 \tag{2-63}$$

再由式（2-61）可得：

$$1-\nu_{23}\nu_{32}>0,\ 1-\nu_{13}\nu_{31}>0,\ 1-\nu_{12}\nu_{21}>0 \tag{2-64}$$

将式（2-55）代入式（2-64），得到泊松比的限制条件：

$$\left.\begin{array}{ll} |\nu_{21}|<\left(\dfrac{E_2}{E_1}\right)^{\frac{1}{2}} & |\nu_{12}|<\left(\dfrac{E_1}{E_2}\right)^{\frac{1}{2}} \\ |\nu_{32}|<\left(\dfrac{E_3}{E_2}\right)^{\frac{1}{2}} & |\nu_{23}|<\left(\dfrac{E_2}{E_3}\right)^{\frac{1}{2}} \\ |\nu_{13}|<\left(\dfrac{E_1}{E_3}\right)^{\frac{1}{2}} & |\nu_{31}|<\left(\dfrac{E_3}{E_1}\right)^{\frac{1}{2}} \end{array}\right\} \tag{2-65}$$

利用式（2-55）、式（2-64）改写为：

$$1-\nu_{21}^2\frac{E_1}{E_2}-\nu_{32}^2\frac{E_2}{E_3}-\nu_{13}^2\frac{E_3}{E_1}>2\nu_{21}\nu_{32}\nu_{13}$$

即

$$\nu_{21}\nu_{32}\nu_{13}<\frac{1}{2}\left(1-\nu_{21}^2\frac{E_1}{E_2}-\nu_{32}^2\frac{E_2}{E_3}-\nu_{13}^2\frac{E_3}{E_1}\right)<\frac{1}{2} \tag{2-66}$$

式（2-66）说明，三个泊松比的乘积小于 1/2，因此它们不能同时具有很大的值。

上述正交各向异性材料工程弹性常数限制条件可用来校核试验数据，验证它们在数学弹性模型范围内是否在物理上相容。例如，试验测得某玻璃钢单层薄板的 $E_1=19.45\text{GPa}$，$E_2=4.16\text{GPa}$，$\nu_{12}=0.236$，$\nu_{21}=0.050$。柔度系数：

$$S_{12}=-\frac{\nu_{12}}{E_1}=-\frac{0.236}{19.45}=-0.0121(\text{GPa})^{-1}$$

$$S_{21}=-\frac{\nu_{21}}{E_2}=-\frac{0.050}{4.16}=-0.0120(\text{GPa})^{-1}$$

两者接近相等，互等关系成立。另外有：

$$|\nu_{12}|=0.236<\left(\frac{E_1}{E_2}\right)^{1/2}=\left(\frac{19.45}{4.16}\right)^{1/2}=2.162$$

$$|\nu_{21}|=0.050<\left(\frac{E_2}{E_1}\right)^{1/2}=\left(\frac{4.16}{19.45}\right)^{1/2}=0.462$$

说明试验结果合理。

2.5 MATLAB 程序应用

复合材料力学分析中涉及材料的柔度矩阵和刚度矩阵等大量的矩阵运算，而 MATLAB 是专门用于矩阵计算的工具，本节使用 MATLAB 软件编写了六个程序，分别用于计算正交各向异性、横观各向同性和各向同性材料的柔度矩阵 **S** 和刚度矩阵 **C**。

2.5.1 数据输入

纵向弹性模量 E1；
横向弹性模量 E2；
厚度方向弹性模量 E3；
各向同性材料弹性模量 E；
1—2 平面的剪切模量 G12；
2—3 平面的剪切模量 G23；
1—3 平面的剪切模量 G13；
1 方向作用应力引起 2 方向横向变形的泊松比 NU12；
2 方向作用应力引起 3 方向横向变形的泊松比 NU23；
1 方向作用应力引起 3 方向横向变形的泊松比 NU13；
各向同性材料的泊松比 NU。

2.5.2 计算程序

1. 正交各向异性柔度矩阵

```
function y=Orthotropic Compliance (E1, E2, E3, NU12, NU23, NU13, G12, G23, G13)
%  Orthotropic Compliance              This function returns the compliance matrix for
%                                      orthotropic materials. There are nine arguments
%                                      representing the nine independent material
%                                      constants. The size of the compliance matrix is
%                                      6 × 6.
%
y=[1/E1  -NU12/E1  -U13/E1  0  0  0; -NU12/E1  1/E2-NU23/E2  0  0  0;
   -NU13/E1  -NU23/E2  1/E3  0  0  0; 0  0  0  1/G23  0  0;
   0  0  0  0  1/G13  0; 0  0  0  0  0  1/G12];
```

2. 正交各向异性刚度矩阵

```
function y=Orthotropic Stiffness (E1, E2, E3, NU12, NU23, NU13, G12, G23, G13)
%  Orthotropic Stiffness            This function returns the stiffness matrix for
%                                   orthotropic materials. There are nine arguments
%                                   representing the nine independent material
%                                   constants. The size of the stiffness matrix is
%                                   6 × 6.
%
x=[1/E1  -NU12/E1  -NU13/E1  0  0  0; -NU12/E1  1/E2  -NU23/E2  0  0  0;
   -NU13/E1  -NU23/E2  1/E3  0  0  0; 0  0  0  1/G23  0  0;
   0  0  0  0  1/G13  0; 0  0  0  0  0  1/G12];
y=inv (x);
```

3. 横观各向同性柔度矩阵

```
function y=Transversely Isotropic Compliance (E1, E2, NU12, NU23, G12)
%  Transversely Isotropic Compliance          This function returns the compliance matrix for
%                                             transversely isotropic materials. There are five
%                                             arguments representing the five independent
%                                             material constants. The size of the compliance
%                                             matrix is 6 × 6.
y=[1/E1  -NU12/E1  -NU12/E1  0  0  0; -NU12/E1  1/E2  -NU23/E2  0  0  0;
   -NU12/E1  -NU23/E2  1/E2  0  0  0; 0  0  0 2* (1+NU23) /E2  0  0;
   0  0  0  0  1/G12  0; 0  0  0  0  0  1/G12];
```

4. 横观各向同性刚度矩阵

```
function y=Transversely Isotropic Stiffness (E1, E2, NU12, NU23, G12)
%  Transversely Isotropic Stiffness          This function returns the stiffness matrix for
%                                            transversely isotropic materials. There are five
%                                            arguments representing the five independent
%                                            material constants. The size of the stiffness
%                                            matrix is 6 × 6.
x=[1/E1  -NU12/E1  -NU12/E1  0  0  0; -NU12/E1  1/E2  -NU23/E2  0  0  0;
   -NU12/E1  -NU23/E2  1/E2  0  0  0; 0  0  0 2* (1+NU23) /E2  0  0;
   0  0  0  0  1/G12  0; 0  0  0  0  0  1/G12];
y=inv (x);
```

5. 各向同性柔度矩阵

```
function y=Isotropic Compliance (E, NU)
%  Isotropic Compliance                      This function returns the compliance matrix for
%                                            isotropic materials. There are two arguments
%                                            representing the two independent material
%                                            constants. The size of the compliance matrix is
%                                            6 × 6.
y=[1/E  -NU/E  -NU/E  0  0  0; -NU/E  1/E  -NU/E  0  0  0;
   -NU/E  -NU/E  1/E  0  0  0; 0  0  0 2* (1+NU) /E  0  0;
   0  0  0  0  2* (1+NU) /E  0; 0  0  0  0  0  2* (1+NU) /E];
```

6. 各向同性刚度矩阵

```
function y=Isotropic Stiffness (E, NU)
%  Isotropic Stiffness                       This function returns the stiffness matrix for
%                                            isotropic materials. There are two arguments
%                                            representing the two independent material
%                                            constants. The size of the stiffness matrix is
%                                            6 × 6.
x=[1/E  -NU/E  -NU/E  0  0  0; -NU/E  1/E  -NU/E  0  0  0;
   -NU/E  -NU/E  1/E  0  0  0; 0  0  0  2* (1+NU) /E  0  0;
   0  0  0  0  2* (1+NU) /E  0; 0  0  0  0  0  2* (1+NU) /E];
y=inv (x);
```

2.5.3 算例

例题 2-2 石墨纤维增强聚合物复合材料的材料弹性常数同例题 2-1，用 MATLAB 程序求该材料的柔度矩阵 $\boldsymbol{S}$ 和刚度矩阵 $\boldsymbol{C}$。

解：使用 MATLAB 软件编写的 Orthotropic Compliance 程序和 Orthotropic Stiffness 程序计算柔度矩阵和刚度矩阵，结果如下：

```
>> S=Orthotropic Compliance (155.0, 12.10, 12.10, 0.248, 0.458, 0.248, 4.40, 3.20, 4.40)

S =
   0.0065  -0.0016  -0.0016        0        0        0
  -0.0016   0.0826  -0.0379        0        0        0
  -0.0016  -0.0379   0.0826        0        0        0
        0        0        0   0.3125        0        0
        0        0        0        0   0.2273        0
        0        0        0        0        0   0.2273
>>C=Orthotropic Stiffness (155.0, 12.10, 12.10, 0.248, 0.458, 0.248, 4.40, 3.20, 4.40)
C=
  157.7956   5.6364   5.6364        0        0        0
    5.6364  15.5132   7.2142        0        0        0
    5.6364   7.2142  15.5132        0        0        0
         0        0        0   3.2000        0        0
         0        0        0        0   4.4000        0
         0        0        0        0        0   4.4000
```

例题 2-3 铝的弹性常数为 $E = 72.4\text{GPa}$，$\nu=0.3$，用 MATLAB 程序求铝单层板的柔度矩阵 $\boldsymbol{S}$ 和刚度矩阵 $\boldsymbol{C}$。

解：使用 MATLAB 软件编写的 Isotropic Compliance 程序和 Isotropic Stiffness 程序计算柔度矩阵和刚度矩阵，结果如下：

```
>>S=Isotropic Compliance (72.4, 0.3)
S=
   0.0138  -0.0041  -0.0041        0        0        0
  -0.0041   0.0138  -0.0041        0        0        0
  -0.0041  -0.0041   0.0138        0        0        0
        0        0        0   0.0359        0        0
        0        0        0        0   0.0359        0
        0        0        0        0        0   0.0359
>>C=Isotropic Stiffness (72.4, 0.3)
C=
```

97.4615	41.7692	41.7692	0	0	0
41.7692	97.4615	41.7692	0	0	0
41.7692	41.7692	97.4615	0	0	0
0	0	0	27.8462	0	0
0	0	0	0	27.8462	0
0	0	0	0	0	27.8462

习　题

2.1　各向异性材料、正交各向异性材料、横观各向同性材料、各向同性材料各有多少独立的弹性常数?

2.2　试证明广义胡克定律的刚度系数具有对称性，即：

$$C_{ij}=C_{ji}\quad(i\neq j,\ i,\ j=1,\ 2,\ \cdots,\ 6)$$

2.3　试证明正交各向异性材料的工程弹性常数的互等定律：

$$\frac{\nu_{ij}}{E_i}=\frac{\nu_{ji}}{E_j}\quad(i,\ j=1,\ 2,\ 3)$$

2.4　试证明横观各向同性材料泊松比的限制条件为：

$$-1<\nu<\frac{E'}{2\nu'^2E}$$

式中，E、ν 分别为各向同性面（1—2 面）的弹性模量和泊松比，$\nu'=\nu_{31}=\nu_{32}$，$E'=E_3$。

2.5　碳纤维增加聚合物基正交各向异性复合材料的工程弹性常数为：$E_1=175.0\text{GPa}$，$E_2=32.0\text{GPa}$，$E_3=8.3\text{GPa}$，$G_{23}=5.7\text{GPa}$，$G_{12}=G_{13}=12.0\text{GPa}$，$\nu_{23}=0.31$，$v_{12}=v_{13}=0.25$。试求该材料的刚度矩阵 $\boldsymbol{C}$ 和柔度矩阵 $\boldsymbol{S}$，并验证刚度矩阵 $\boldsymbol{C}$ 和柔度矩阵 $\boldsymbol{S}$ 可逆。

2.6　试用 MATLAB 程序求解习题 2.5。

3 复合材料单层的宏观力学分析

单向纤维复合材料薄层又称复合材料单层。大多数情形下复合材料单层不单独使用，而是作为层合结构材料的基本单元使用。本章主要介绍正交各向异性单层材料弹性主方向和任意方向的应力-应变关系，正交各向异性单层材料的基本强度及试验测定，正交各向异性单层材料的强度理论。

3.1 正交各向异性单层材料主方向的应力-应变关系

3.1.1 复合材料单层的特点

单层复合材料中的纤维是单向平行的。将单层的材料主方向用 1（L），2（T）和 3（Z）表示，$O123$（$OLTZ$）坐标系如图 3-1 所示。由于单层很薄，应力沿厚度方向的分布近似于均匀分布，因此可认为单层处于平面应力状态（Plane Stress State），即 $\sigma_3=0$，$\sigma_4=\tau_{23}=\sigma_5=\tau_{31}=0$。单层内任一点的应力分量只有 3 个，即单层内的两个正应力 σ_1、σ_2 和切应力 τ_{12}（σ_6），如图 3-2 所示。应力的正负按正面正向、负面负向为正的原则确定。

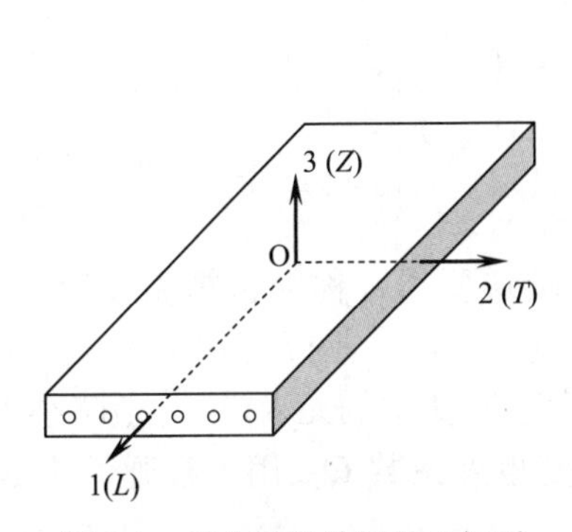

图 3-1 复合材料单层的坐标系

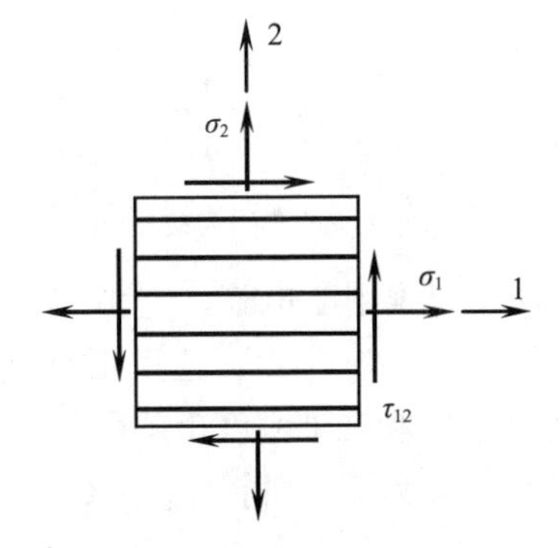

图 3-2 单层内任一点的应力状态

3.1.2 单层材料主方向的应力-应变关系

由于复合材料单层是正交各向异性的，其应力-应变关系满足式（2-36）的规定。将式（2-36）中的 σ_4、σ_5、σ_6 分别换为 τ_{23}、τ_{31}、τ_{12}，将 ε_4、ε_5、ε_6 分别换为 γ_{23}、γ_{31}、γ_{12}，并将 $\sigma_3=0$，$\tau_{23}=\tau_{31}=0$ 代入，得：

$$\begin{bmatrix}\varepsilon_1\\\varepsilon_2\\\varepsilon_3\\\gamma_{23}\\\gamma_{31}\\\gamma_{12}\end{bmatrix}=\begin{bmatrix}S_{11}&S_{12}&\gamma_{13}&0&0&0\\S_{12}&S_{22}&\gamma_{23}&0&0&0\\S_{13}&S_{23}&\gamma_{33}&0&0&0\\0&0&0&S_{44}&0&0\\0&0&0&0&S_{55}&0\\0&0&0&0&0&S_{66}\end{bmatrix}\begin{bmatrix}\sigma_1\\\sigma_2\\0\\0\\0\\\tau_{12}\end{bmatrix}$$

由此可得正交各向异性单层材料的面外应变为：

$$\left.\begin{aligned}&\varepsilon_3=S_{13}\sigma_1+S_{23}\sigma_2=-\frac{\nu_{13}}{E_1}\sigma_1-\frac{\nu_{23}}{E_2}\sigma_2\\&\gamma_{23}=\gamma_{31}=0\end{aligned}\right\}\tag{3-1}$$

正交各向异性单层材料的面内应变为：

$$\begin{bmatrix}\varepsilon_1\\\varepsilon_2\\\gamma_{12}\end{bmatrix}=\begin{bmatrix}S_{11}&S_{12}&0\\S_{12}&S_{22}&0\\0&0&S_{66}\end{bmatrix}\begin{bmatrix}\sigma_1\\\sigma_2\\\tau_{12}\end{bmatrix}=\begin{bmatrix}\dfrac{1}{E_1}&-\dfrac{\nu_{21}}{E_2}&0\\-\dfrac{\nu_{12}}{E_1}&\dfrac{1}{E_2}&0\\0&0&\dfrac{1}{G_{12}}\end{bmatrix}\begin{bmatrix}\sigma_1\\\sigma_2\\\tau_{12}\end{bmatrix}\tag{3-2}$$

求式（3-2）的逆运算，得到正交各向异性单层材料弹性主方向的应力-应变关系式：

$$\begin{bmatrix}\sigma_1\\\sigma_2\\\tau_{12}\end{bmatrix}=\begin{bmatrix}Q_{11}&Q_{12}&0\\Q_{12}&Q_{22}&0\\0&0&Q_{66}\end{bmatrix}\begin{bmatrix}\varepsilon_1\\\varepsilon_2\\\gamma_{12}\end{bmatrix}=\boldsymbol{Q}\begin{bmatrix}\varepsilon_1\\\varepsilon_2\\\gamma_{12}\end{bmatrix}\tag{3-3}$$

式中，$\boldsymbol{Q}$ 是二维刚度矩阵，它由二维柔度矩阵 $\boldsymbol{S}$ 求逆所得，称为折算刚度矩阵（Reduced Stiffness Matrix）。这里用 $\boldsymbol{Q}$ 而不用 $\boldsymbol{C}$ 表示刚度矩阵，是因为在平面应力下，二维刚度矩阵 $\boldsymbol{Q}$ 和二维刚度矩阵 $\boldsymbol{C}$ 是有区别的，刚度矩阵 $\boldsymbol{Q}$ 中的元素 Q_{ij} 一般略小于刚度矩阵 $\boldsymbol{C}$ 中的元素 C_{ij}（除 $Q_{66}=C_{66}$ 外）。折算刚度矩阵系数 Q_{ij} 用工程弹性常数表示如下：

$$\left.\begin{aligned}&Q_{11}=\frac{E_1}{1-\nu_{12}\nu_{21}}\qquad Q_{22}=\frac{E_2}{1-\nu_{12}\nu_{21}}\\&Q_{12}=\frac{\nu_{12}E_2}{1-\nu_{12}\nu_{21}}=\frac{\nu_{21}E_1}{1-\nu_{12}\nu_{21}}\qquad Q_{66}=G_{12}\end{aligned}\right\}\tag{3-4}$$

显然，正交各向异性材料的平面应力问题有 4 个独立的弹性常数 E_1、E_2、ν_{12} 及 G_{12}。表 3-1 列出了两种典型国产复合材料单层的面内工程弹性常数、折算刚度系数和柔度系数。

表 3-1 典型国产碳纤维增强复合材料单层弹性性能

材料		HT3/5224（碳纤维/环氧）	HT3/QY8911（碳纤维/双马来酰亚胺）
弹性性能	E_1/GPa	140	135
	E_2/GPa	8.6	8.8
	ν_{12}	0.35	0.33
	G_{12}/GPa	5.0	4.47
	Q_{11}/GPa	141.9	136
	Q_{22}/GPa	8.66	8.86
	Q_{12}/GPa	3.06	2.92
	Q_{66}/GPa	5.0	4.47
	S_{11}/ $(GPa)^{-1}$	7.1×10^{-3}	7.41×10^{-3}
	S_{22}/ $(GPa)^{-1}$	116×10^{-3}	114×10^{-3}
	S_{12}/ $(GPa)^{-1}$	-2.5×10^{-3}	-2.44×10^{-3}
	S_{66}/ $(GPa)^{-1}$	200×10^{-3}	224×10^{-3}

对于平纹织物增强复合材料单层来说，如果织物的经纱和纬纱的数量相同，则在经向和纬向具有相同的特性，这种复合材料单层有：

$$Q_{11}=Q_{22}=\frac{E_1}{1-\nu_{12}^2} \qquad Q_{12}=\frac{\nu_{12}E_1}{1-\nu_{12}^2} \qquad Q_{66}=G_{12} \tag{3-5}$$

因此，独立的弹性常数只有 3 个，各向异性程度低于单向纤维增强的单层复合材料。

对于各向同性材料单层有：

$$Q_{11}=Q_{22}=\frac{E}{1-\nu^2} \qquad Q_{12}=\frac{\nu E}{1-\nu^2} \qquad Q_{66}=G=\frac{E}{2(1+\nu)} \tag{3-6}$$

独立的弹性常数只有 2 个。

例题 3-1 正交各向异性石墨增强复合材料单层板长 200mm，宽 100mm，厚 0.200mm，在垂直于宽度的纤维方向上承受 4kN 的平面内拉力。设该单层板处于平面应力状态，试求应变分量 ε_1、ε_2、γ_{12}。已知材料的弹性常数 $E_1=155.0$GPa，$E_2=12.10$GPa，$G_{12}=4.40$GPa，$\nu_{12}=0.248$。

解：

（1）计算应力列阵 $\boldsymbol{\sigma}$

$$\sigma_1=\frac{4\times10^3}{0.200\times100}=200\text{MPa}$$

$$\sigma_2=\tau_{12}=0$$

$$\sigma=[200 \quad 0 \quad 0]^{\mathrm{T}}\text{MPa}$$

（2）计算二维柔度矩阵 **S**

$$\boldsymbol{S}=\begin{bmatrix}\dfrac{1}{E_1} & -\dfrac{\nu_{12}}{E_1} & 0\\ -\dfrac{\nu_{12}}{E_1} & \dfrac{1}{E_2} & 0\\ 0 & 0 & \dfrac{1}{G_{12}}\end{bmatrix}=\begin{bmatrix}6.45 & -1.60 & 0\\ -1.60 & 82.64 & 0\\ 0 & 0 & 227.27\end{bmatrix}\times 10^{-6}\,\mathrm{MPa}^{-1}$$

（3）计算应变列阵

$$\boldsymbol{\varepsilon}=\begin{bmatrix}\varepsilon_1\\ \varepsilon_2\\ \gamma_{12}\end{bmatrix}=\boldsymbol{S\sigma}=\begin{bmatrix}6.45 & -1.60 & 0\\ -1.60 & 82.64 & 0\\ 0 & 0 & 227.27\end{bmatrix}\begin{bmatrix}200\\ 0\\ 0\end{bmatrix}\times 10^{-6}=\begin{bmatrix}1290\\ -320\\ 0\end{bmatrix}\times 10^{-6}$$

3.2　复合材料单层任意方向的应力-应变关系

前面我们讨论了材料弹性主方向的应力-应变关系。然而对于复合材料层合板或层合壳来说，各单层的材料弹性主方向往往与参考坐标轴不一致，因此需要掌握材料弹性主方向坐标系与参考坐标系下的应力和应变的转换关系式，由此获得任意方向上复合材料单层的应力-应变关系。

3.2.1　应力转换

围绕复合材料单层中的任一点取一微单元体，其材料弹性主方向坐标系 $O12$ 和参考坐标系 Oxy 的夹角为θ，如图 3-3 所示。θ 角以 x 轴逆时针转到 1 轴为正。微单元体上的应力正负按正面正向、负面负向为正的原则确定。

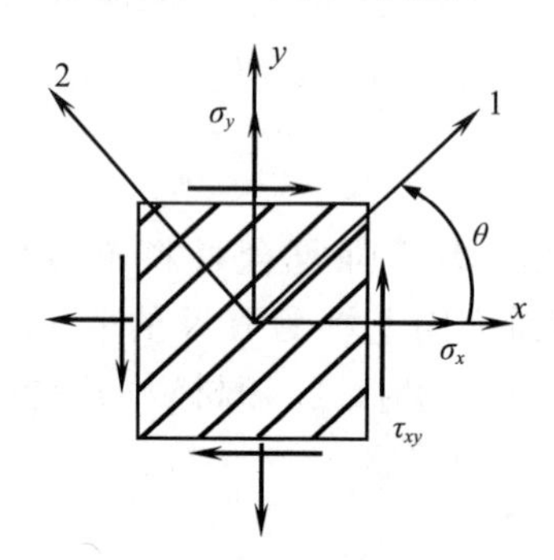

图 3-3　材料弹性主方向坐标系和参考坐标系

根据材料力学知识，用垂直于 1 方向和平行于 1 方向的截面分别从微单元体截出两个楔形块，如图 3-4 所示。图 3-4（a）楔形块截面上有材料弹性主方向正应力 σ_1 和切应力 τ_{21}。图 3-4（b）楔形块截面上有材料弹性主方向正应力 σ_2 和切应力 τ_{12}。由两个楔形块沿材料弹性主方向的力平衡条件可得：

$$
\left.\begin{aligned}
\sigma_1&=\sigma_x\cos^2\theta+\sigma_y\sin^2\theta+2\tau_{xy}\sin\theta\cos\theta\\
\sigma_2&=\sigma_x\sin^2\theta+\sigma_y\cos^2\theta-2\tau_{xy}\sin\theta\cos\theta\\
\tau_{12}&=\tau_{21}=-\sigma_x\sin\theta\cos\theta+\sigma_y\sin\theta\cos\theta+\tau_{xy}(\cos^2\theta-\sin^2\theta)
\end{aligned}\right\}\tag{3-7}
$$

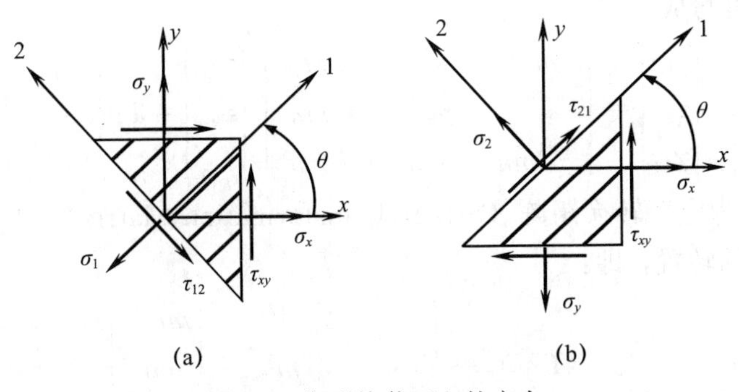

图 3-4 楔形块截面上的应力

令

$$m=\cos\theta,\quad n=\sin\theta$$

将式（3-7）写成矩阵形式为：

$$
\begin{bmatrix}\sigma_1\\ \sigma_2\\ \tau_{12}\end{bmatrix}=\begin{bmatrix}m^2 & n^2 & 2mn\\ n^2 & m^2 & -2mn\\ -mn & mn & m^2-n^2\end{bmatrix}\begin{bmatrix}\sigma_x\\ \sigma_y\\ \tau_{xy}\end{bmatrix}=\boldsymbol{T}\begin{bmatrix}\sigma_x\\ \sigma_y\\ \tau_{xy}\end{bmatrix}\tag{3-8}
$$

式（3-8）作逆运算，可得：

$$
\begin{bmatrix}\sigma_x\\ \sigma_y\\ \tau_{xy}\end{bmatrix}=\boldsymbol{T}^{-1}\begin{bmatrix}\sigma_1\\ \sigma_2\\ \tau_{12}\end{bmatrix}\tag{3-9}
$$

式（3-8）和式（3-9）是参考坐标系下的应力和材料弹性主方向坐标系下的应力的转换关系式。其中矩阵 $\boldsymbol{T}$ 称为应力转换矩阵（Stress Transformation Matrix）。矩阵 $\boldsymbol{T}^{-1}$ 为矩阵 $\boldsymbol{T}$ 的逆阵，它们分别为：

$$
\boldsymbol{T}=\begin{bmatrix}m^2 & n^2 & 2mn\\ n^2 & m^2 & -2mn\\ -mn & mn & m^2-n^2\end{bmatrix}\tag{3-10}
$$

$$
\boldsymbol{T}^{-1}=\begin{bmatrix}m^2 & n^2 & -2mn\\ n^2 & m^2 & 2mn\\ mn & -mn & m^2-n^2\end{bmatrix}\tag{3-11}
$$

3.2.2 应变转换

平面应力状态下复合材料单层在材料弹性主方向坐标系中的应变分量为 ε_1、ε_2、γ_{12}，在参考坐标系中的应变分量为 ε_x、ε_y、γ_{xy}。参考坐标系中的张量应变和材料弹性主方向坐标系中的张量应变转换具有与应力转换相同的关系式，即：

$$\begin{bmatrix}\varepsilon_1\\\varepsilon_2\\\gamma_{12}/2\end{bmatrix}=\begin{bmatrix}m^2 & n^2 & 2mn\\n^2 & m^2 & -2mn\\-mn & mn & m^2-n^2\end{bmatrix}\begin{bmatrix}\varepsilon_x\\\varepsilon_y\\\gamma_{xy}/2\end{bmatrix}=\boldsymbol{T}\begin{bmatrix}\varepsilon_x\\\varepsilon_y\\\gamma_{xy}/2\end{bmatrix} \tag{3-12}$$

式（3-12）可写成：

$$\begin{bmatrix}\varepsilon_1\\\varepsilon_2\\\gamma_{12}\end{bmatrix}=\begin{bmatrix}m^2 & n^2 & mn\\n^2 & m^2 & -mn\\-2mn & 2mn & m^2-n^2\end{bmatrix}\begin{bmatrix}\varepsilon_x\\\varepsilon_y\\\gamma_{xy}\end{bmatrix}=\boldsymbol{T}_e\begin{bmatrix}\varepsilon_x\\\varepsilon_y\\\gamma_{xy}\end{bmatrix} \tag{3-13}$$

其中，$\boldsymbol{T}_e$ 称为应变转换矩阵（Strain Transformation Matrix）。不难发现，它是应力转换矩阵逆阵的转置，即：

$$\boldsymbol{T}_e=(\boldsymbol{T}^{-1})^{T}=\begin{bmatrix}m^2 & n^2 & mn\\n^2 & m^2 & -mn\\-2mn & 2mn & m^2-n^2\end{bmatrix} \tag{3-14}$$

式（3-13）可改写为：

$$\begin{bmatrix}\varepsilon_1\\\varepsilon_2\\\gamma_{12}\end{bmatrix}=(\boldsymbol{T}^{-1})^{T}\begin{bmatrix}\varepsilon_x\\\varepsilon_y\\\gamma_{xy}\end{bmatrix} \tag{3-15}$$

式（3-15）作逆运算，可得：

$$\begin{bmatrix}\varepsilon_x\\\varepsilon_y\\\gamma_{xy}\end{bmatrix}=\boldsymbol{T}^{T}\begin{bmatrix}\varepsilon_1\\\varepsilon_2\\\gamma_{12}\end{bmatrix} \tag{3-16}$$

3.2.3 任意方向的应力-应变关系

先用应变表示应力，正交各向异性复合材料单层弹性主方向的应力-应变关系为：

$$\begin{bmatrix}\sigma_1\\\sigma_2\\\tau_{12}\end{bmatrix}=\begin{bmatrix}Q_{11} & Q_{12} & 0\\Q_{12} & Q_{22} & 0\\0 & 0 & Q_{66}\end{bmatrix}\begin{bmatrix}\varepsilon_1\\\varepsilon_2\\\gamma_{12}\end{bmatrix}=\boldsymbol{Q}\begin{bmatrix}\varepsilon_1\\\varepsilon_2\\\gamma_{12}\end{bmatrix}$$

将上式代入式（3-9），再将式（3-15）代入，可得任意方向的应力-应变关系为：

$$\begin{bmatrix}\sigma_x\\\sigma_y\\\tau_{xy}\end{bmatrix}=\boldsymbol{T}^{-1}\begin{bmatrix}\sigma_1\\\sigma_2\\\tau_{12}\end{bmatrix}=\boldsymbol{T}^{-1}\boldsymbol{Q}\begin{bmatrix}\varepsilon_1\\\varepsilon_2\\\gamma_{12}\end{bmatrix}=\boldsymbol{T}^{-1}\boldsymbol{Q}(T^{-1})^{T}\begin{bmatrix}\varepsilon_x\\\varepsilon_y\\\gamma_{xy}\end{bmatrix}=\bar{\boldsymbol{Q}}\begin{bmatrix}\varepsilon_x\\\varepsilon_y\\\gamma_{xy}\end{bmatrix} \tag{3-17}$$

其中 $\bar{\boldsymbol{Q}}=\boldsymbol{T}^{-1}\boldsymbol{Q}(\boldsymbol{T}^{-1})^{T}$，称为转换折算刚度矩阵（Transformed Reduced Stiffness Matrix）。通常情况下，转换折算刚度矩阵 $\bar{\boldsymbol{Q}}$ 为对称的满阵，即：

$$\bar{\boldsymbol{Q}}=\begin{bmatrix}\bar{Q}_{11} & \bar{Q}_{12} & \bar{Q}_{16}\\\bar{Q}_{12} & \bar{Q}_{22} & \bar{Q}_{26}\\\bar{Q}_{16} & \bar{Q}_{26} & \bar{Q}_{66}\end{bmatrix} \tag{3-18}$$

$\bar{Q}_{ij}(i, j=1, 2, 6)$称为转换折算刚度系数，其展开式为：

$$\left.\begin{aligned}
\bar{Q}_{11}&=Q_{11}\cos^4\theta+2(Q_{12}+2Q_{66})\sin^2\theta\cos^2\theta+Q_{22}\sin^4\theta\\
\bar{Q}_{12}&=(Q_{11}+Q_{22}-4Q_{66})\sin^2\theta\cos^2\theta+Q_{12}(\sin^4\theta+\cos^4\theta)\\
\bar{Q}_{22}&=Q_{11}\sin^4\theta+2(Q_{12}+2Q_{66})\sin^2\theta\cos^2\theta+Q_{22}\cos^4\theta\\
\bar{Q}_{16}&=(Q_{11}-Q_{12}-2Q_{66})\sin\theta\cos^3\theta+(Q_{12}-Q_{22}+2Q_{66})\sin^3\theta\cos\theta\\
\bar{Q}_{26}&=(Q_{11}-Q_{12}-2Q_{66})\sin^3\theta\cos\theta+(Q_{12}-Q_{22}+2Q_{66})\sin\theta\cos^3\theta\\
\bar{Q}_{66}&=(Q_{11}+Q_{22}-2Q_{12}-2Q_{66})\sin^2\theta\cos^2\theta+Q_{66}(\sin^4\theta+\cos^4\theta)
\end{aligned}\right\} \tag{3-19}$$

由式（3-19）可知，转换折算刚度系数 $\bar{Q}_{11}$、$\bar{Q}_{12}$、$\bar{Q}_{22}$、$\bar{Q}_{66}$ 是 θ 的偶函数，$\bar{Q}_{16}$、$\bar{Q}_{26}$ 是 θ 的奇函数。$\theta=0$、$90°$的复合材料单层的转换折算刚度矩阵分别为：

$$\bar{\boldsymbol{Q}}_0=\bar{\boldsymbol{Q}}=\begin{bmatrix}Q_{11} & Q_{12} & 0\\ Q_{12} & Q_{22} & 0\\ 0 & 0 & Q_{66}\end{bmatrix} \tag{3-20}$$

$$\bar{\boldsymbol{Q}}_{90°}=\begin{bmatrix}Q_{22} & Q_{12} & 0\\ Q_{12} & Q_{11} & 0\\ 0 & 0 & Q_{66}\end{bmatrix} \tag{3-21}$$

再用应力来表示应变，正交各向异性复合材料单层材料弹性主方向的应力-应变关系为：

$$\begin{bmatrix}\varepsilon_1\\ \varepsilon_2\\ \gamma_{12}\end{bmatrix}=\begin{bmatrix}S_{11} & S_{12} & 0\\ S_{12} & S_{22} & 0\\ 0 & 0 & S_{66}\end{bmatrix}\begin{bmatrix}\sigma_1\\ \sigma_2\\ \tau_{12}\end{bmatrix}$$

将上式代入式（3-16），再将式（3-8）代入，可得任意方向的应力-应变关系为：

$$\begin{bmatrix}\varepsilon_x\\ \varepsilon_y\\ \gamma_{xy}\end{bmatrix}=\boldsymbol{T}^{\mathrm{T}}\begin{bmatrix}\varepsilon_1\\ \varepsilon_2\\ \gamma_{12}\end{bmatrix}=\boldsymbol{T}^{\mathrm{T}}\boldsymbol{S}\begin{bmatrix}\sigma_1\\ \sigma_2\\ \tau_{12}\end{bmatrix}=\boldsymbol{T}^{\mathrm{T}}\boldsymbol{S}\boldsymbol{T}\begin{bmatrix}\sigma_x\\ \sigma_y\\ \tau_{xy}\end{bmatrix}=\bar{\boldsymbol{S}}\begin{bmatrix}\sigma_x\\ \sigma_y\\ \tau_{xy}\end{bmatrix} \tag{3-22}$$

其中 $\bar{\boldsymbol{S}}=\boldsymbol{T}^{\mathrm{T}}\boldsymbol{S}\boldsymbol{T}$，称为转换折算柔度矩阵（Transformed Reduced Compliance Matrix），它与转换折算刚度矩阵 $\bar{\boldsymbol{Q}}$ 互逆，即 $\bar{\boldsymbol{S}}=\bar{\boldsymbol{Q}}^{-1}$。通常情况下，转换折算柔度矩阵 $\bar{\boldsymbol{S}}$ 为对称的满阵，即：

$$\bar{\boldsymbol{S}}=\begin{bmatrix}\bar{S}_{11} & \bar{S}_{12} & \bar{S}_{16}\\ \bar{S}_{12} & \bar{S}_{22} & \bar{S}_{26}\\ \bar{S}_{16} & \bar{S}_{26} & \bar{S}_{66}\end{bmatrix} \tag{3-23}$$

$\bar{S}_{ij}(i,\ j=1,\ 2,\ 6)$称为转换折算柔度系数，其展开式为：

$$\left.\begin{aligned}
\bar{S}_{11}&=S_{11}\cos^4\theta+(2S_{12}+S_{66})\sin^2\theta\cos^2\theta+S_{22}\sin^4\theta\\
\bar{S}_{12}&=S_{12}(\sin^4\theta+\cos^4\theta)+(S_{11}+S_{22}-S_{66})\sin^2\theta\cos^2\theta\\
\bar{S}_{22}&=S_{11}\sin^4\theta+(2S_{12}+S_{66})\sin^2\theta\cos^2\theta+S_{22}\cos^4\theta\\
\bar{S}_{16}&=(2S_{11}-2S_{12}-S_{66})\sin\theta\cos^3\theta-(2S_{22}-2S_{12}-S_{66})\sin^3\theta\cos\theta\\
\bar{S}_{26}&=(2S_{11}-2S_{12}-S_{66})\sin^3\theta\cos\theta-(2S_{22}-2S_{12}-S_{66})\sin\theta\cos^3\theta\\
\bar{S}_{66}&=2(2S_{11}+2S_{22}-4S_{12}-S_{66})\sin^2\theta\cos^2\theta+S_{66}(\sin^4\theta+\cos^4\theta)
\end{aligned}\right\} \tag{3-24}$$

其中：

$$S_{11}=\frac{1}{E_1}\quad S_{12}=-\frac{\nu_{12}}{E_1}=-\frac{\nu_{21}}{E_2}\quad S_{22}=\frac{1}{E_2}\quad S_{66}=\frac{1}{G_{12}} \tag{3-25}$$

转换折算柔度系数 $\bar{S}_{11}$、$\bar{S}_{12}$、$\bar{S}_{22}$、$\bar{S}_{66}$ 是 θ 的偶函数，$\bar{S}_{16}$、$\bar{S}_{26}$ 是 θ 的奇函数。

转换折算刚度系数 $\bar{Q}_{ij}$ 及转换折算柔度系数 $\bar{S}_{ij}$ 均为非零元素，这与有零元素的折算刚度系数 Q_{ij} 及柔度系数 S_{ij} 是不同的。但正交各向异性单层仍然只有 4 个独立的弹性常数。当弹性体坐标系为非材料弹性主方向坐标系时，切应力与线应变，以及切应变与正应力之间存在耦合效应。这种耦合称为剪切-拉伸耦合（Shear-Extension Coupling）。因此在非材料弹性主方向坐标系中，即使正交各向异性单层也显示出各向异性特性。

例题 3-2 一单层板的受力情况如图 3-5 所示，$\theta=60°$，试求 1 和 2 弹性主方向的应力，以及 $x-y$ 方向的应变。该单层板有如下弹性常数：$E_1=14.0\text{GPa}$，$E_2=3.5\text{GPa}$，$G_{12}=4.2\text{GPa}$，$\nu_{21}=0.4$；受力情况为：$\sigma_x=-3.5\text{MPa}$，$\sigma_y=7.0\text{MPa}$，$\tau_{xy}=-1.4\text{MPa}$。

解：(1) 计算应力转换矩阵

$$\boldsymbol{T}=\begin{bmatrix}\cos^2\theta & \sin^2\theta & 2\sin\theta\cos\theta\\ \sin^2\theta & \cos^2\theta & -2\sin\theta\cos\theta\\ -\sin\theta\cos\theta & \sin\theta\cos\theta & \cos^2\theta-\sin^2\theta\end{bmatrix}=\begin{bmatrix}\frac{1}{4} & \frac{3}{4} & \frac{\sqrt{3}}{2}\\ \frac{3}{4} & \frac{1}{4} & -\frac{\sqrt{3}}{2}\\ -\frac{\sqrt{3}}{4} & \frac{\sqrt{3}}{4} & -\frac{1}{2}\end{bmatrix}$$

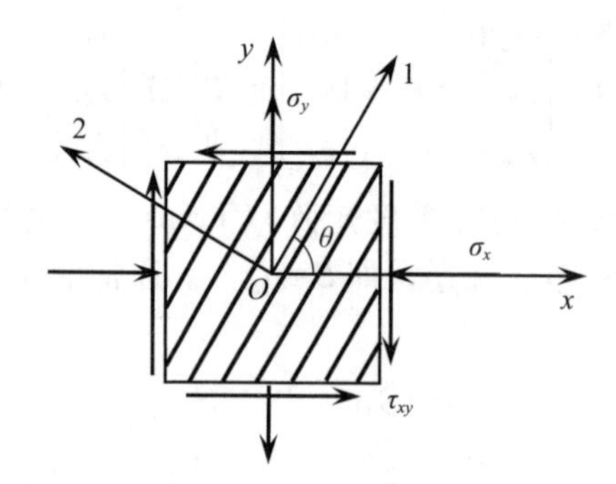

图 3-5 单层板受力情况

(2) 计算弹性主方向应力

$$\begin{bmatrix}\sigma_1\\ \sigma_2\\ \tau_{12}\end{bmatrix}=\boldsymbol{T}\begin{bmatrix}\sigma_x\\ \sigma_y\\ \tau_{xy}\end{bmatrix}=\begin{bmatrix}\frac{1}{4} & \frac{3}{4} & \frac{\sqrt{3}}{2}\\ \frac{3}{4} & \frac{1}{4} & -\frac{\sqrt{3}}{2}\\ -\frac{\sqrt{3}}{4} & \frac{\sqrt{3}}{4} & -\frac{1}{2}\end{bmatrix}\begin{bmatrix}-3.5\\ 7.0\\ -1.4\end{bmatrix}=\begin{bmatrix}3.16\\ 0.34\\ 5.25\end{bmatrix}\text{MPa}$$

（3）计算弹性主方向应变

$$\begin{bmatrix}\varepsilon_1\\ \varepsilon_2\\ \gamma_{12}\end{bmatrix}=\begin{bmatrix}\frac{1}{E_1} & \frac{-\nu_{21}}{E_2} & 0\\ \frac{-\nu_{21}}{E_2} & \frac{1}{E_2} & 0\\ 0 & 0 & \frac{1}{G_{12}}\end{bmatrix}\begin{bmatrix}\sigma_1\\ \sigma_2\\ \tau_{12}\end{bmatrix}=\begin{bmatrix}187\\ -264\\ 1250\end{bmatrix}\times10^{-6}$$

（4）计算 $x-y$ 方向应变

$$\begin{bmatrix}\varepsilon_x\\ \varepsilon_y\\ \gamma_{xy}/2\end{bmatrix}=\boldsymbol{T}^{-1}\begin{bmatrix}\varepsilon_1\\ \varepsilon_2\\ \gamma_{12}/2\end{bmatrix}=\begin{bmatrix}\frac{1}{4} & \frac{3}{4} & \frac{\sqrt{3}}{2}\\ \frac{3}{4} & \frac{1}{4} & -\frac{\sqrt{3}}{2}\\ -\frac{\sqrt{3}}{4} & \frac{\sqrt{3}}{4} & -\frac{1}{2}\end{bmatrix}^{-1}\begin{bmatrix}187\\ -264\\ 625\end{bmatrix}\times10^{-6}=\begin{bmatrix}-692.5\\ 615.5\\ -117.2\end{bmatrix}\times10^{-6}$$

因此，$\varepsilon_x=-692.5\times10^{-6}$，$\varepsilon_y=615.5\times10^{-6}$，$\gamma_{xy}=-234.4\times10^{-6}$。

例题 3-3 已知某正交各向异性单层板的弹性常数 $E_1=140.0\text{GPa}$，$E_2=10.0\text{GPa}$，$G_{12}=5.0\text{GPa}$，$\nu_{12}=0.3$，纤维与 x 轴的夹角 $\theta=45°$。试求转换折算刚度矩阵 $\bar{\boldsymbol{Q}}$ 和转换折算柔度矩阵 $\bar{\boldsymbol{S}}$。

解：（1）计算材料弹性主方向折算刚度矩阵

由式（2-49）得：

$$\nu_{21}=\nu_{12}\frac{E_2}{E_1}=0.3\times\frac{10.0}{140.0}=0.0214$$

$$\nu_{12}\nu_{21}=0.3\times0.0214=0.0064$$

$$\boldsymbol{Q}=\begin{bmatrix}Q_{11} & Q_{12} & 0\\ Q_{12} & Q_{22} & 0\\ 0 & 0 & Q_{66}\end{bmatrix}=\begin{bmatrix}\frac{E_1}{1-\nu_{12}\nu_{21}} & \frac{\nu_{12}E_2}{1-\nu_{12}\nu_{21}} & 0\\ \frac{\nu_{12}E_2}{1-\nu_{12}\nu_{21}} & \frac{E_2}{1-\nu_{12}\nu_{21}} & 0\\ 0 & 0 & G_{12}\end{bmatrix}=\begin{bmatrix}140.9 & 3.0 & 0\\ 3.0 & 10.1 & 0\\ 0 & 0 & 5.0\end{bmatrix}\text{GPa}$$

（2）计算应力转换矩阵

$$\boldsymbol{T}=\begin{bmatrix}\cos^2\theta & \sin^2\theta & 2\sin\theta\cos\theta\\ \sin^2\theta & \cos^2\theta & -2\sin\theta\cos\theta\\ -\sin\theta\cos\theta & \sin\theta\cos\theta & \cos^2\theta-\sin^2\theta\end{bmatrix}=\begin{bmatrix}0.5 & 0.5 & 1\\ 0.5 & 0.5 & -1\\ -0.5 & 0.5 & 0\end{bmatrix}$$

（3）计算转换折算刚度矩阵

$$\bar{\boldsymbol{Q}}=\boldsymbol{T}^{-1}\boldsymbol{Q}(\boldsymbol{T}^{-1})^{\mathrm{T}}=\begin{bmatrix}0.5 & 0.5 & 1\\ 0.5 & 0.5 & -1\\ -0.5 & 0.5 & 0\end{bmatrix}^{-1}\begin{bmatrix}140.9 & 3.0 & 0\\ 3.0 & 10.1 & 0\\ 0 & 0 & 5.0\end{bmatrix}\left(\begin{bmatrix}0.5 & 0.5 & 1\\ 0.5 & 0.5 & -1\\ -0.5 & 0.5 & 0\end{bmatrix}^{-1}\right)^{\mathrm{T}}$$

$$=\begin{bmatrix}44.25 & 34.25 & 32.70\\ 34.25 & 44.25 & 32.70\\ 32.70 & 32.70 & 36.25\end{bmatrix}\text{GPa}$$

（4）计算转换折算柔度矩阵

$$\bar{\boldsymbol{S}}=\bar{\boldsymbol{Q}}^{-1}=\begin{bmatrix}75.6 & -24.4 & -46.2\\ -24.4 & 75.6 & -46.2\\ -46.2 & -46.2 & 111.0\end{bmatrix}\times 10^{-3}\text{GPa}^{-1}$$

3.2.4 任意方向的工程弹性常数

非材料弹性主方向正交各向异性单层复合材料在材料弹性主方向上具有正交各向异性特性，它们之间在力学特性上并不存在本质区别。因此在平面应力问题中，非材料弹性主方向正交各向异性单层的应力-应变关系式（3-22）仿照式（3-2）写为：

$$\begin{bmatrix}\varepsilon_x\\ \varepsilon_y\\ \gamma_{xy}\end{bmatrix}=\begin{bmatrix}\bar{S}_{11} & \bar{S}_{12} & \bar{S}_{16}\\ \bar{S}_{12} & \bar{S}_{22} & \bar{S}_{26}\\ \bar{S}_{16} & \bar{S}_{26} & \bar{S}_{66}\end{bmatrix}\begin{bmatrix}\sigma_x\\ \sigma_y\\ \tau_{xy}\end{bmatrix}=\begin{bmatrix}\dfrac{1}{E_x} & -\dfrac{\nu_{xy}}{E_x} & \dfrac{\eta_{xy,x}}{E_x}\\ -\dfrac{\nu_{yx}}{E_y} & \dfrac{1}{E_y} & \dfrac{\eta_{xy,y}}{E_y}\\ \dfrac{\eta_{x,xy}}{G_{xy}} & \dfrac{\eta_{y,xy}}{G_{xy}} & \dfrac{1}{G_{xy}}\end{bmatrix}\begin{bmatrix}\sigma_x\\ \sigma_y\\ \tau_{xy}\end{bmatrix} \tag{3-26}$$

其中：

$$\begin{aligned}&\bar{S}_{11}=\frac{1}{E_x} \qquad \bar{S}_{12}=-\frac{\nu_{xy}}{E_x}=-\frac{\nu_{yx}}{E_y} \qquad \bar{S}_{22}=\frac{1}{E_y}\\ &\bar{S}_{16}=\frac{\eta_{xy,x}}{E_x}=\frac{\eta_{x,xy}}{G_{xy}} \qquad \bar{S}_{26}=\frac{\eta_{xy,y}}{E_y}=\frac{\eta_{y,xy}}{G_{xy}} \qquad \bar{S}_{66}=\frac{1}{G_{xy}}\end{aligned} \tag{3-27}$$

式（3-26）和式（3-27）中各交叉弹性常数 $\eta_{xy,x}$，$\eta_{xy,y}$ 和 $\eta_{x,xy}$，$\eta_{y,xy}$ 分别称为拉剪耦合系数和剪拉耦合系数。它们的定义如下：

$\eta_{xy,x}=\dfrac{\gamma_{xy}}{\varepsilon_x}$，只有正应力 σ_x（其余应力分量为零）引起的切应变 γ_{xy} 与线应变 ε_x 的比值；

$\eta_{xy,y}=\dfrac{\gamma_{xy}}{\varepsilon_y}$，只有正应力 σ_y（其余应力分量为零）引起的切应变 γ_{xy} 与线应变 ε_y 的比值；

$\eta_{x,xy}=\dfrac{\varepsilon_x}{\gamma_{xy}}$，只有切应力 τ_{xy}（其余应力分量为零）引起的线应变 ε_x 与切应变 γ_{xy} 的比值；

$\eta_{y,xy}=\dfrac{\varepsilon_y}{\gamma_{xy}}$，只有切应力 τ_{xy}（其余应力分量为零）引起的线应变 ε_y 与切应变 γ_{xy} 的比值。

将式（3-25）代入式（3-24），将所得结果代入式（3-27）可得：

$$
\left.\begin{aligned}
\overline{S}_{11}&=\frac{1}{E_x}=\frac{1}{E_1}\cos^4\theta+\left(\frac{1}{G_{12}}-\frac{2\nu_{12}}{E_1}\right)\sin^2\theta\cos^2\theta+\frac{1}{E_2}\sin^4\theta\\
\overline{S}_{12}&=-\frac{\nu_{xy}}{E_x}=\left(\frac{1}{E_1}+\frac{1}{E_2}-\frac{1}{G_{12}}\right)\sin^2\theta\cos^2\theta-\frac{\nu_{12}}{E_1}(\sin^4\theta+\cos^4\theta)\\
\overline{S}_{22}&=\frac{1}{E_y}=\frac{1}{E_1}\sin^4\theta+\left(\frac{1}{G_{12}}-\frac{2\nu_{12}}{E_1}\right)\sin^2\theta\cos^2\theta+\frac{1}{E_2}\cos^4\theta\\
\overline{S}_{16}&=\frac{\eta_{xy,x}}{E_x}=\left(\frac{2}{E_1}+\frac{2\nu_{12}}{E_1}-\frac{1}{G_{12}}\right)\sin\theta\cos^3\theta-\left(\frac{2\nu_{12}}{E_1}+\frac{2}{E_2}-\frac{1}{G_{12}}\right)\sin^3\theta\cos\theta\\
\overline{S}_{26}&=\frac{\eta_{xy,y}}{E_y}=\left(\frac{2}{E_1}+\frac{2\nu_{12}}{E_1}-\frac{1}{G_{12}}\right)\sin^3\theta\cos\theta-\left(\frac{2\nu_{12}}{E_1}+\frac{2}{E_2}-\frac{1}{G_{12}}\right)\sin\theta\cos^3\theta\\
\overline{S}_{66}&=\frac{1}{G_{12}}=4\left(\frac{1}{E_1}+\frac{1}{E_2}+\frac{2\nu_{12}}{E_1}-\frac{1}{2G_{12}}\right)\sin^2\theta\cos^2\theta+\frac{1}{G_{12}}(\sin^4\theta+\cos^4\theta)
\end{aligned}\right\}\quad(3\text{-}28)
$$

图 3-6 给出了一种典型的高强度碳纤维增强环氧树脂基体复合材料单层的工程弹性常数随 θ 角的变化情况。可以看出，该材料的拉压弹性模量 E_x 在 $\theta=0$ 时最大，$E_0=E_1$；在 $\theta=90°$ 时最小，$E_{90°}=E_2$。剪切弹性模量 G_{xy} 在 $\theta=45°$ 时最大，在 $\theta=0$ 和 90° 时最小，等于材料弹性主方向剪切模量 G_{12}。泊松比 ν_{xy} 在 $\theta=0$ 时最大，在 $\theta=90°$ 时最小。剪拉耦合系数 $\eta_{x,xy}$ 为负值，其绝对值最大值在 $\theta=38°$ 处。

纤维增强复合材料单层的工程弹性常数变化形式与其材料弹性主方向的各向异性程度有关。例如一种各向异性较弱的玻璃纤维平面织物增强复合材料，其工程弹性常数随 θ 角的变化情况如图 3-7 所示。可以看到，其拉压弹性模量 E_x 在 $\theta=0$ 时最大，在 $\theta=90°$ 时也相当大，在 $\theta=45°$ 时最小。剪切弹性模量 G_{xy} 在 $\theta=45°$ 时最大。泊松比 ν_{xy} 在 $\theta=0$ 和 90° 时最小，在 $\theta=45°$ 附近最大，且超过 0.5。剪拉耦合系数 $\eta_{x,xy}$ 在 $\theta<47°$ 时为负值，在 $\theta>47°$ 时为正值。

上述两种典型纤维增强复合材料单层的工程弹性模量有一个共同的特点，即 $\theta=45°$ 时剪切弹性模量为最大。对于一般工程结构中使用的纤维增强复合材料来说，这一结论具有普遍性。因此，在结构中主要承受剪力的板，应使纤维方向与切应力方向成 45°，以此获得最大剪切刚度，如受剪切弯曲的工字梁腹板。

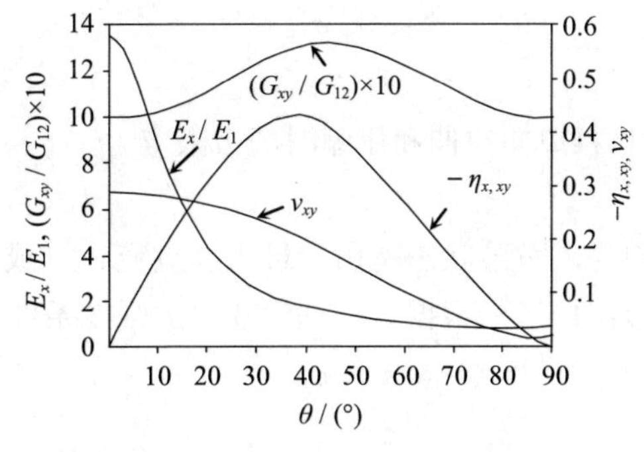

图 3-6　碳纤维增强复合材料单层 E_x、G_{xy}、$\eta_{x,xy}$、ν_{xy} 随 θ 的变化

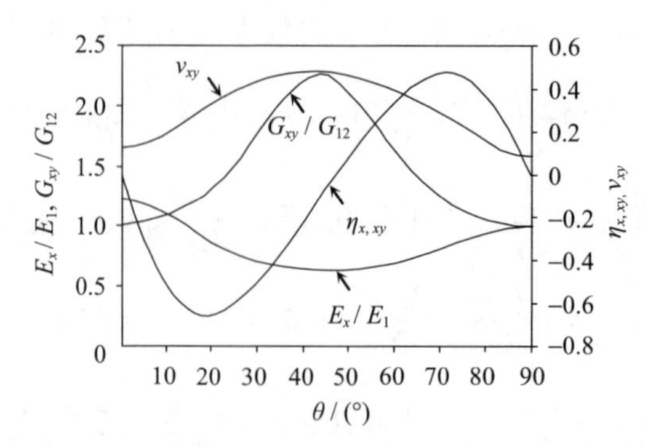

图 3-7 玻璃纤维平面织物增强复合材料 E_x、G_{xy}、$\eta_{x,xy}$、ν_{xy} 随 θ 的变化

3.3 正交各向异性单层材料的强度及实验测定

实际工程问题中对构件进行设计，其目的是要求构件能够满足预期的目的。因此，在对构件进行设计时，强度分析是必须进行的基本分析。通过建立的各种强度理论给出相应的破坏准则，从而得到能够用于构件设计的强度条件。

对于比较简单的单向受力状态来说，构件危险截面上的工作应力可通过理论分析计算得到，材料的极限应力可通过实验方法比较可靠地获得，容易建立相应的强度条件。但是，在工程实际中，许多构件在工作时常处于复杂应力状态（二维或三维），应力的组合形式有无限多的可能性，因此，不可能用直接实验的方法来确定每一种应力组合情况下材料的极限应力。于是，需要探求一种预测材料强度的理论方法，通过它来解决构件什么时候达到危险状态，以及如何建立强度条件等问题。

3.3.1 各向同性材料强度理论

对于各向同性材料，工程设计中广泛采用的强度理论主要有四种：

1. 最大正应力理论

按照这一理论，材料进入危险状态是由于最大正应力 σ_1（或 $|\sigma_3|$）达到了材料单向拉伸（或压缩）时的极限应力。根据这一理论建立的强度条件为：

$$\left.\begin{array}{l}\sigma_1 \leqslant \sigma_{\mathrm{tm}} \\ |\sigma_3| \leqslant \sigma_{\mathrm{cm}}\end{array}\right\} \tag{3-29}$$

式中，σ_{tm} 和 σ_{cm} 分别为材料单向拉伸和压缩时的极限应力。

2. 最大线应变理论

根据这一理论，材料进入危险状态是由于最大线应变 ε_1（或 $|\varepsilon_3|$）达到了材料单向拉伸（或压缩）时的极限应变。根据这一理论建立的强度条件为：

$$\left.\begin{array}{l}\varepsilon_1 \leqslant \varepsilon_{\mathrm{tm}} \\ |\varepsilon_3| \leqslant \varepsilon_{\mathrm{cm}}\end{array}\right\} \tag{3-30}$$

式中，$\varepsilon_{\mathrm{tm}}$ 和 $\varepsilon_{\mathrm{cm}}$ 分别为材料单向拉伸和压缩时的极限应变。

根据广义虎克定律，有：

$$\varepsilon_1=\frac{1}{E}\left[\sigma_1-\nu\ (\sigma_2+\sigma_3)\right],\qquad \varepsilon_3=\frac{1}{E}\left[\sigma_3-\nu\ (\sigma_1+\sigma_2)\right]$$

$$\varepsilon_{tm}=\frac{\sigma_{tm}}{E},\qquad \varepsilon_{cm}=\frac{\sigma_{tm}}{E}$$

于是，式（3-30）改写为：

$$\left.\begin{array}{l}\sigma_1-\nu\ (\sigma_2+\sigma_3)\leqslant\sigma_{tm}\\ |\sigma_3-\nu\ (\sigma_1+\sigma_2)|\leqslant\sigma_{cm}\end{array}\right\} \tag{3-31}$$

3. 最大切应力理论

这个理论认为，最大切应力 τ_{max} 是引起材料塑性屈服的主要原因，根据该理论建立的强度条件为：

$$\tau_{max}\leqslant\tau_m \tag{3-32}$$

式中，τ_m 是材料的屈服极限。

4. 最大形状改变能理论

这一理论认为，材料进入危险状态是由于形状改变能 W_φ 达到了材料在简单拉伸（或压缩）时对应危险状态的形状改变能 $W_{\varphi m}$，所以强度条件为：

$$W_\varphi\leqslant W_{\varphi m} \tag{3-33}$$

式中：

$$W_\varphi=\frac{1+\nu}{6E}\left[(\sigma_1-\sigma_2)^2+(\sigma_2-\sigma_3)^2+(\sigma_3-\sigma_1)^2\right]$$

$$W_{\varphi m}=\frac{1+\nu}{6E}2\ (\sigma_m)^2=\frac{1+\nu}{3E}\ (\sigma_m)^2$$

于是，式（3-33）可写为：

$$\sigma_1^2+\sigma_2^2+\sigma_3^2-\sigma_1\sigma_2-\sigma_2\sigma_3-\sigma_3\sigma_1\leqslant(\sigma_m)^2 \tag{3-34}$$

3.3.2 正交各向异性单层材料的强度

纤维增强复合材料单层可看作平面应力状态下的正交各向异性板。当荷载沿材料弹性主方向作用时称为主向荷载，与其对应的应力称为主向应力。如果荷载方向与材料弹性主方向不一致，则可通过坐标转换，将荷载作用方向的应力转换为材料弹性主方向的应力。

与各向同性材料相比，正交各向异性单层复合材料的强度在概念上具有以下特点。

（1）对于各向同性材料来说，各强度理论中提及的最大正应力和最大线应变指的是材料的主应力和主应变。但对于各向异性材料来说，由于最大的作用应力不一定对应于材料的危险状态，主应力和主应变的概念已不再具有重要意义，取而代之的是材料弹性主方向的应力。

（2）对于各向同性金属材料，它的强度指标只有一个。如果是塑性材料，一般用屈服极限（或名义屈服极限 $\sigma_{p0.2}$）；如果是脆性材料，一般用强度极限。至于剪切屈服极限，一般与拉伸屈服极限存在一定的关系，$\tau_s=$（05～0.6）σ_s，所以剪切屈服极限不是独立的强度指标。

正交各向异性单层的基本强度具有各向异性，沿纤维方向的拉伸强度比垂直于纤维方向的强度高。另外，同一方向的拉伸和压缩的破坏模式不同，强度也往往不同，所以单层在材料弹性主方向坐标系下的基本强度共有 5 个，分别为：

X_t——纵向拉伸强度（Tensile Strength in Longitudinal Direction）；

X_c——纵向压缩强度（Compressive Strength in Longitudinal Direction）；

Y_t——横向拉伸强度（Tensile Strength in Transverse Direction）；

Y_c——横向压缩强度（Compressive Strength in Transverse Direction）；

S——面内剪切强度（Shear Strength in the 1—2 Plane）。

这 5 个基本强度彼此相互独立，可以通过单层板的纵向拉伸压缩、横向拉伸压缩和面内剪切试验测得。表 3-2 列出了两种典型国产复合材料的基本强度。

表 3-2　典型国产复合材料的基本强度

材料		HT3/5224（碳纤维/环氧）	HT3/QY8911（碳纤维/双马来酰亚胺）
基本强度	X_t/MPa	1400	1548
	X_c/MPa	1100	1426
	Y_t/MPa	50	55.5
	Y_c/MPa	180	218
	S/MPa	99	89.9

若材料在拉伸和压缩时具有相同的强度，在正交各向异性单层材料的基本强度有 3 个（见图 3-8），分别为：X——纵向强度；Y——横向强度；S——面内剪切强度。

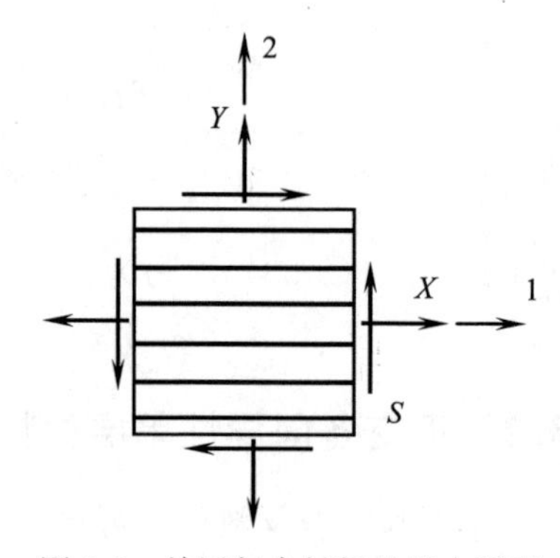

图 3-8　单层复合材料的基本强度

（3）正交各向异性材料在材料弹性主方向上的拉伸和压缩强度一般是不同的，但材料在主方向上的剪切强度却是唯一的。图 3-9 表明，在材料弹性主方向上，正切应力和负切应力的应力场是没有区别的，因为这两个应力场成镜面对称。但在非材料弹性主方向上，切应力的最大值依赖于切应力的方向（正负）。例如，当切应力与材料弹性主方向成 45°时，正的切应力和负的切应力在纤维方向上产生相反的正应力，如图 3-10 所示。图中对于正的切应力而言，沿纤维方向为拉应力，而垂直于纤维方向为压应力；对于负的切应力而言，沿纤维方向为压应力，而垂直于纤维方向为拉应力。然而材料的纵向拉伸强度和压缩强度是不同的。因此作用于非材料弹性主方向的正负切应力的剪切强度是不同的。

3.3.3　正交各向异性单层材料刚度及强度的实验测定

对于拉伸与压缩性能相同的正交各向异性单层材料，其刚度特性包括纵向弹性模量（E_1）、横向弹性模量（E_2）、泊松比（ν_{12}）和面内剪切模量（G_{12}）4 个独立的弹性常数。其强度特性包括纵向强度（X）、横向强度（Y）和剪切强度（S）3 个独立参数。

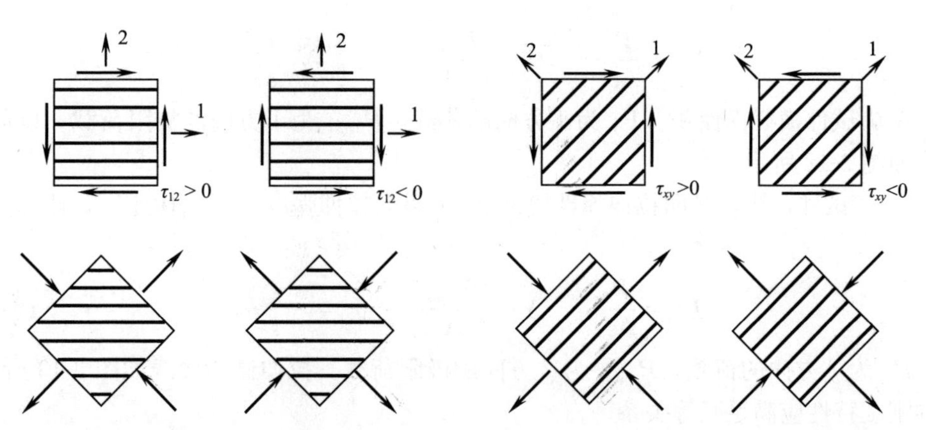

图 3-9　材料弹性主方向的切应力　　　图 3-10　与材料主方向成 45°角的切应力

对于拉伸与压缩性能相同的正交各向异性单层材料，弹性常数 E_1 和 E_2 分别包括纵向拉伸弹性模量（E_{1t}）、纵向压缩弹性模量（E_{1c}）和横向拉伸弹性模量（E_{2t}）、横向压缩弹性模量（E_{2c}）。强度参数包括纵向拉伸强度（X_t）、纵向压缩强度（X_c）、横向拉伸强度（Y_t）、横向压缩强度（Y_c）和剪切强度（S）。

这些基本刚度和强度特性可通过基本实验测定。正交各向异性单层材料刚度和强度特性测定试验的关键是使试件承受均匀应力。

1. 拉伸试验

要求试件两端用黏结剂粘贴金属铝片或玻璃钢片加工的加强片，以防试验机夹头夹持过程中对试件产生损伤。加强片厚度 1～2mm，要粘贴牢固，不能在试验过程中出现脱落或滑移。试件采用直条状或狗骨状。直条状试件尺寸见表 3-3，形状如图 3-11 所示。采用拉伸试验可测定材料的弹性常数 E_{1t}、E_{2t}、ν_{12} 或 ν_{21} 和基本强度 X_t、Y_t。

（1）0 试件，用引伸计或电阻应变计测量纵向线应变 ε_1 和横向线应变 ε_2，纵向拉伸弹性模量 E_{1t}、纵向拉伸强度 X_t 和泊松比 ν_{12} 的计算公式如下：

表 3-3　拉伸试件尺寸

试件类别	尺寸					
	L/mm	b/mm	t/mm	l/mm	a/mm	θ
0	230	12.5±0.5	1～3	100	50	≥15°
90°	170	25±0.5	2～4	50	50	≥15°
0/90°	230	25±0.5	2～4	80	50	≥15°

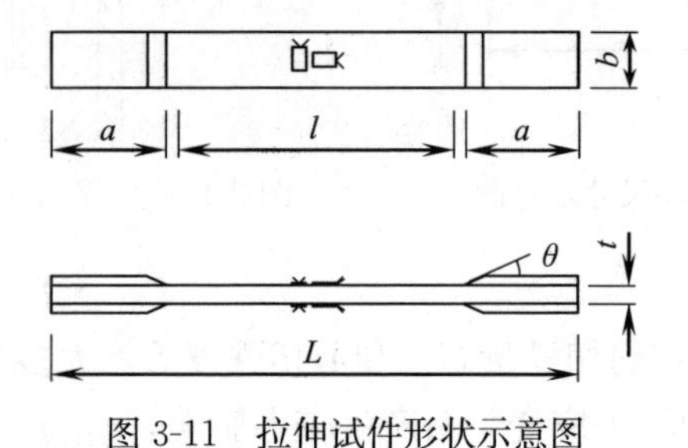

图 3-11　拉伸试件形状示意图

$$E_{1t}=\frac{P_1}{A\varepsilon_1} \qquad X_t=\frac{P_{1\max}}{A} \qquad \nu_{12}=-\frac{\varepsilon_2}{\varepsilon_1} \tag{3-35}$$

式中，A 为试件横截面面积，P_1 为 1 方向的荷载，$P_{1\max}$ 为 1 方向的极限荷载。拉伸试验曲线如图 3-12 所示。

（2）90°试件，测定横向拉伸弹性模量 E_{2t}、纵向拉伸强度 Y_t 和泊松比 ν_{21} 计算公式如下：

$$E_{2t}=\frac{P_2}{A\varepsilon_2} \qquad Y_t=\frac{P_{2\max}}{A} \qquad \nu_{21}=-\frac{\varepsilon_1}{\varepsilon_2} \tag{3-36}$$

式中，P_2 为 2 方向的荷载，$P_{2\max}$ 为 2 方向的极限荷载。拉伸试验曲线如图 3-13 所示。测定的刚度特性应满足互等关系。

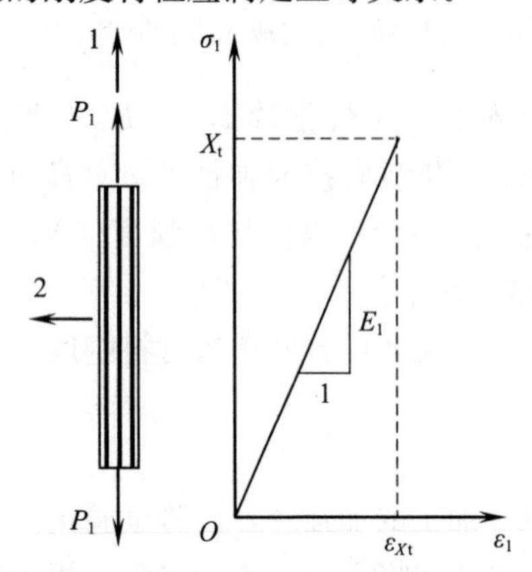

图 3-12　0（纵向）拉伸试验曲线

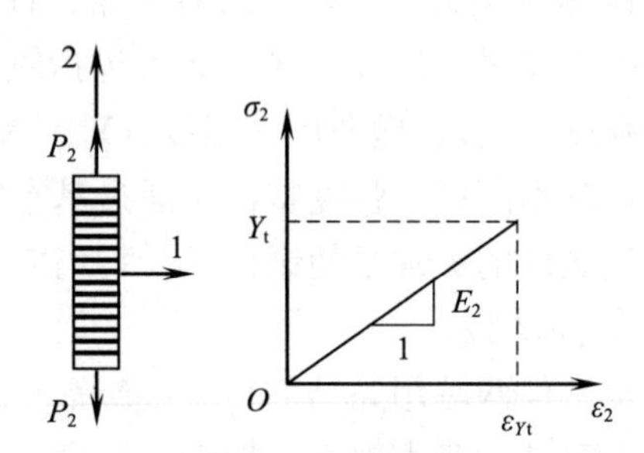

图 3-13　90°（横向）拉伸试验曲线

2. 压缩试验

同拉伸试验一样，压缩试验也要求试件两端粘贴加强片。为避免荷载偏心、试件失稳等因素影响，试验宜采用短标距尺寸直条状试件（图 3-14），并使用特制的夹具（图 3-15）。采用压缩试验可测定材料的弹性常数 E_{1c}、E_{2c}、ν_{21} 或 ν_{12} 和基本强度 X_c、Y_c，计算公式与式（3-35）和式（3-36）类似。

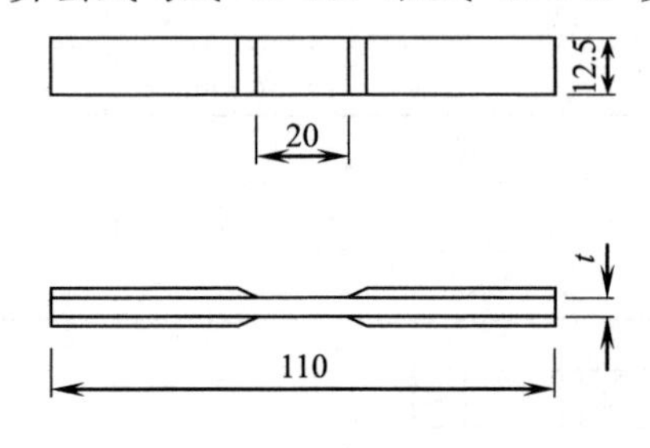

图 3-14　压缩试件尺寸示意图

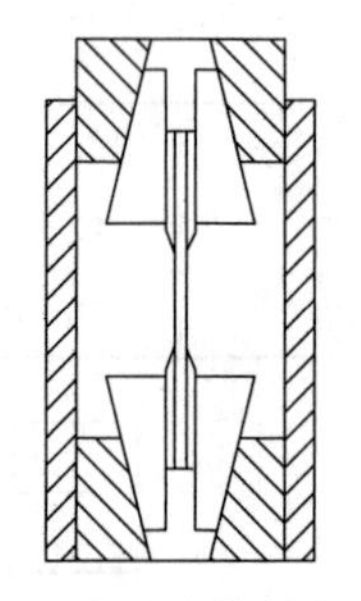

图 3-15　压缩试验特制夹具示意图

3. 面内剪切试验

面内剪切试验用于测定剪切模量 G_{12} 和剪切强度 S，大多数复合材料的 G_{12} 和 S 都比较小，基体性能对面内应力-应变关系产生较大影响，τ_{12}-γ_{12} 曲线具有明显的非线性。目前几种剪切试验大多使用层合试件，难免受层间应力、耦合效应影响，要使试件处于纯剪切应力状态是很困难的。下面介绍几种面内剪切试验方法。

(1) 偏轴拉伸试验法

用单层板切割成 $\theta=45°$ 偏轴拉伸试件，在荷载 P_x 的作用下，试件处于平面应力状态（$\sigma_y=\tau_{xy}=0$），测得应变 ε_x，则有：

$$E_x=\frac{P_x/A}{\varepsilon_x} \qquad \sigma_x=\frac{P_x}{A}$$

由式（3-26）有：

$$\begin{bmatrix}\varepsilon_x\\ \varepsilon_y\\ \gamma_{xy}\end{bmatrix}=\begin{bmatrix}\overline{S}_{11} & \overline{S}_{12} & \overline{S}_{16}\\ \overline{S}_{12} & \overline{S}_{22} & \overline{S}_{26}\\ \overline{S}_{16} & \overline{S}_{26} & \overline{S}_{66}\end{bmatrix}\begin{bmatrix}\sigma_x\\ 0\\ 0\end{bmatrix} \tag{3-37}$$

其中：

$$\left.\begin{aligned}
\overline{S}_{11}&=\frac{1}{E_x}=\frac{1}{E_1}\cos^4\theta+\left(\frac{1}{G_{12}}-\frac{2\nu_{12}}{E_1}\right)\sin^2\theta\cos^2\theta+\frac{1}{E_2}\sin^4\theta\\
\overline{S}_{12}&=-\frac{\nu_{xy}}{E_x}=\left(\frac{1}{E_1}+\frac{1}{E_2}-\frac{1}{G_{12}}\right)\sin^2\theta\cos^2\theta-\frac{\nu_{12}}{E_1}(\sin^4\theta+\cos^4\theta)\\
\overline{S}_{66}&=\frac{1}{G_{12}}=4\left(\frac{1}{E_1}+\frac{1}{E_2}+\frac{2\nu_{12}}{E_1}-\frac{1}{2G_{12}}\right)\sin^2\theta\cos^2\theta+\frac{1}{G_{12}}(\sin^4\theta+\cos^4\theta)
\end{aligned}\right\}$$

当 $\theta=45°$ 时，由式（3-37）可得：

$$\left.\begin{aligned}
\frac{1}{E_x}&=\frac{\varepsilon_x}{\sigma_x}=\frac{1}{4}\left(\frac{1}{E_1}+\frac{1}{E_2}+\frac{1}{G_{12}}-\frac{2\nu_{12}}{E_1}\right)\\
\frac{\nu_{xy}}{E_x}&=-\frac{\varepsilon_y}{\sigma_x}=-\frac{1}{4}\left(\frac{1}{E_1}+\frac{1}{E_2}-\frac{1}{G_{12}}-\frac{2\nu_{12}}{E_1}\right)
\end{aligned}\right\} \tag{3-38}$$

由式（3-38）可得：

$$\left.\begin{aligned}
\varepsilon_x&=\frac{1}{4}\left(\frac{1}{E_1}+\frac{1}{E_2}+\frac{1}{G_{12}}-\frac{2\nu_{12}}{E_1}\right)\sigma_x\\
\varepsilon_y&=\frac{1}{4}\left(\frac{1}{E_1}+\frac{1}{E_2}-\frac{1}{G_{12}}-\frac{2\nu_{12}}{E_1}\right)\sigma_x
\end{aligned}\right\} \tag{3-39}$$

将式（3-39）中两式相减可得：

$$G_{12}=\frac{\sigma_x}{2(\varepsilon_x-\varepsilon_y)}=\frac{P_x}{2A(\varepsilon_x-\varepsilon_y)}$$

通过 0、90°方向拉伸试验已测得 E_1、E_2 和 ν_{12}，则由式（3-38）中的第一式求得：

$$G_{12}=\frac{1}{\dfrac{4}{E_x}-\dfrac{1}{E_1}-\dfrac{1}{E_2}+\dfrac{2\nu_{12}}{E_1}} \tag{3-40}$$

其中，只需测出 ε_x，可求得 $E_x=\dfrac{\sigma_x}{\varepsilon_x}$。

在极限荷载 P_{Lx} 作用下 45°试件剪切破坏，剪切强度 S 可由下式求得：

$$S=\frac{P_{Lx}}{2bt} \tag{3-41}$$

式中，b 为试件宽度，t 为试件厚度。

由于偏轴拉伸有耦合切应变，影响测量结果，故采用±45°对称层合板试件，其试件尺寸如图 3-16 所示。偏轴拉伸试验测定面内剪切模量 G_{12} 和面内剪切强度 S，由于层间应力的影响，所测 S 也很不准确。

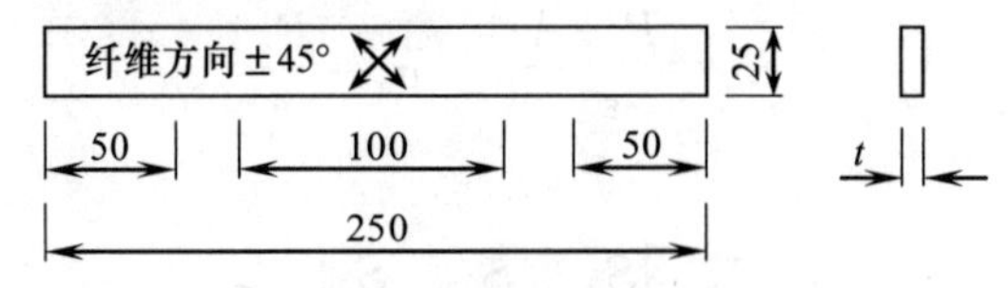

图 3-16　±45°对称拉伸试件尺寸示意图

（2）薄壁管扭转试验法

这是测定剪切模量和剪切强度的试验。单向纤维缠绕环向薄壁管的两端承受扭矩为 T，圆管的平均半径为 r_0，壁厚为 t，$r_0 \geqslant 10t$。由于管壁很薄，可以假定沿壁厚度的应力是均匀分布的。薄壁管在扭矩 T 的作用下，产生的切应力为：

$$\tau_{12}=\frac{T}{2\pi r_0^2 t}$$

材料的剪切强度为：

$$S=\tau_{L12}=\frac{T_L}{2\pi r_0^2 t} \tag{3-42}$$

由于切应力-切应变曲线具有非线性，如图 3-17 所示，因此，取应力-应变曲线线性部分确定剪切模量为：

$$G_{12}=\tau_{12}/\gamma_{12} \tag{3-43}$$

（3）轨道剪切试验法

轨道剪切试验法分为双轨道剪切和三轨道剪切两种。三轨道剪切试验法示意图如图 3-18 所示。荷载 P 引起的切应力为：

$$\tau_{12}=\frac{P}{2bt}$$

其中，t 为试件厚度。

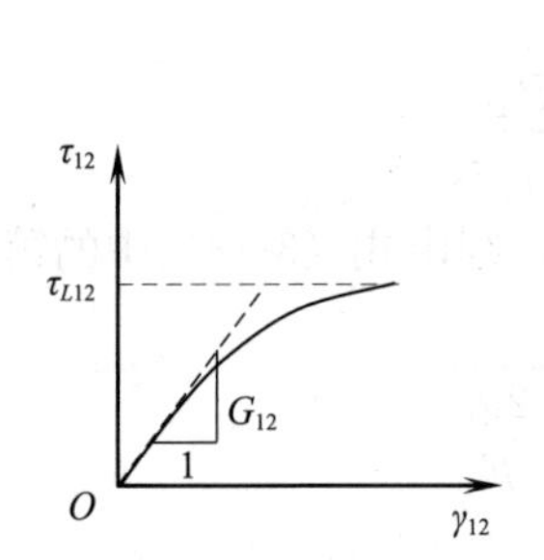

图 3-17　τ_{12}-γ_{12} 试验曲线举例

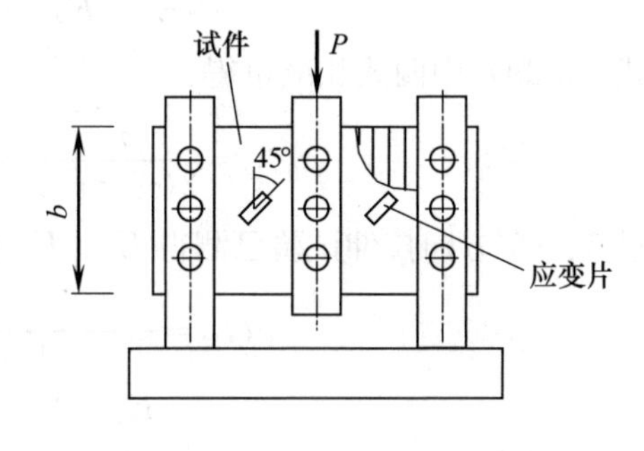

图 3-18　三轨道剪切试验法示意图

材料的剪切强度为：

$$S=\tau_{L12}=\frac{P_L}{2bt}$$

用应变片测量沿 45°方向的应变 $\varepsilon_{45°}$，则有 $\gamma_{12}=2\varepsilon_{45°}$，剪切模量的确定同式（3-43）。

（4）Arcan 圆盘试件法

Arcan 等人提出采用如图 3-19 所示的具有中心反对称±45°切槽的圆盘试件，进行纤维复合材料的面内剪切试验。经有限元分析和光弹性试验证明，这样形状的试件在有效截面 AB 处形成近于均匀的纯剪切变形状态，主应力与 x 轴成±45°方向。这样，用复合材料加工成图 3-19（a）中试件，在 0 方向加载，在 AB 区内与 x 轴成±45°方向粘贴微型应变片，测量应变 ε_1 和 ε_2。AB 处截面面积 $A=b_1t$（b_1 为 AB 长度，t 为厚度），则测定面内剪切模量 G_{12} 和面内剪切强度 S 的公式为：

$$\left.\begin{aligned} G_{12}&=\frac{P}{A(\varepsilon_1+\varepsilon_2)}=\frac{P}{b_1t(\varepsilon_1+\varepsilon_2)} \\ S&=\frac{P_L}{b_1t} \end{aligned}\right\} \tag{3-44}$$

式中，$\varepsilon_1+\varepsilon_2$ 为+45°、−45°两方向应变绝对值的和。

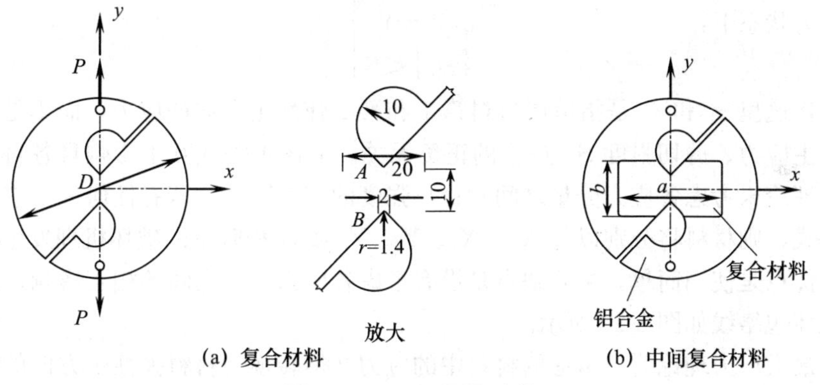

图 3-19　Arcan 圆盘试件

由于圆盘试件尺寸较大，而试验区较小，为了节省试验用复合材料且便于加工，研究人员将铝板制成圆盘试件后按图 3-19（b）将中间部分切去，在试件两侧铣成 $a\times b$ 尺寸的等同复合材料厚度的矩形槽，然后制作 0 层复合材料块，用黏结剂粘贴在切去中间部分的铝板圆盘试件（把它当作加载夹具）上，利用这种中间粘贴复合材料的试件，在复合材料中间部位粘贴±45°两个应变片，以测定面内剪切模量 G_{12} 和面内剪切强度 S，铝板圆盘试件可重复使用，此方法既省料又方便。

3.4　正交各向异性单层材料的强度理论

下面阐述的正交各向异性单层材料的强度理论主要包括最大应力理论、最大应变理论、蔡-希尔（Tsai-Hill）理论、霍夫曼（Hoffman）破坏理论、蔡-胡（Tsai-Wu）张量理论。虽然应用这些理论可以预测复合材料在各种荷载条件下的强度破坏数值，但它们都不能用来解释复合材料破坏过程中的物理机理，因此它们都属于唯象理论。材料的最终破坏强度数值是在工程设计中保证安全度的一个基本指标，所以唯象破坏准则是一个重要的研究方面。在这些理论中，材料虽然是正交各向异性的，但从表观平均性质来研究，认为它宏观上是均匀的、线弹性的，不考虑某些细观破坏机理。

3.4.1 最大应力理论

最大应力理论（Maximum Stress Theory）是由各向同性材料的最大拉应力理论推广而来的。由于正交各向异性单层材料的强度指标不是一个，而是三个或五个，所以，最大应力理论认为，不论什么应力状态下，当单层材料弹性主方向的任何一个应力分量达到各自方向的强度时，材料即发生破坏。因此最大应力理论的强度条件为：

拉应力状态下：
$$\left.\begin{aligned}\sigma_1&<X_t\\ \sigma_2&<Y_t\\ |\tau_{12}|&<S\end{aligned}\right\}\tag{3-45a}$$

压应力状态下：
$$\left.\begin{aligned}\sigma_1&>-X_c\\ \sigma_2&>-Y_c\\ |\tau_{12}|&<S\end{aligned}\right\}\tag{3-45b}$$

注意，这里 σ_1 和 σ_2 是指单层材料第 1 和第 2 弹性主方向的应力，而不是各向同性材料中的主应力。剪切强度 S 与 τ_{12} 的正负无关。上述不等式互不影响且各自独立，即最大应力理论未考虑各应力分量之间对材料强度的相互影响。若有任何一个应力分量不满足不等式，则材料将分别以与 X_t、X_c、Y_t、Y_c 或 S 相联系的破坏机理发生破坏。这个理论的优点是使用简单，主要缺点是没有考虑各应力分量之间的相互影响。最大应力理论的破坏包络线如图 3-20 所示。

应用最大应力理论时，考虑的材料中的应力必须转换为材料弹性主方向的应力。现考虑单层材料非弹性主方向承受荷载 σ_x、σ_y、τ_{xy} 的作用（平面应力状态），如图 3-21 所示。

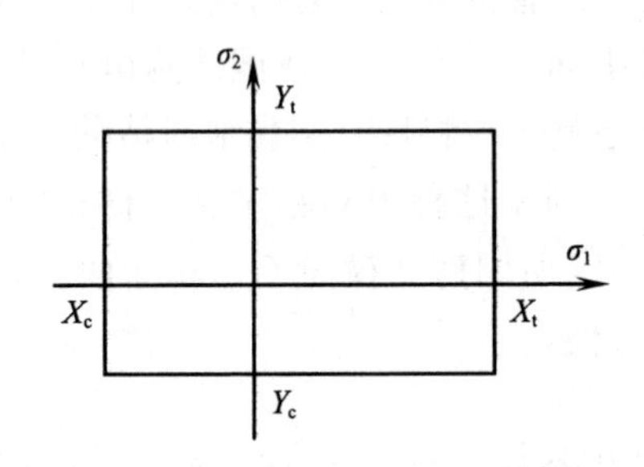

图 3-20 最大应力理论包络线

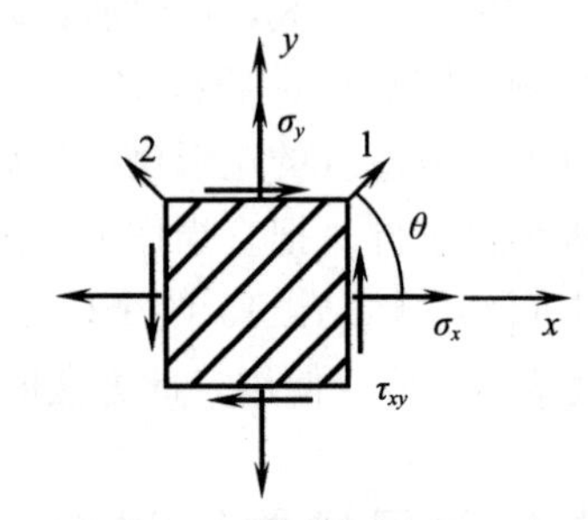

图 3-21 非材料弹性主方向荷载

根据弹性力学应力转轴公式得：

$$\left.\begin{aligned}\sigma_1&=\sigma_x\cos^2\theta+\sigma_y\sin^2\theta+\tau_{xy}\sin2\theta\\ \sigma_2&=\sigma_x\sin^2\theta+\sigma_y\cos^2\theta-\tau_{xy}\sin2\theta\\ \tau_{12}&=(\sigma_x-\sigma_y)\cos\theta\sin\theta-\tau_{xy}\cos2\theta\end{aligned}\right\}\tag{3-46}$$

将（3-46）代入最大应力理论的强度条件式（3-45a）、式（3-45b）有：

$$\text{拉应力状态下：}\quad \left.\begin{array}{l}\sigma_x\cos^2\theta+\sigma_y\sin^2\theta+\tau_{xy}\sin2\theta<X_t\\ \sigma_x\sin^2\theta+\sigma_y\cos^2\theta-\tau_{xy}\sin2\theta<Y_t\\ |(\sigma_x-\sigma_y)\cos\theta\sin\theta-\tau_{xy}\cos2\theta|<S\end{array}\right\} \tag{3-47a}$$

$$\text{压应力状态下：}\quad \left.\begin{array}{l}\sigma_x\cos^2\theta+\sigma_y\sin^2\theta+\tau_{xy}\sin2\theta>X_c\\ \sigma_x\sin^2\theta+\sigma_y\cos^2\theta-\tau_{xy}\sin2\theta>Y_c\\ |(\sigma_x-\sigma_y)\cos\theta\sin\theta-\tau_{xy}\cos2\theta|<S\end{array}\right\} \tag{3-47b}$$

式（3-47a）、式（3-47b）为非弹性主方向的应力 σ_x、σ_y 和 τ_{xy} 表示的平面应力状态最大应力理论的强度条件。

单层材料非弹性主方向承受的单向荷载 σ_x，如图 3-22 所示。由于 $\sigma_y=\tau_{xy}=0$，

$$\left.\begin{array}{r}\sigma_1=\sigma_x\cos^2\theta\\ \sigma_2=\sigma_x\sin^2\theta\\ \tau_{12}=\sigma_x\sin\theta\cos\theta\end{array}\right\} \tag{3-48}$$

将式（3-48）代入式（3-45），在 $X_t=X_c=X$，$Y_t=Y_c=Y$ 时，得到的最大应力应是下述不等式中的最小值：

$$\left.\begin{array}{l}\sigma_x<X/\cos^2\theta\\ \sigma_x<Y/\sin^2\theta\\ \sigma_x<S/(\sin\theta\cos\theta)\end{array}\right\} \tag{3-49}$$

图 3-23 给出了玻璃/环氧复合材料单向（x 方向受正应力）应力状态最大应力强度理论与纤维铺设角之间的关系曲线及试验结果。图中黑圆点●表示拉伸试验数据，黑方块■表示压缩试验数据。图中各曲线分别对应式（3-49）中各式，其中最低的为包络线控制强度。该理论与试验结果相差较大，因此需探求其他强度理论。

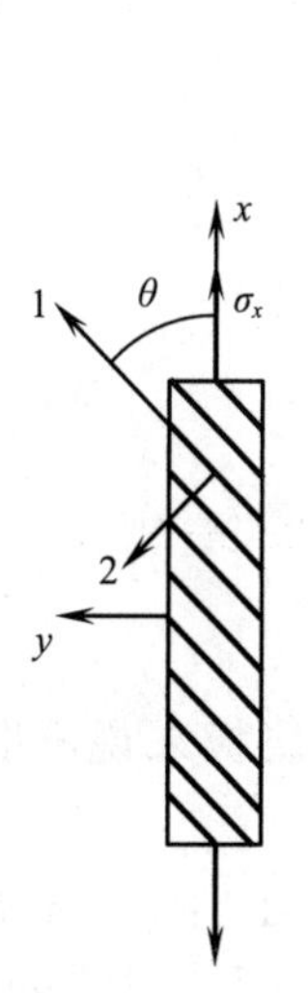

图 3-22　单层材料非弹性主方向承受的单向荷载

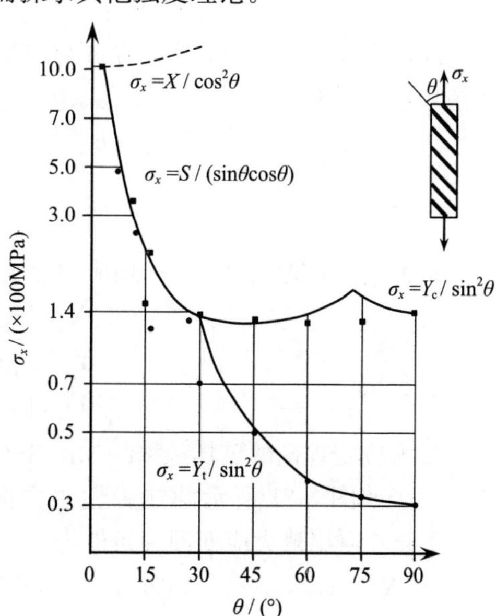

图 3-23　最大应力理论

3.4.2 最大应变理论

最大应变理论（Maximum Strain Theory）是由各向同性材料的最大应变理论演变而来的。复合材料的最大应变失效判据认为，无论处于什么应力状态，当单层板正轴向上的任意一个应变分量达到基本强度所对应的应变极限时，材料就要失效。因此，只要满足下述不等式中的任意一个，材料就是安全的，否则就会发生破坏。

$$\left.\begin{array}{l}\varepsilon_{X_c}<\varepsilon_1<\varepsilon_{X_t}\\ \varepsilon_{Y_c}<\varepsilon_2<\varepsilon_{Y_t}\\ |\gamma_{12}|<\gamma_S\end{array}\right\}\tag{3-50}$$

式中 ε_{X_t}——$=X_t/E_1$，为纵向极限拉伸线应变（Ultimate Tensile Strain in the Longitudinal Direction）；

ε_{X_c}——$=X_c/E_1$，为纵向极限压缩线应变（Ultimate Compressive Strain in the Longitudinal Direction）；

ε_{Y_t}——$=Y_t/E_2$，为横向极限拉伸线应变（Ultimate Tensile Strain in the Transverse Direction）；

ε_{Y_c}——$=Y_c/E_2$，为横向极限压缩线应变（Ultimate Compressive Strain in the Transverse Direction）；

γ_S——$=S/G_{12}$，为1—2平面内极限切应变（Ultimate Shear Strain in the 1—2 Plane）。

同剪切强度一样，当材料承载弹性主方向的荷载时，最大切应变不受切应力正负的影响。应变-应力关系式为：

$$\left.\begin{array}{c}\varepsilon_1=\dfrac{1}{E_1}\sigma_1-\dfrac{\nu_{21}}{E_2}\sigma_2=\dfrac{1}{E_1}(\sigma_1-\nu_{12}\sigma_2)\\ \varepsilon_2=-\dfrac{\nu_{12}}{E_1}\sigma_1+\dfrac{1}{E_2}\sigma_2=\dfrac{1}{E_2}(\sigma_2-\nu_{21}\sigma_1)\\ \gamma_{12}=\dfrac{\tau_{12}}{G_{12}}\end{array}\right\}\tag{3-51}$$

最大应变理论式（3-50）用应力分量表示为：

$$\left.\begin{array}{l}X_c<\sigma_1-\nu_{12}\sigma_2<X_t\\ Y_c<\sigma_2-\nu_{21}\sigma_1<Y_t\\ |\tau_{12}|<S\end{array}\right\}\tag{3-52}$$

最大应变理论的破坏包络线如图3-24所示。

对于如图3-21所示的非弹性主方向承载荷载的单层板来说，将式（3-46）代入式（3-52）得出最大应变理论条件为：

$$\left.\begin{array}{l}X_c<(\cos^2\theta-\nu_{12}\sin^2\theta)\sigma_x+(\sin^2\theta-\nu_{12}\cos^2\theta)\sigma_y+(1+\nu_{12})\sin2\theta\tau_{xy}<X_t\\ Y_c<(\sin^2\theta-\nu_{21}\cos^2\theta)\sigma_x+(\cos^2\theta-\nu_{21}\sin^2\theta)\sigma_y-(1+\nu_{21})\sin2\theta\tau_{xy}\leqslant Y_t\\ |(\sigma_x-\sigma_y)\cos\theta\sin\theta-\cos2\theta\tau_{xy}|<S\end{array}\right\}\tag{3-53}$$

对于如图3-22所示，非弹性主方向承载单向荷载的单层板来说，当 $X_t=X_c=X$，

$Y_t = Y_c = Y$ 时，将式（3-46）代入式（3-52）整理后得出最大应变理论条件为：

$$\left.\begin{aligned}\sigma_x &< X/(\cos^2\theta - \nu_{12}\sin^2\theta) \\ \sigma_x &< Y/(\sin^2\theta - \nu_{21}\cos^2\theta) \\ \sigma_x &< S/(\cos\theta\sin\theta)\end{aligned}\right\} \tag{3-54}$$

从式（3-54）求得 σ_x，取其最低值。比较式（3-49）与式（3-54），它们之间的唯一差别是后者受泊松比的影响。若泊松比很小，则这一影响就很小。因为材料弹性主方向切应变仅与切应力有关，因此这两个强度理论的第三式是相同的。

图 3-25 给出了玻璃/环氧复合材料单向应力状态最大应变理强度理论与纤维铺设角之间的关系曲线及试验结果。图中黑圆点●表示拉伸试验数据，黑方块■表示压缩试验数据。与图 3-23 对比不难看出，最大应变强度理论比最大应力强度理论偏离试验结果更明显，因此该理论也不太适用。

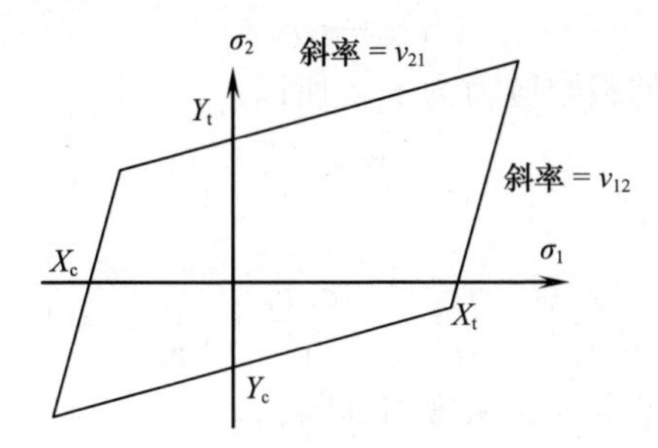

图 3-24　最大应变理论的破坏包络线

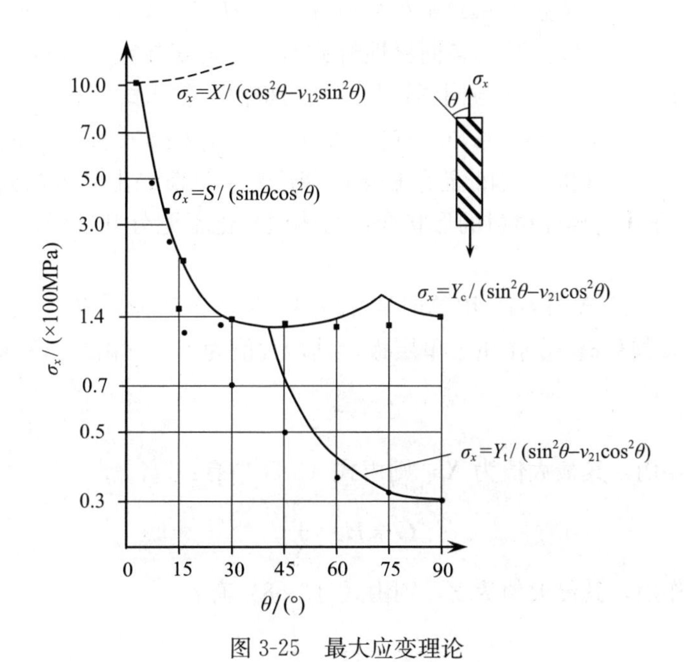

图 3-25　最大应变理论

3.4.3　蔡-希尔理论

应用上述两种破坏理论所得的结果与试验数据相比均有较大的差距，因此有必要寻求更完善的破坏理论。蔡-希尔破坏理论（Tsai-Hill Failure Theory）源于各向同性材料的冯·米塞斯（Von Mises）歪形能屈服准则，经过适当修改后应用于各向异性材料。

各向同性材料的冯·米塞斯畸变能量屈服准则为：

$$(\sigma_x-\sigma_y)^2+(\sigma_y-\sigma_z)^2+(\sigma_z-\sigma_x)^2+6(\tau_{yz}^2+\tau_{zx}^2+\tau_{xy}^2)=2\sigma_s^2 \tag{3-55}$$

式中，σ_s 为各向同性材料在单轴应力状态下的屈服极限。

处于平面应力状态，即 $\sigma_z=\tau_{yz}=\tau_{zx}=0$ 时，式（3-55）变为：

$$\sigma_x^2+\sigma_y^2-\sigma_x\sigma_y+3\tau_{xy}^2=\sigma_s^2 \tag{3-56a}$$

或改写为正则化形式：

$$\left(\frac{\sigma_x}{\sigma_s}\right)^2+\left(\frac{\sigma_y}{\sigma_s}\right)^2-\frac{\sigma_x\sigma_y}{\sigma_s^2}+\left(\frac{\sqrt{3}\,\tau_{xy}}{\sigma_s}\right)^2=1 \tag{3-56b}$$

当 $\sigma_x=\sigma_y=0$，即纯剪切应力状态时，由式（3-56a）有：

$$\tau_{xy}=\sigma_s/\sqrt{3}$$

而纯剪切应力状态时的极限应力为 τ_s，所以：

$$\tau_s=\sigma_s/\sqrt{3}$$

则式（3-56 b）可写为：

$$\left(\frac{\sigma_x}{\sigma_s}\right)^2+\left(\frac{\sigma_y}{\sigma_s}\right)^2-\frac{\sigma_x\sigma_y}{\sigma_s^2}+\left(\frac{\tau_{xy}}{\tau_s}\right)^2=1 \tag{3-57}$$

这就是平面应力状态下的冯·米塞斯准则。

希尔于1948年基于各向异性材料，提出了屈服准则：

$$F(\sigma_2-\sigma_3)^2+G(\sigma_3-\sigma_1)^2+H(\sigma_1-\sigma_2)^2+2L\tau_{23}^2+2M\tau_{31}^2+2N\tau_{12}^2=1 \tag{3-58}$$

式中，F、G、H、L、M、N 为各向异性材料的破坏强度参数。若将 $L=M=N=3F=3G=3H$ 及 $2F=1/\sigma_s^2$（σ_s 为各向同性材料屈服极限）代入式（3-58），则得出：

$$(\sigma_2-\sigma_3)^2+(\sigma_3-\sigma_1)^2+(\sigma_1-\sigma_2)^2+6(\tau_{23}^2+\tau_{31}^2+\tau_{12}^2)=2\sigma_s^2$$

显然与式（3-55）相同，因此希尔提出的理论是米塞斯提出的各向同性材料屈服准则的推论。但正交各向异性材料的形状变化与体积变化不能分开，所以式（3-58）不是歪形能。

蔡为伦（Stephen W. Tsai）用单层复合材料常用的破坏强度 X、Y、S 表示 F、G、H、L、M、N。如只有 τ_{12} 作用于单层板，其最大值为 S，则由式（3-58）有：

$$2N=\frac{1}{S^2}$$

如只有 σ_1 作用，其最大值为 X，则由式（3-58）有：

$$G+H=\frac{1}{X^2}$$

如只有 σ_2 作用，其最大值为 Y，则由式（3-58）有：

$$F+H=\frac{1}{Y^2}$$

如果用 Z 表示3方向的强度，且只有 $\sigma_3=Z$ 作用，则由式（3-58）有：

$$F+G=\frac{1}{Z^2}$$

联立上述三式，可解得：

$$2F=\frac{1}{Y^2}+\frac{1}{Z^2}-\frac{1}{X^2}$$

$$2G=\frac{1}{X^2}+\frac{1}{Z^2}-\frac{1}{Y^2}$$

$$2H=\frac{1}{X^2}+\frac{1}{Y^2}-\frac{1}{Z^2}$$

对于纤维方向在 1 方向的单层材料，在 1—2 平面内，平面应力情况为 $\sigma_3=\tau_{23}=\tau_{31}=0$。根据单层板的几何特性，纤维在 2 方向和 3 方向的分布情况相同，即单层板为横观各向同性材料，因此有 $Y=Z$，则 $G=H=\frac{1}{2X^2}$，$F+H=\frac{1}{Y^2}$。因而式（3-58）可简化为：

$$\left(\frac{\sigma_1}{X}\right)^2-\frac{\sigma_1\sigma_2}{X^2}+\left(\frac{\sigma_2}{Y}\right)^2+\left(\frac{\tau_{12}}{S}\right)^2=1 \tag{3-59}$$

这是用单层复合材料强度 X、Y 和 S 表示的基本破坏准则，称为蔡-希尔破坏理论，其包络线如图 3-26 所示。在这个理论中，同一方向的拉伸强度、压缩强度是相等的。

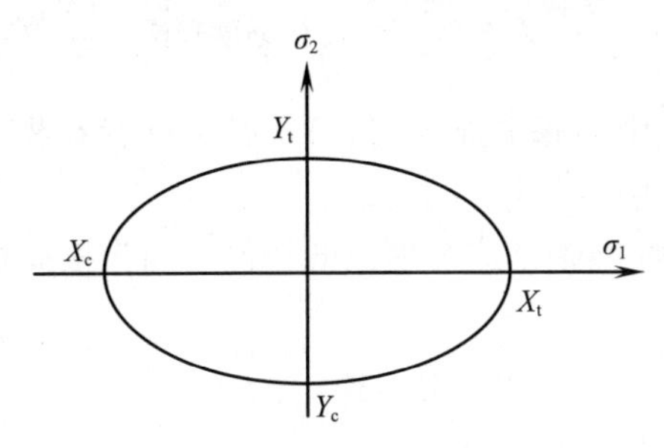

图 3-26 蔡-希尔破坏理论包络线

非弹性主方向承受单向荷载的单层复合材料，如图 3-22 所示，将式（3-48）中各应力分量代入式（3-59）得：

$$\frac{\sigma_x^2\cos^4\theta}{X^2}-\frac{\sigma_x^2\sin^2\theta\cos^2\theta}{X^2}+\frac{\sigma_x^2\sin^4\theta}{Y^2}+\frac{\sigma_x^2\sin^2\theta\cos^2\theta}{S^2}=1 \tag{3-60a}$$

或写为：

$$\frac{\cos^4\theta}{X^2}+\left(\frac{1}{S^2}-\frac{1}{X^2}\right)\sin^2\theta\cos^2\theta+\frac{\sin^4\theta}{Y^2}=\frac{1}{\sigma_x^2} \tag{3-60b}$$

这就是蔡-希尔破坏理论在非弹性主方向承受单向荷载时的表达式。

图 3-27 给出了玻璃/环氧复合材料单向（x 方向受正应力）应力状态蔡-希尔强度理论与纤维铺设角之间的关系曲线及试验结果。图中黑圆点●表示拉伸试验数据；黑方块■表示压缩试验数据。理论结果与试验结果吻合较好，因此该理论可用于玻璃/环氧等复合材料。

蔡-希尔破坏理论的优点如下。

（1）σ_x 随方向角 θ 的变化曲线是光滑的，没有尖点出现。

（2）σ_x 一般随方向角 θ 的增大而连续减小。

（3）理论曲线与试验结果吻合较好。

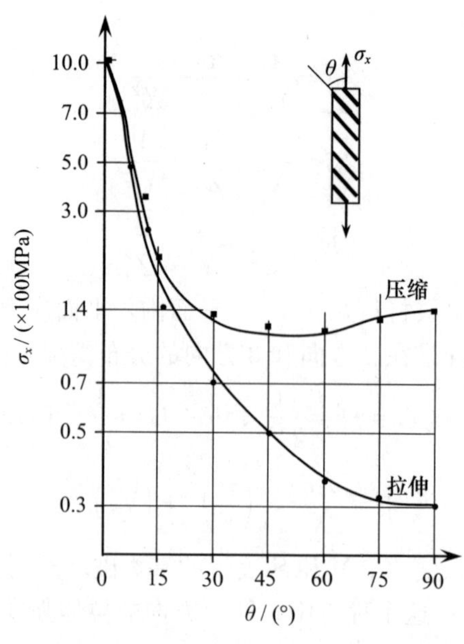

图 3-27　蔡-希尔强度理论

(4) 蔡-希尔破坏理论中的基本强度 X、Y、S 之间存在相互联系，而上述两个理论假定、三种破坏是单独发生的。

(5) 各向同性材料破坏准则是这个理论的特例。因为根据塑性力学的最大八面体切应力理论得知：

$$X=Y=\sqrt{3}S \tag{3-61}$$

将式（3-61）代入式（3-60b），得：

$$\frac{\cos^4\theta}{X^2}+\left(\frac{3}{X^2}-\frac{1}{X^2}\right)\sin^2\theta\cos^2\theta+\frac{\sin^4\theta}{X^2}\leqslant\frac{1}{\sigma_x^2}$$

即：

$$\sigma_x\leqslant X \tag{3-62}$$

这就是各向同性材料的屈服准则，它与 θ 无关。

3.4.4　霍夫曼理论

蔡-希尔破坏理论未考虑同一方向拉伸强度、压缩强度不同的复合材料，因而霍夫曼（Hoffman）提出了在蔡-希尔破坏理论式（3-58）中增加 σ_1、σ_2 及 σ_3 一次项的屈服准则，

即：

$$\begin{aligned}&C_1(\sigma_2-\sigma_3)^2+C_2(\sigma_3-\sigma_1)^2+C_3(\sigma_1-\sigma_2)^2+C_4\sigma_1+\\&C_5\sigma_2+C_6\sigma_3+C_7\tau_{23}^2+C_8\tau_{31}^2+C_9\tau_{12}^2=1\end{aligned} \tag{3-63}$$

这样就可用复合材料三个方向的拉伸强度和压缩强度 X_t、X_c、Y_t、Y_c、Z_t、Z_c 及剪切强度 S_{23}、S_{31}、S_{12} 来决定式（3-63）中的 9 个破坏强度参数。

对于纤维铺设在 1 方向的单层板来说，在 1—2 平面内的平面应力场内有 $\sigma_3=\tau_{23}=\tau_{31}=0$，并根据材料的横观各向同性有 $Y_t=Z_t$，$Y_c=Z_c$。将这些条件代入式（3-63）

就有：

$$\frac{\sigma_1^2}{X_t X_c}-\frac{\sigma_1\sigma_2}{X_t X_c}+\frac{\sigma_2^2}{Y_t Y_c}+\frac{X_c-X_t}{X_t X_c}\sigma_1+\frac{Y_c-Y_t}{Y_t Y_c}\sigma_2+\frac{\tau_{12}^2}{S_{12}^2}=1 \tag{3-64}$$

这就是霍夫曼破坏理论。

当 $X_t=X_c=X$，$Y_t=Y_c=Y$，$S_{12}=S$ 时，则式（3-64）就简化为式（3-59）。

3.4.5 蔡-胡张量理论

蔡-希尔破坏强度理论尽管能说明在单轴应力或纯剪切应力状态下的失效，但是单层板非弹性主方向加载时存在拉剪和剪拉耦合，仅考虑形状改变比能已经不足以说明复合材料的破坏，需要考虑其他能量组分。另外，该理论只适用于同一方向拉伸强度和压缩强度相同的材料。

为了完善蔡-希尔破坏强度理论，应尽量使破坏准则中包含各种可能的强度指标，以增强理论曲线与试验结果的拟合程度，需要在破坏准则中基于蔡-希尔破坏强度理论增加一些附加项。蔡-胡破坏理论（Tsai-Wu Failure Theory）就是在这种思想下提出的一种较为复杂的破坏准则。蔡-胡张量理论被认为是当前复合材料强度理论中，与多数试验结果拟合最好的一种理论。

蔡为伦及 Edward M. Wu 假定在应力空间中，破坏表面可表示为一个二次张量多项式的形式：

$$F_i\sigma_i+F_{ij}\sigma_i\sigma_j=1 \qquad (i,\ j=1,\ 2,\ \cdots,\ 6) \tag{3-65}$$

式中，F_i 和 F_{ij} 称为空间应力的强度参数，分别为二阶张量和四阶对称张量；$\sigma_4=\tau_{23}$，$\sigma_5=\tau_{31}$，$\sigma_6=\tau_{12}$。

对处于平面应力状态下的正交各向异性单层板，式（3-65）可简化为：

$$F_i\sigma_i+F_{ij}\sigma_i\sigma_j=1 \qquad (i,\ j=1,\ 2,\ 6) \tag{3-66a}$$

或

$$F_{11}\sigma_1^2+2F_{12}\sigma_1\sigma_2+F_{22}\sigma_2^2+F_{66}\sigma_6^2+2F_{16}\sigma_1\sigma_6+2F_{26}\sigma_2\sigma_6+F_1\sigma_1+F_2\sigma_2+F_6\sigma_6=1 \tag{3-66b}$$

由于单层板弹性主方向上的强度不受切应力 σ_6 方向的影响，也就是说，切应力 σ_6 为正或为负对单层板的强度应该是没有影响的。因此，上述破坏理论中含 σ_6 一次幂各项的系数为零，即强度参数：

$$F_{16}=F_{26}=F_6=0$$

在平面应力状态下，正交各向异性单层板的蔡-胡张量理论公式（3-66b）变为：

$$F_{11}\sigma_1^2+2F_{12}\sigma_1\sigma_2+F_{22}\sigma_2^2+F_{66}\sigma_6^2+F_1\sigma_1+F_2\sigma_2=1 \tag{3-67}$$

式（3-67）中有 6 个强度参数 F_1、F_2、F_{11}、F_{12}、F_{22}、F_{66}，可以利用一些简单的试验确定其中的 5 个强度参数。

（1）纵向拉伸和压缩试验

由于蔡-胡张量理论适用于任何应力状态，所以单轴应力状态下当然也会成立。当纵向拉伸时，若 $\sigma_1=X_t$ 达到纵向拉伸基本强度时，而 $\sigma_2=\sigma_6=0$，则式（3-67）可写为：

$$F_{11}X_t^2+F_1X_t=1$$

而纵向压缩时，若 $\sigma_1=-X_c$ 达到纵向压缩基本强度时，则式（3-67）可写为：

$$F_{11}X_c^2-F_1X_c=1$$

联解上述两式，可得：

$$F_{11}=\frac{1}{X_tX_c}\qquad F_1=\frac{1}{X_t}-\frac{1}{X_c}\tag{3-68}$$

当纵向拉、压基本强度相等（$X_t=X_c$）时，则 $F_{11}=\frac{1}{X_t^2}$，$F_1=0$。

（2）横向拉伸和压缩试验

类似于纵向拉伸和压缩试验，当横向拉伸（压缩）荷载增加到拉伸（压缩）基本强度时，可以解得：

$$F_{22}=\frac{1}{Y_tY_c}\qquad F_2=\frac{1}{Y_t}-\frac{1}{Y_c}\tag{3-69}$$

当横向拉、压基本强度相等（$Y_t=Y_c$）时，则 $F_{22}=\frac{1}{Y_t^2}$，$F_2=0$。

（3）面内剪切试验

当承受面内剪切荷载并达到剪切强度，即 $\sigma_6=S$，$\sigma_1=\sigma_2=0$ 时，则由式（3-67）得：

$$F_{66}=\frac{1}{S^2}\tag{3-70}$$

式（3-68）～式（3-70）为蔡-胡张量理论中的 5 个强度参数与基本强度之间的关系式，但是 $\sigma_1\sigma_2$ 项的系数 F_{12} 要用双轴向试验或其他组合应力试验来测定。若使 $\sigma_1=\sigma_2=\sigma_0$（$\sigma_0$ 为极限应力），$\sigma_6=0$，则由式（3-67）得：

$$(F_{11}+F_{22}+2F_{12})\sigma_0^2+(F_1+F_2)\sigma_0=1\tag{3-71}$$

将式（3-68）和式（3-69）代入式（3-71），即得：

$$F_{12}=\frac{1}{2\sigma_0^2}\left[1-\left(\frac{1}{X_t}-\frac{1}{X_c}+\frac{1}{Y_t}-\frac{1}{Y_c}\right)\sigma_0-\left(\frac{1}{X_tX_c}+\frac{1}{Y_tY_c}\right)\sigma_0^2\right]\tag{3-72}$$

F_{12} 取决于 X_t、X_c、Y_t、Y_c 和双向拉伸极限应力 σ_0。

下面讨论 F_{12}。当应力增大到一定程度时，单层材料将发生破坏，所以在应力空间中方程式（3-67）应是一闭合曲面，它与 $\sigma_6=0$ 的坐标面的交线为：

$$F_{11}\sigma_1^2+2F_{12}\sigma_1\sigma_2+F_{22}\sigma_2^2+F_1\sigma_1+F_2\sigma_2=1$$

应是闭合曲线，根据二次曲线的几何性质，它应当是椭圆，其必要条件为：

$$F_{11}F_{22}-F_{12}^2>0$$

即

$$-1<\frac{F_{12}}{\sqrt{F_{11}F_{22}}}<1$$

在实际应用蔡-胡张量理论时，有时取 $F_{12}=0$，但通过对玻璃/环氧、石墨/环氧等复合材料的计算表明，F_{12} 的影响不应忽略。如取 $F_{12}=-\sqrt{F_{11}F_{22}}/2$，可获得理论与试验值吻合较好的结果。蔡-胡张量理论的一般破坏椭圆如图 3-28 所示。该理论的优点是应力分量之间存在相互作用，并且考虑了同一方向抗拉强度和抗压强度的不同，主要缺点是它不易于使用。为了将复合材料单层板的破坏包络线与各向同性塑性材料进行比较，图 3-29 给出了各向同性材料冯·米塞斯和崔斯卡（Tresca）准则的破坏包络线。

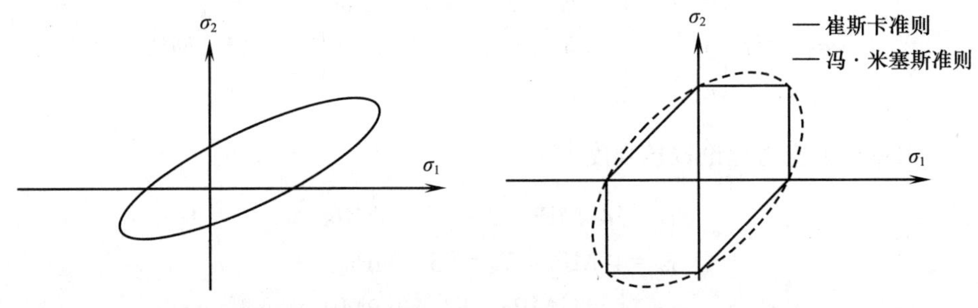

图 3-28 蔡-胡张量理论的一般破坏椭圆　　图 3-29 塑性各向同性材料的两个破坏准则

Pipes 和 Cole 对硼/环氧材料进行了试验研究，结果表明，蔡-胡张量理论与试验数据吻合度较高，如图 3-30 所示。在蔡-胡张量理论中，当 F_{12} 值相差近 8 倍时，θ 在 5°～25°之间，理论强度值变化很小，而且在 5°～75°内蔡-胡张量理论与蔡-希尔理论之间的差别小于 5%。

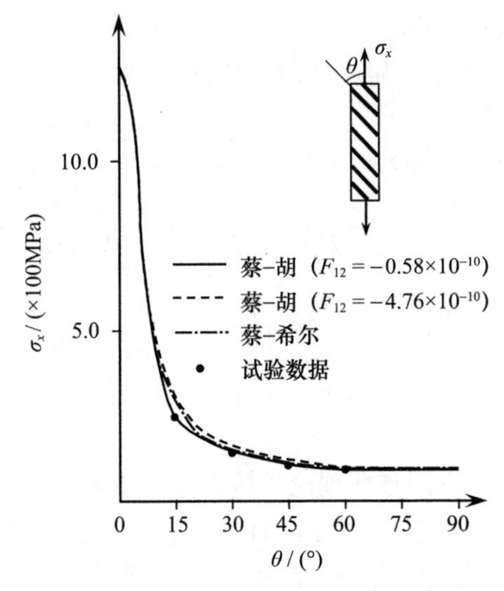

图 3-30 蔡-胡张量理论与试验数据对比

例题 3-4 已知 HT3/QY8911 复合材料单层的 45°应力状态如图 3-31 所示，Oxy 坐标系下的应力分量 $\sigma_x=144\text{MPa}$，$\sigma_y=50\text{MPa}$，$\tau_{xy}=50\text{MPa}$，$\theta=45°$，单层材料的力学性能见表 3-1。试用最大应力理论、蔡-希尔理论、蔡-胡张量理论分别校核该单层的强度。

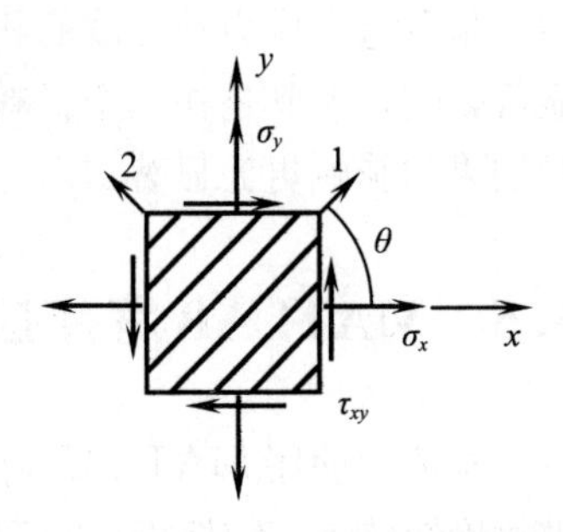

图 3-31 复合材料应力状态图

解：(1) 计算应力转换矩阵

$$\boldsymbol{T}=\begin{bmatrix} m^2 & n^2 & 2mn \\ n^2 & m^2 & -2mn \\ -mn & mn & m^2-n^2 \end{bmatrix}=\begin{bmatrix} 0.5 & 0.5 & 1 \\ 0.5 & 0.5 & -1 \\ -0.5 & 0.5 & 0 \end{bmatrix}$$

（2）计算单层材料弹性主方向应力

$$\begin{bmatrix}\sigma_1\\\sigma_2\\\tau_{12}\end{bmatrix}=\boldsymbol{T}\begin{bmatrix}\sigma_x\\\sigma_y\\\tau_{xy}\end{bmatrix}=\begin{bmatrix}0.5&0.5&1\\0.5&0.5&-1\\-0.5&0.5&0\end{bmatrix}\begin{bmatrix}144\\50\\50\end{bmatrix}=\begin{bmatrix}147\\47\\-47\end{bmatrix}\text{MPa}$$

（3）根据最大应力理论校核强度

$$\sigma_1=147\text{MPa}<X_t=1548\text{MPa}$$
$$\sigma_2=47\text{MPa}<Y_t=55.5\text{MPa}$$
$$|\tau_{12}|=47\text{MPa}<S=89.9\text{MPa}$$

单层材料满足强度要求。

（4）根据蔡-希尔理论校核强度

$$\left(\frac{\sigma_1}{X_t}\right)^2-\frac{\sigma_1\sigma_2}{X_t^2}+\left(\frac{\sigma_2}{Y_t}\right)^2+\left(\frac{\tau_{12}}{S}\right)^2=\left(\frac{147}{1548}\right)^2-\frac{147\times47}{1548^2}+\left(\frac{47}{55.5}\right)^2+\left(\frac{-47}{89.9}\right)^2=0.9966$$

单层材料处于临界破坏状态。

（5）计算强度参数，根据蔡-胡张量理论校核强度

$$F_{11}=\frac{1}{X_tX_c}=\frac{1}{1548\times1426}\qquad F_1=\frac{1}{X_t}-\frac{1}{X_c}=\frac{1}{1548}-\frac{1}{1426}$$

$$F_{22}=\frac{1}{Y_tY_c}=\frac{1}{55.5\times218}\qquad F_2=\frac{1}{Y_t}-\frac{1}{Y_c}=\frac{1}{55.5}-\frac{1}{218}$$

$$F_{66}=\frac{1}{S^2}=\frac{1}{89.9^2}\qquad F_{12}=-\frac{1}{2}\sqrt{F_{11}F_{22}}=-\frac{1}{2}\sqrt{\frac{1}{1548\times1426\times55.5\times218}}$$

$$F_{11}\sigma_1^2+F_{22}\sigma_2^2+2F_{12}\sigma_1\sigma_2+F_{66}\tau_{12}^2+F_1\sigma_1+F_2\sigma_2=1.0465$$

单层材料出现破坏。

从以上结果可以看出，不同破坏理论校核强度的结果不同。最大应力理论得到三个材料主方向应力均低于相应的基本强度，而且还有一定的裕度，单层材料满足强度要求。根据蔡-希尔理论，等式左侧各项代数和接近 1，单层材料处于临界破坏状态。根据蔡-胡张量理论，等式左侧各项代数和已超过 1，单层材料处于破坏状态。这些结果表明，是否考虑应力和强度的相互作用以及拉压强度不相等的情形，对强度分析的结果有显著影响，尤其是在三个材料主方向应力中有一个比较接近相应的基本强度的情形下，对结果的影响更为显著。

3.5 MATLAB 程序应用

本节中使用 MATLAB 软件编写了 17 个程序，分别用于计算折算刚度矩阵 $\boldsymbol{Q}$，二维柔度矩阵 $\boldsymbol{S}$，转换折算刚度矩阵 $\bar{\boldsymbol{Q}}$，转换折算柔度矩阵 $\bar{\boldsymbol{S}}$，应力转换矩阵 $\boldsymbol{T}$，应力转换矩阵的逆矩阵 $\boldsymbol{T}^{-1}$，弹性模量 E_x、E_y、G_{xy}，泊松比 ν_{xy}、ν_{yx}，耦合系数 $\eta_{x,xy}$、$\eta_{y,xy}$、$\eta_{xy,x}$、$\eta_{xy,y}$。

3.5.1 数据输入

纵向弹性模量 E1；
横向弹性模量 E2；
1—2 平面的剪切模量 G12；
各向同性材料弹性模量 E；
1 方向作用应力引起 2 方向横向变形的泊松比 NU12；
2 方向作用应力引起 1 方向横向变形的泊松比 NU21；
各向同性材料的泊松比 NU；
折算刚度矩阵 Q；
折算柔度矩阵 S；
纤维取向角 theta；
转换折算刚度矩阵 Qbar；
转换折算柔度矩阵 Sbar。

3.5.2 计算程序

1. 折算柔度矩阵

```
function y=Reduced Compliance (E1, E2, NU12, G12)
%  Reduced Compliance              This function returns the reduced compliance
%                                  matrix for fiber-reinforced materials. There
%                                  are four arguments representing four material
%                                  constants. The size of the reduced compliance
%                                  matrix is 3×3.
y= [1/E1-NU12/E1  0; -NU12/E1  1/E2  0; 0  0  1/G12];
```

2. 折算刚度矩阵

```
function y=Reduced Stiffness (E1, E2, NU12, G12)
%  Reduced Stiffness               This function returns the reduced stiffness
%                                  matrix for fiber-reinforced materials. There
%                                  are four arguments representing four material
%                                  constants. The size of the reduced stiffness
%                                  matrix is 3×3.
NU21=NU12*E2/E1;
x=1-NU12*NU21;
y= [E1/x  NU12*E2/x  0; NU12*E2/x  E2/x  0; 0  0  G12];
```

3. 各向同性材料折算柔度矩阵

```
function y=Reduced Isotropic Compliance (E, NU)
%  Reduced Isotropic Compliance    This function returns the reduced isotropic
%                                  compliance matrix for fiber-reinforced
%                                  materials. There are two arguments
%                                  representing two material constants. The size
%                                  of the reduced compliance matrix is 3×3.
y= [1/E-NU/E  0; -NU/E  1/E  0; 0  0  2* (1+NU) /E];
```

4. 各向同性材料折算刚度矩阵

```
function y=Reduced Isotropic Stiffness (E, NU)
%   Reduced Isotropic Stiffness          This function returns the reduced isotropic
%                                        stiffness matrix for fiber-reinforced materials.
%                                        There are two arguments representing two
%                                        material constants. The size of the reduced
%                                        stiffness matrix is 3×3.
x=1-NU*NU;
y= [E/x  NU*E/x  0; NU*E/x  E/x  0; 0  0  E/(2*(1+NU))];
```

5. 应力转换矩阵

```
function y=T (theta)
%   T                                    This function returns the transformation matrix
%                                        T given the orientation angle "theta" . There is
%                                        only one argument representing "theta" . The
%                                        size of the matrix is 3×3. The angle "theta"
%                                        must be given in degrees.
m=cos (theta*pi/180);
n=sin (theta*pi/180);
y= [m^2  n^2  2*m*n; n^2  m^2  -2*m*n; -m*n  m*n  m^2-n^2];
```

6. 应力转换矩阵的逆矩阵

```
function y=Tinv (theta)
%   Tinv                                 This function returns the inverse of the
%                                        transformation matrix T given the orientation
%                                        angle "theta" . There is only one argument
%                                        representing "theta" . The size of the matrix is
%                                        3×3. The angle "theta" must be given in
%                                        degrees.
m=cos (theta*pi/180);
n=sin (theta*pi/180);
T= [m^2  n^2  -2*m*n; n^2  m^2  2*m*n; m*n  -m*n  m^2-n^2];
```

7. 转换折算柔度矩阵

```
function y=Sbar (S, theta)
%   Sbar                                 This function returns the transformed reduced
%                                        compliance matrix "Sbar" given the reduced
%                                        compliance matrix S and the orientation angle
%                                        "theta" . There are two arguments representing
%                                        S and "theta" . The size of the matrix is 3×3.
%                                        The angle "theta" must be given in degrees.
%
%
m=cos (theta*pi/180);
n=sin (theta*pi/180);
T= [m^2  n^2  2*m*n; n^2  m^2  -2*m*n; -m*n  m*n  m^2-n^2];
y=T'*S*T;
```

8. 转换折算刚度矩阵

```
function y=Qbar (Q, theta)
%   Qbar                          This function returns the transformed reduced
%                                 stiffness matrix "Qbar" given the reduced
%                                 stiffness matrix Q and the orientation angle
%                                 "theta" . There are two arguments representing
%                                 Q and "theta" . The size of the matrix is 3×3.
%                                 The angle " theta" must be given in degrees.
m=cos (theta * pi/180);
n=sin (theta * pi/180);
Tinv= [m^2  n^2  -2 * m * n; n^2  m^2  2 * m * n; m * n  -m * n  m^2-n^2];
y=Tinv * Q * Tinv';
```

9. 弹性模量 E_x

```
function y=Ex (E1, E2, NU12, G12, theta)
%   Ex                            This function returns the elastic modulus
%                                 along the x-direction in the global coordinate
%                                 system. The angle "theta" must be given in
%                                 degrees.
%
%
m=cos (theta * pi/180);
n=sin (theta * pi/180);
denom=m^4 + (E1/G12- 2 * NU12) * n^2 * m^2 + (E1/E2) * n^4;
y=E1/denom;
```

10. 弹性模量 E_y

```
function y=Ey (E1, E2, NU21, G12, theta)
%   Ey                            This function returns the elastic modulus
%                                 along the y-direction in the global coordinate
%                                 system. The angle "theta" must be given in
%                                 degrees.
m=cos (theta * pi/180);
n=sin (theta * pi/180);
denom=m^4 + (E2/G12-2 * NU21) * n^2 * m^2 + (E2/E1) * n^4;
y=E2/denom;
```

11. 弹性模量 G_{xy}

```
function y=Gxy (E1, E2, NU12, G12, theta)
%   Gxy                           This function returns the shear modulus Gxy
%                                 in the global coordinate system. The angle
%                                 "theta" must be given in degrees.
%
m=cos (theta * pi/180);
n=sin (theta * pi/180);
denom=n^4 + m^4 + 2 * (2 * G12 * (1 + 2 * NU12) /E1 + 2 * G12/E2- 1) * n^2 * m^2;
y=G12/denom;
```

12. 泊松比 ν_{xy}

```
function y=NUxy (E1, E2, NU12, G12, theta)
%  NUxy                    This function returns Poisson's ratio NUxy in
%                          the global coordinate system. The angle
%                          "theta" must be given in degrees.
%
m=cos (theta * pi/180);
n=sin (theta * pi/180);
denom=m^4 + (E1/G12-2 * NU12) * n^2 * m^2 + (E1/E2) * n^4;
numer=NU12 * (n^4 + m^4) - (1 + E1/E2-E1/G12) * n^2 * m^2;
y=numer/denom;
```

13. 泊松比 ν_{yx}

```
function y=NUyx (E1, E2, NU21, G12, theta)
%  NUyx                    This function returns Poisson's ratio NUyx in
%                          the global coordinate system. The angle
%                          "theta" must be given in degrees.
%
m=cos (theta * pi/180);
n=sin (theta * pi/180);
denom=m^4 + (E2/G12-2 * NU21) * n^2 * m^2 + (E2/E1) * n^4;
numer=NU21 * (n^4 + m^4) - (1 + E2/E1 - E2/G12) * n^2 * m^2;
y=numer/denom;
```

14. 耦合系数 $\eta_{xy,x}$

```
function y=Etaxyx (Sbar)
%  Etaxyx                  This function returns the coefficient of mutual
%                          influence of the second kind Etaxy, x in the
%                          global coordinate system. It has one argument
%                          -the reduced transformed compliance matrix
%                          Sbar.
y=Sbar (1, 3) /Sbar (1, 1);
```

15. 耦合系数 $\eta_{xy,y}$

```
function y=Etaxyy (Sbar)
%  Etaxyy                  This function returns the coefficient of mutual
%                          influence of the second kind Etaxy, y in the
%                          global coordinate system. It has one argument
%                          - the reduced transformed compliance matrix
%                          Sbar.
y=Sbar (2, 3) /Sbar (2, 2);
```

16. 耦合系数 $\eta_{x,xy}$

```
function y=Etaxxy (Sbar)
%  Etaxxy                  This function returns the coefficient of mutual
%                          influence of the first kind Etax, xy in the
%                          global coordinate system. It has one argument
%                          - the reduced transformed compliance matrix
%                          Sbar.
y=Sbar (1, 3) /Sbar (3, 3);
```

17. 耦合系数 $\eta_{y,xy}$

```
function y=Etayxy (Sbar)
% Etayxy                      This function returns the coefficient of mutual
%                             influence of the first kind Etay, xy in the
%                             global coordinate system. It has one argument
%                             - the reduced transformed compliance matrix
%                             Sbar.
y=Sbar (2, 3) /Sbar (3, 3);
```

3.5.3 算例

例题 3-5 石墨纤维增强聚合物复合材料单层板的材料弹性常数 $E_1=155.0\text{GPa}$，$E_2=12.10\text{GPa}$，$G_{12}=4.40\text{GPa}$，$\nu_{12}=0.248$。试用 MATLAB 程序计算该材料的折算柔度矩阵 $\boldsymbol{S}$ 和折算刚度矩阵 $\boldsymbol{Q}$，并验证其互逆性。

解：使用 MATLAB 软件编写的 Reduced Compliance 程序计算折算柔度矩阵，结果如下：

```
>>S=Reduced Compliance (155.0, 12.10, 0.248, 4.40)

S=

    0.0065   -0.0016         0
   -0.0016    0.0826         0
         0         0    0.2273
```

使用 MATLAB 软件编写的 Reduced Stiffness 程序计算折算刚度矩阵，结果如下：

```
>>Q=Reduced Stiffness (155.0, 12.10, 0.248, 4.40)

Q=

  155.7478    3.0153         0
    3.0153   12.1584         0
         0         0    4.4000
```

验证互逆性如下：

```
>>S*Q

ans=

    1.0000   -0.0000         0
   -0.0000    1.0000         0
         0         0    1.0000
```

例题 3-6 石墨纤维增强聚合物复合材料单层板的工程弹性常数同例题 3-5。使用 MATLAB 软件绘制转换折算柔度矩阵系数 $\bar{S}_{ij}$（i，j=1，2，6）随纤维方向角 θ（$-90° < \theta < 90°$）变化的关系曲线。

解：（1）纤维方向角 θ 的取值范围

```
>> x=［-90 -75 -60 -45 -30 -15 0 15 30 45 60 75 90］;
```

（2）用 Reduced Compliance 程序计算折算柔度矩阵 $\boldsymbol{S}$

```
>> S=Reduced Compliance（155.0，12.10，0.248，4.40）；
>> S

S=

     0.0065  －0.0016          0
   －0.0016    0.0826          0
          0         0     0.2273
```

（3）用 Sbar 程序计算 θ 取上述值时的折算柔度矩阵 $\bar{\boldsymbol{S}}$

```
>> S1=Sbar（S，－90）；
>> S2=Sbar（S，－75）；
>> S3=Sbar（S，－60）；
>> S4=Sbar（S，－45）；
>> S5=Sbar（S，－30）；
>> S6=Sbar（S，－15）；
>> S7=Sbar（S，0）；
>> S8=Sbar（S，15）；
>> S9=Sbar（S，30）；
>> S10=Sbar（S，45）；
>> S11=Sbar（S，60）；
>> S12=Sbar（S，75）；
>> S13=Sbar（S，90）；
```

（4）提取 θ 取上述值时的折算柔度系数 $\bar{S}_{ij}$

```
>> y1=［S1（1，1）S2（1，1）S3（1，1）S4（1，1）S5（1，1）S6（1，1）S7（1，1）
S8（1，1）S9（1，1）S10（1，1）S11（1，1）S12（1，1）S13（1，1）］；
>> y1

y1=

    0.0826    0.0860    0.0889    0.0783    0.0508    0.0200    0.0065
0.0200    0.0508    0.0783    0.0889    0.0860    0.0826
```

```
>> y2= [S1 (1, 2) S2 (1, 2) S3 (1, 2) S4 (1, 2) S5 (1, 2) S6 (1, 2) S7 (1, 2)
S8 (1, 2) S9 (1, 2) S10 (1, 2) S11 (1, 2) S12 (1, 2) S13 (1, 2) ];
>> y2

y2=

   -0.0016    -0.0100    -0.0269    -0.0353    -0.0269    -0.0100
-0.0016    -0.0100    -0.0269    -0.0353    -0.0269    -0.0100
-0.0016

>> y3= [S1 (1, 3) S2 (1, 3) S3 (1, 3) S4 (1, 3) S5 (1, 3) S6 (1, 3) S7 (1, 3)
S8 (1, 3) S9 (1, 3) S10 (1, 3) S11 (1, 3) S12 (1, 3) S13 (1, 3) ];
>> y3

y3=

   -0.0000    -0.0102    0.0038    0.0381    0.0622    0.0483    0   -0.0483
-0.0622    -0.0381    -0.0038    0.0102    0.0000

>> y4= [S1 (2, 2) S2 (2, 2) S3 (2, 2) S4 (2, 2) S5 (2, 2) S6 (2, 2) S7 (2, 2)
S8 (2, 2) S9 (2, 2) S10 (2, 2) S11 (2, 2) S12 (2, 2) S13 (2, 2) ];
>> y4

y4=

   0.0065    0.0200    0.0508    0.0783    0.0889    0.0860    0.0826
0.0860    0.0889    0.0783    0.0508    0.0200    0.0065
>> y5= [S1 (2, 3) S2 (2, 3) S3 (2, 3) S4 (2, 3) S5 (2, 3) S6 (2, 3) S7 (2, 3)
S8 (2, 3) S9 (2, 3) S10 (2, 3) S11 (2, 3) S12 (2, 3) S13 (2, 3) ];
>> y5

y5=

   0.0000    0.0483    0.0622    0.0381    0.0038    -0.0102    0
0.0102    -0.0038    -0.0381    -0.0622    -0.0483    -0.0000

>> y6= [S1 (3, 3) S2 (3, 3) S3 (3, 3) S4 (3, 3) S5 (3, 3) S6 (3, 3) S7 (3, 3)
S8 (3, 3) S9 (3, 3) S10 (3, 3) S11 (3, 3) S12 (3, 3) S13 (3, 3) ];
>> y6
```

y6＝

0.2273　0.1935　0.1260　0.0923　0.1260　0.1935　0.2273
0.1935　0.1260　0.0923　0.1260　0.1935　0.2273

（5）绘制变化关系曲线，如图 3-32 所示

```
>>plot (x, y1, 'k-+', x, y2, 'r-s', x, y3, 'r-p', x, y4, 'm-o', x, y5, 'k-*', x, y6, 'm-^')
>> xlabel ('\theta (degrees)');
>> ylabel ('S^{-}_{11}, S^{-}_{12}, S^{-}_{16}, S^{-}_{22}, S^{-}_{26}, S^{-}_{66}, GPa^-1');
>> hold on
>> legend ('S^{-}_{11}', 'S^{-}_{12}', 'S^{-}_{16}', 'S^{-}_{22}', 'S^{-}_{26}', 'S^{-}_{66}')
```

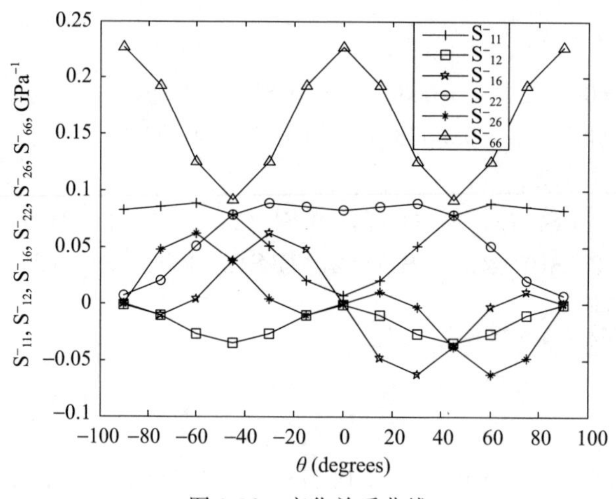

图 3-32　变化关系曲线

例题 3-7　石墨纤维增强聚合物复合材料单层板的工程弹性常数同例题 3-5。使用 MATLAB 软件绘制弹性常数 E_x、ν_{xy}、E_y、ν_{yx} 与 G_{xy} 随纤维方向角 θ（$-90° < \theta < 90°$）的变化关系曲线。

解：（1）纤维方向角 θ 取值以 10°为增量

```
>> x= [-90 -80 -70 -60 -50 -40 -30 -20 -10 0 10 20 30 40 50 60 70 80 90]

x=

  -90 -80 -70 -60 -50 -40 -30 -20 -10 0 10 20 30 40
  50 60 70 80 90
```

（2）用 Ex 程序计算 θ 取上述值时的弹性常数 E_x，绘制关系曲线如图 3-33（a）

所示

```
>> Ex1=Ex (155.0, 12.10, 0.248, 4.40, -90);
>> Ex2=Ex (155.0, 12.10, 0.248, 4.40, -80);
>> Ex3=Ex (155.0, 12.10, 0.248, 4.40, -70);
>> Ex4=Ex (155.0, 12.10, 0.248, 4.40, -60);
>> Ex5=Ex (155.0, 12.10, 0.248, 4.40, -50);
>> Ex6=Ex (155.0, 12.10, 0.248, 4.40, -40);
>> Ex7=Ex (155.0, 12.10, 0.248, 4.40, -30);
>> Ex8=Ex (155.0, 12.10, 0.248, 4.40, -20);
>> Ex9=Ex (155.0, 12.10, 0.248, 4.40, -10);
>> Ex10=Ex (155.0, 12.10, 0.248, 4.40, 0);
>> Ex11=Ex (155.0, 12.10, 0.248, 4.40, 10);
>> Ex12=Ex (155.0, 12.10, 0.248, 4.40, 20);
>> Ex13=Ex (155.0, 12.10, 0.248, 4.40, 30);
>> Ex14=Ex (155.0, 12.10, 0.248, 4.40, 40);
>> Ex15=Ex (155.0, 12.10, 0.248, 4.40, 50);
>> Ex16=Ex (155.0, 12.10, 0.248, 4.40, 60);
>> Ex17=Ex (155.0, 12.10, 0.248, 4.40, 70);
>> Ex18=Ex (155.0, 12.10, 0.248, 4.40, 80);
>> Ex19=Ex (155.0, 12.10, 0.248, 4.40, 90);
>> y1= [Ex1 Ex2 Ex3 Ex4 Ex5 Ex6 Ex7 Ex8 Ex9 Ex10 Ex11 Ex12 Ex13 Ex14 Ex15
Ex16Ex17 Ex18 Ex19]

y1=

    12.1000     11.8632     11.4059     11.2480     11.9204     14.1524
19.6820    34.1218    78.7623  155.0000    78.7623    34.1218    19.6820
14.1524    11.9204    11.2480    11.4059    11.8632    12.1000

>>  plot (x, y1)
>> xlabel ('\ theta (degrees) ');
>> ylabel ('E_x (GPa) ');
```

（3）用 NUxy 程序计算 θ 取上述值时的弹性常数 ν_{xy}，绘制关系曲线如图 3-33（b）所示

```
>> NUxy1=NUxy (155.0, 12.10, 0.248, 4.40, -90);
>> NUxy2=NUxy (155.0, 12.10, 0.248, 4.40, -80);
>> NUxy3=NUxy (155.0, 12.10, 0.248, 4.40, -70);
>> NUxy4=NUxy (155.0, 12.10, 0.248, 4.40, -60);
>> NUxy5=NUxy (155.0, 12.10, 0.248, 4.40, -50);
>> NUxy6=NUxy (155.0, 12.10, 0.248, 4.40, -40);
```

```
>> NUxy7=NUxy (155.0, 12.10, 0.248, 4.40, -30);
>> NUxy8=NUxy (155.0, 12.10, 0.248, 4.40, -20);
>> NUxy9=NUxy (155.0, 12.10, 0.248, 4.40, -10);
>> NUxy10=NUxy (155.0, 12.10, 0.248, 4.40, 0);
>> NUxy11=NUxy (155.0, 12.10, 0.248, 4.40, 10);
>> NUxy12=NUxy (155.0, 12.10, 0.248, 4.40, 20);
>> NUxy13=NUxy (155.0, 12.10, 0.248, 4.40, 30);
>> NUxy14=NUxy (155.0, 12.10, 0.248, 4.40, 40);
>> NUxy15=NUxy (155.0, 12.10, 0.248, 4.40, 50);
>> NUxy16=NUxy (155.0, 12.10, 0.248, 4.40, 60);
>> NUxy17=NUxy (155.0, 12.10, 0.248, 4.40, 70);
>> NUxy18=NUxy (155.0, 12.10, 0.248, 4.40, 80);
>> NUxy19=NUxy (155.0, 12.10, 0.248, 4.40, 90);
>> y2= [NUxy1 NUxy2 NUxy3 NUxy4 NUxy5 NUxy6 NUxy7 NUxy8 NUxy9
NUxy10 NUxy11 NUxy12 NUxy13 NUxy14 NUxy15 NUxy16 NUxy17 NUxy18
NUxy19]

y2=

    0.0194    0.0640    0.1615    0.2577    0.3303    0.3785    0.4058
0.4107    0.3670    0.2480    0.3670    0.4107    0.4058    0.3785    0.3303
    0.2577    0.1615    0.0640    0.0194

>> plot (x, y2)
>> xlabel ('\ theta (degrees) ');
>> ylabel ('\ nu_{xy} ');
```

（4）用Ey程序计算 θ 取上述值时的弹性常数 E_y，绘制关系曲线如图3-33（c）所示

```
>> Ey1=Ey (155.0, 12.10, 0.248, 4.40, -90);
>> Ey2=Ey (155.0, 12.10, 0.248, 4.40, -80);
>> Ey3=Ey (155.0, 12.10, 0.248, 4.40, -70);
>> Ey4=Ey (155.0, 12.10, 0.248, 4.40, -60);
>> Ey5=Ey (155.0, 12.10, 0.248, 4.40, -50);
>> Ey6=Ey (155.0, 12.10, 0.248, 4.40, -40);
>> Ey7=Ey (155.0, 12.10, 0.248, 4.40, -30);
>> Ey8=Ey (155.0, 12.10, 0.248, 4.40, -20);
>> Ey9=Ey (155.0, 12.10, 0.248, 4.40, -10);
>> Ey10=Ey (155.0, 12.10, 0.248, 4.40, 0);
>> Ey11=Ey (155.0, 12.10, 0.248, 4.40, 10);
>> Ey12=Ey (155.0, 12.10, 0.248, 4.40, 20);
```

```
>> Ey13=Ey (155.0, 12.10, 0.248, 4.40, 30);
>> Ey14=Ey (155.0, 12.10, 0.248, 4.40, 40);
>> Ey15=Ey (155.0, 12.10, 0.248, 4.40, 50);
>> Ey16=Ey (155.0, 12.10, 0.248, 4.40, 60);
>> Ey17=Ey (155.0, 12.10, 0.248, 4.40, 70);
>> Ey18=Ey (155.0, 12.10, 0.248, 4.40, 80);
>> Ey19=Ey (155.0, 12.10, 0.248, 4.40, 90);
>> y3= [Ey1 Ey2 Ey3 Ey4 Ey5 Ey6 Ey7 Ey8 Ey9 Ey10 Ey11 Ey12 Ey13 Ey14 Ey15
Ey16 Ey17 Ey18 Ey19]

y3=
   155.0000    86.2721    39.3653    22.8718    16.2611    13.3820
12.2222    11.9374    12.0208    12.1000    12.0208    11.9374    12.2222
   13.3820    16.2611    22.8718    39.3653    86.2721    155.0000

>> plot (x, y3)
>> xlabel ('\ theta (degrees) ');
>> ylabel ('E_y (GPa) ');
```

（5）用NUyx程序计算θ取上述值时的弹性常数ν_{yx}，绘制关系曲线如图3-33（d）所示

```
   NUyx1=NUyx (155.0, 12.10, 0.248, 4.40, -90);
>> NUyx2=NUyx (155.0, 12.10, 0.248, 4.40, -80);
>> NUyx3=NUyx (155.0, 12.10, 0.248, 4.40, -70);
>> NUyx4=NUyx (155.0, 12.10, 0.248, 4.40, -60);
>> NUyx5=NUyx (155.0, 12.10, 0.248, 4.40, -50);
>> NUyx6=NUyx (155.0, 12.10, 0.248, 4.40, -40);
>> NUyx7=NUyx (155.0, 12.10, 0.248, 4.40, -30);
>> NUyx8=NUyx (155.0, 12.10, 0.248, 4.40, -20);
>> NUyx9=NUyx (155.0, 12.10, 0.248, 4.40, -10);
>> NUyx10=NUyx (155.0, 12.10, 0.248, 4.40, 0);
>> NUyx11=NUyx (155.0, 12.10, 0.248, 4.40, 10);
>> NUyx12=NUyx (155.0, 12.10, 0.248, 4.40, 20);
>> NUyx13=NUyx (155.0, 12.10, 0.248, 4.40, 30);
>> NUyx14=NUyx (155.0, 12.10, 0.248, 4.40, 40);
>> NUyx15=NUyx (155.0, 12.10, 0.248, 4.40, 50);
>> NUyx16=NUyx (155.0, 12.10, 0.248, 4.40, 60);
>> NUyx17=NUyx (155.0, 12.10, 0.248, 4.40, 70);
>> NUyx18=NUyx (155.0, 12.10, 0.248, 4.40, 80);
>> NUyx19=NUyx (155.0, 12.10, 0.248, 4.40, 90);
>> y4 = [NUyx1 NUyx2 NUyx3 NUyx4 NUyx5 NUyx6 NUyx7 NUyx8 NUyx9
```

```
NUyx10 NUyx11 NUyx12 NUyx13 NUyx14 NUyx15 NUyx16 NUyx17 NUyx18
NUyx19]

y4=

    3.1769    2.0134    1.2020    0.8855    0.7165    0.5896    0.4732
0.3645    0.2805    0.2480    0.2805    0.3645    0.4732    0.5896    0.7165
0.8855    1.2020    2.0134    3.1769

>> plot (x, y4)
>> xlabel ('\ theta (degrees) ');
>> ylabel ('\ nu_{yx} ');
```

（6）用 Gxy 程序计算 θ 取上述值时的弹性常数 G_{xy}，绘制关系曲线如图 3-33（e）所示

```
>> Gxy1=Gxy (155.0, 12.10, 0.248, 4.40, -90);
>> Gxy2=Gxy (155.0, 12.10, 0.248, 4.40, -80);
>> Gxy3=Gxy (155.0, 12.10, 0.248, 4.40, -70);
>> Gxy4=Gxy (155.0, 12.10, 0.248, 4.40, -60);
>> Gxy5=Gxy (155.0, 12.10, 0.248, 4.40, -50);
>> Gxy6=Gxy (155.0, 12.10, 0.248, 4.40, -40);
>> Gxy7=Gxy (155.0, 12.10, 0.248, 4.40, -30);
>> Gxy8=Gxy (155.0, 12.10, 0.248, 4.40, -20);
>> Gxy9=Gxy (155.0, 12.10, 0.248, 4.40, -10);
>> Gxy10=Gxy (155.0, 12.10, 0.248, 4.40, 0);
>> Gxy11=Gxy (155.0, 12.10, 0.248, 4.40, 10);
>> Gxy12=Gxy (155.0, 12.10, 0.248, 4.40, 20);
>> Gxy13=Gxy (155.0, 12.10, 0.248, 4.40, 30);
>> Gxy14=Gxy (155.0, 12.10, 0.248, 4.40, 40);
>> Gxy15=Gxy (155.0, 12.10, 0.248, 4.40, 50);
>> Gxy16=Gxy (155.0, 12.10, 0.248, 4.40, 60);
>> Gxy17=Gxy (155.0, 12.10, 0.248, 4.40, 70);
>> Gxy18=Gxy (155.0, 12.10, 0.248, 4.40, 80);
>> Gxy19=Gxy (155.0, 12.10, 0.248, 4.40, 90);
>> y5= [Gxy1 Gxy2 Gxy3 Gxy4 Gxy5 Gxy6 Gxy7 Gxy8 Gxy9 Gxy10 Gxy11 Gxy12
Gxy13 Gxy14 Gxy15 Gxy16 Gxy17 Gxy18 Gxy19]

y5=

    4.4000    4.7285    5.8308    7.9340    10.3771    10.3771    7.9340
5.8308    4.7285    4.4000    4.7285    5.8308    7.9340    10.3771
10.3771    7.9340    5.8308    4.7285    4.4000
```

```
>>  plot (x, y5)
>> xlabel ('\ theta (degrees) ');
>> ylabel ('G_{xy} (GPa) ');
```

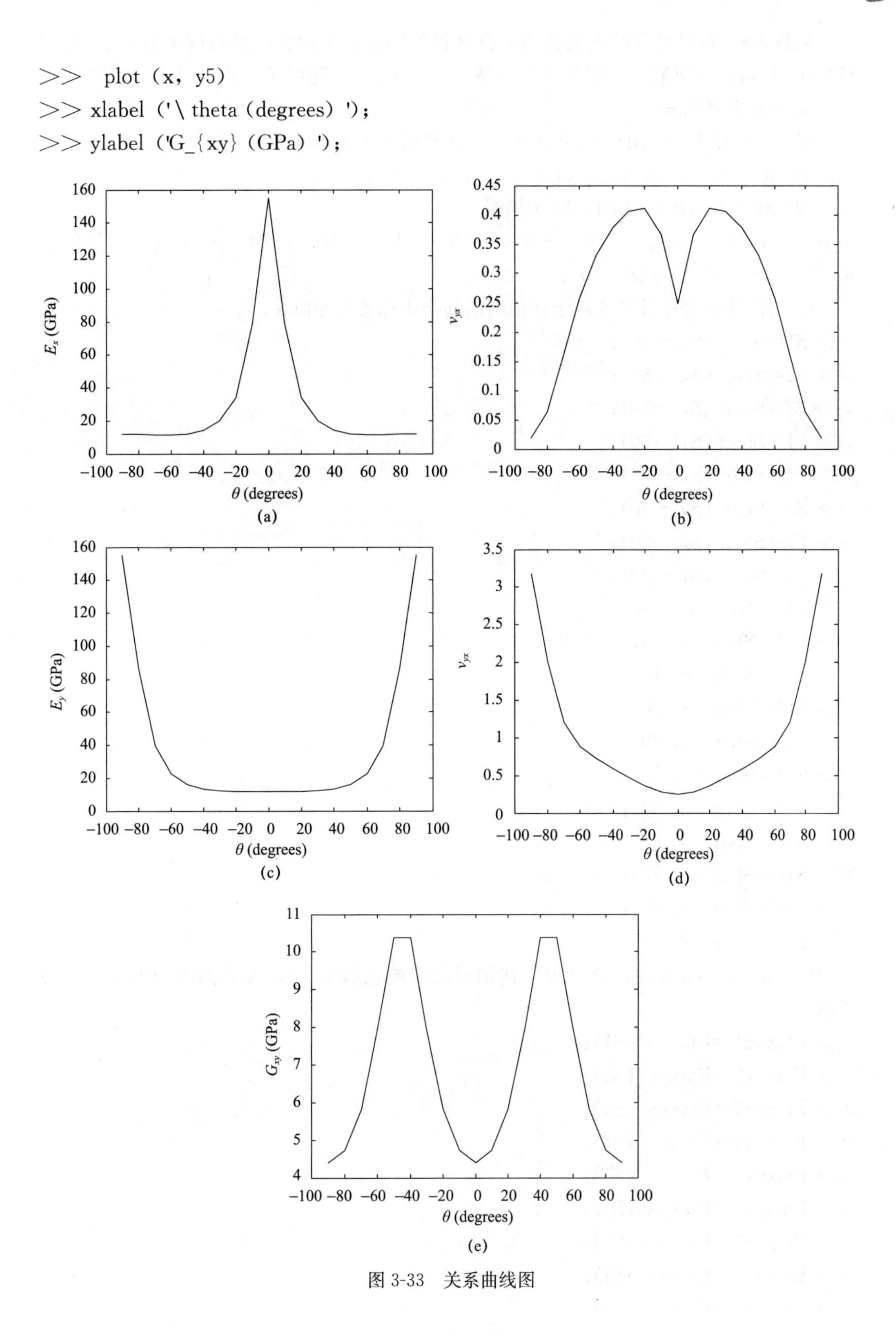

图 3-33 关系曲线图

例题 3-8 石墨纤维增强聚合物复合材料单层板的工程弹性常数同例题 3-5。使用 MATLAB 软件绘制第二类相互影响系数 $\eta_{xy,x}$ 和 $\eta_{xy,y}$ 随纤维方向角 θ（$-90° < \theta < 90°$）的变化关系曲线。

解：(1) 用 Reduced Compliance 程序计算折算柔度矩阵

```
>> S=Reduced Compliance (155.0, 12.10, 0.248, 4.40);
```

(2) 纤维方向角 θ 取值以 10°为增量

```
>> x= [-90 -80 -70 -60 -50 -40 -30 -20 -10 0 10 20
30 40 50 60 70 80 90];
```

(3) 用 Sbar 程序计算 θ 取上述值时的转换折算柔度矩阵 $\bar{\boldsymbol{S}}$

```
>> S1=Sbar (S, -90);
>> S2=Sbar (S, -80);
>> S3=Sbar (S, -70);
>> S4=Sbar (S, -60);
>> S5=Sbar (S, -50);
>> S6=Sbar (S, -40);
>> S7=Sbar (S, -30);
>> S8=Sbar (S, -20);
>> S9=Sbar (S, -10);
>> S10=Sbar (S, 0);
>> S11=Sbar (S, 10);
>> S12=Sbar (S, 20);
>> S13=Sbar (S, 30);
>> S14=Sbar (S, 40);
>> S15=Sbar (S, 50);
>> S16=Sbar (S, 60);
>> S17=Sbar (S, 70);
>> S18=Sbar (S, 80);
>> S19=Sbar (S, 90);
```

(4) 用 Etaxyx 程序计算 θ 取上述值时的影响系数 $\eta_{xy,x}$，关系曲线如图 3-34 (a) 所示

```
>> Etaxyx1=Etaxyx (S1);
>> Etaxyx2=Etaxyx (S2);
>> Etaxyx3=Etaxyx (S3);
>> Etaxyx4=Etaxyx (S4);
>> Etaxyx5=Etaxyx (S5);
>> Etaxyx6=Etaxyx (S6);
>> Etaxyx7=Etaxyx (S7);
>> Etaxyx8=Etaxyx (S8);
>> Etaxyx9=Etaxyx (S9);
```

```
>> Etaxyx10=Etaxyx (S10);
>> Etaxyx11=Etaxyx (S11);
>> Etaxyx12=Etaxyx (S12);
>> Etaxyx13=Etaxyx (S13);
>> Etaxyx14=Etaxyx (S14);
>> Etaxyx15=Etaxyx (S15);
>> Etaxyx16=Etaxyx (S16);
>> Etaxyx17=Etaxyx (S17);
>> Etaxyx18=Etaxyx (S18);
>> Etaxyx19=Etaxyx (S19);
>> y6 = [Etaxyx1 Etaxyx2 Etaxyx3 Etaxyx4 Etaxyx5 Etaxyx6 Etaxyx7 Etaxyx8
Etaxyx9 Etaxyx10 Etaxyx11 Etaxyx12 Etaxyx13 Etaxyx14 Etaxyx15 Etaxyx16
Etaxyx17 Etaxyx18 Etaxyx19]

y6=
    -0.0000   -0.1027   -0.0997   0.0424   0.3096   0.6943   1.2245
1.9695   2.7346   0   -2.7346   -1.9695   -1.2245   -0.6943   -0.3096
-0.0424   0.0997   0.1027   0.0000

>>  plot (x, y6)
>>  xlabel ('\theta (degrees) ');
>> ylabel ('\eta_{xy, x} ');
```

(5) 用 Etaxyy 程序计算 θ 取上述值时的影响系数 $\eta_{xy,y}$，关系曲线如图 3-34（b）所示

```
>> Etaxyy1=Etaxyy (S1);
>> Etaxyy2=Etaxyy (S2);
>> Etaxyy3=Etaxyy (S3);
>> Etaxyy4=Etaxyy (S4);
>> Etaxyy5=Etaxyy (S5);
>> Etaxyy6=Etaxyy (S6);
>> Etaxyy7=Etaxyy (S7);
>> Etaxyy8=Etaxyy (S8);
>> Etaxyy9=Etaxyy (S9);
>> Etaxyy10=Etaxyy (S10);
>> Etaxyy11=Etaxyy (S11);
>> Etaxyy12=Etaxyy (S12);
>> Etaxyy13=Etaxyy (S13);
>> Etaxyy14=Etaxyy (S14);
>> Etaxyy15=Etaxyy (S15);
```

```
>> Etaxyy16=Etaxyy (S16);
>> Etaxyy17=Etaxyy (S17);
>> Etaxyy18=Etaxyy (S18);
>> Etaxyy19=Etaxyy (S19);
>> y7 = [Etaxyy1 Etaxyy2 Etaxyy3 Etaxyy4 Etaxyy5 Etaxyy6 Etaxyy7 Etaxyy8
Etaxyy9 Etaxyy10 Etaxyy11 Etaxyy12 Etaxyy13 Etaxyy14 Etaxyy15 Etaxyy16 Etaxyy17
Etaxyy18 Etaxyy19]

y7=

   0.0000    2.7346    1.9695    1.2245    0.6943    0.3096    0.0424   -0.0997
  -0.1027    0    0.1027    0.0997   -0.0424   -0.3096   -0.6943   -1.2245
  -1.9695   -2.7346   -0.0000

>> plot (x, y7)
>> xlabel ('\theta (degrees) ');
>> ylabel ('\eta_{xy, y} ');
```

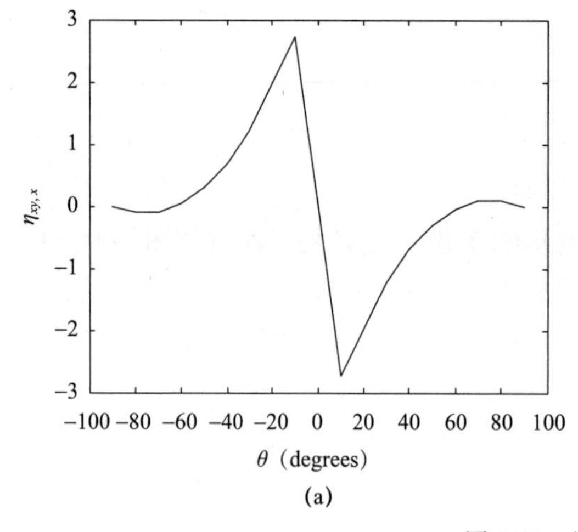

(a)

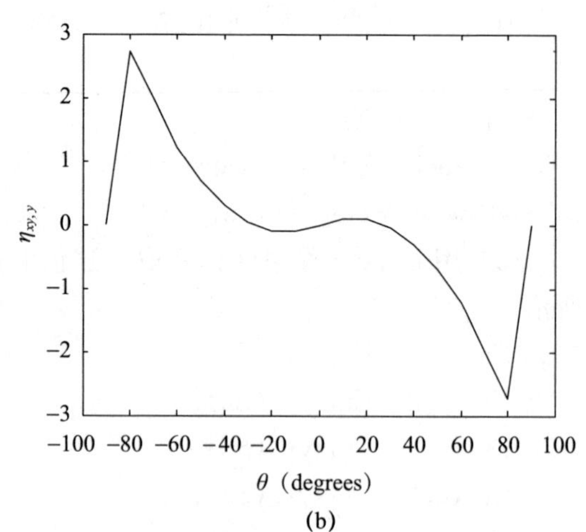

(b)

图 3-34　关系曲线图

习　题

3-1　已知正交各向异性单层材料的折减刚度矩阵中的各个元素

$$Q_{11}=C_{11}-\frac{C_{13}^2}{C_{33}},\ Q_{22}=C_{22}-\frac{C_{23}^2}{C_{33}},\ Q_{12}=C_{12}-\frac{C_{13}C_{23}}{C_{33}},\ Q_{66}=C_{66}$$

试证明式中 C_{11}、C_{22}、C_{33}、C_{12}、C_{13}、C_{23}、C_{66} 为刚度矩阵中的元素。

3-2　已知某正交各向异性单层复合材料的材料常数 $E_1=39.0\text{GPa}$，$E_2=13.0\text{GPa}$，$G_{12}=4.2\text{GPa}$，$\nu_{12}=0.25$，试求折算刚度矩阵 $\boldsymbol{Q}$ 和柔度矩阵 $\boldsymbol{S}$。

3-3　已知某正交各向异性单层复合材料的材料常数 $E_1=210\text{GPa}$，$E_2=5.25\text{GPa}$，$G_{12}=2.6\text{GPa}$，$\nu_{12}=0.28$，试求折减刚度矩阵 $\boldsymbol{Q}$ 和柔度矩阵 $\boldsymbol{S}$ 并验证其互逆性。

3-4　已知 HT3/QY8911 单层复合材料的弹性主方向应力 $\sigma_1=80\text{MPa}$，$\sigma_2=30\text{MPa}$，$\tau_{12}=0$，材料常数如表 3-1 所示。试求此应力状态下材料主方向的应变。

3-5　已知 HT3/QY5224 单层复合材料非弹性主方向（$\theta=45°$）应力 $\sigma_x=80\text{MPa}$，$\sigma_y=30\text{MPa}$，$\tau_{xy}=0$，材料常数如表 3-1 所示。试求此应力状态下非弹性主方向的应变和主方向的应力。

3-6　证明 $\bar{Q}_{11}+\bar{Q}_{22}+2\bar{Q}_{12}=Q_{11}+Q_{22}+2Q_{12}$，即 $Q_{11}+Q_{22}+2Q_{12}$ 为坐标转换不变量。

3-7　HT3/QY8911 单层复合材料的材料常数如表 3-1 所示，试求 $\theta=45°$时的转换折算柔度矩阵 $\bar{\boldsymbol{S}}$ 和转换折算刚度矩阵 $\bar{\boldsymbol{Q}}$。

3-8　试确定纤维方向为 45°时单层复合材料的泊松比，材料属性为 $E_1/E_2=3$，$G_{12}/E_2=0.5$，$\nu_{12}=0.25$。

3-9　HT3/QY5224 单层复合材料的材料常数如表 3-1 所示，用 MATLAB 程序计算 $\theta=30°$、$60°$、$75°$时的转换折算柔度矩阵 $\bar{\boldsymbol{S}}$ 和转换折算刚度矩阵 $\bar{\boldsymbol{Q}}$。

3-10　HT3/QY5224 单层复合材料的材料常数如表 3-1 所示，用 MATLAB 程序计算 $\theta=30°$、$60°$、$75°$时的工程弹性常数和耦合系数。

3-11　HT3/QY5224 单层复合材料的基本强度如表 3-2 所示，试分别用最大应力理论、蔡-希尔破坏理论、霍夫曼破坏理论和蔡-胡张量理论确定工作应力 $\sigma_1=300\text{MPa}$，$\sigma_2=-80\text{MPa}$，$\tau_{12}=40\text{MPa}$ 时的材料强度。

3-12　试推导图 3-21 所示应力状态下，单层复合材料的蔡-希尔破坏理论为：

$$K_1\sigma_x^2+K_2\sigma_x\tau_{xy}+K_3\tau_{xy}^2=X^2$$

式中

$$K_1=\cos^4\theta+\left(\frac{X^2}{S^2}-1\right)\sin^2\theta\cos^2\theta+\frac{X^2}{Y^2}\sin^4\theta$$

$$K_2=\left(6-\frac{2X^2}{S^2}\right)\sin\theta\cos^3\theta+\left(2-4\frac{X^2}{Y^2}+2\frac{X^2}{S^2}\right)\sin^3\theta\cos\theta$$

$$K_3=\frac{X^2}{S^2}(\cos^4\theta+\sin^4\theta)+\left(8+4\frac{X^2}{Y^2}-2\frac{X^2}{S^2}\right)\sin^2\theta\cos^2\theta$$

3-13 已知某单层复合材料在非弹性主方向 $\theta=30°$ 时的应力 $\sigma_x=160\text{MPa}$，$\sigma_y=60\text{MPa}$，$\tau_{xy}=20\text{MPa}$；其材料基本强度 $X=1000\text{MPa}$，$Y=100\text{MPa}$，$S=40\text{MPa}$。试分别用最大应力理论和蔡-希尔破坏理论判断其强度。

3-14 某单元体的应力状态为 $\sigma_x=\sigma_y=0$，$\tau_{xy}=\sigma$，其材料基本强度 $X=1000\text{MPa}$，$Y=S=40\text{MPa}$。试用最大应力理论和蔡-希尔破坏理论确定 θ 分别为 0、45°、90°时 σ 的值。

3-15 已知玻璃/环氧单层复合材料的工程弹性常数 $E_1=53.78\text{GPa}$，$E_2=17.93\text{GPa}$，$G_{12}=8.62\text{GPa}$，$\nu_{12}=0.25$，基本强度 $X=1035.0\text{MPa}$，$Y=27.5\text{MPa}$，$S=41.2\text{MPa}$。工作应力 $\sigma_1=16\left(\frac{N_x}{t}\right)\text{kPa}$，$\sigma_2=0.9\left(\frac{N_x}{t}\right)\text{kPa}$，$\tau_{12}=0$。试采用蔡-希尔破坏理论求该单层材料的最大许可荷载 $\frac{N_x}{t}$。

3-16 已知玻璃/环氧单层复合材料的工程弹性常数 $E_1=53.78\text{GPa}$，$E_2=17.93\text{GPa}$，$G_{12}=8.62\text{GPa}$，$\nu_{12}=0.25$；基本强度 $X=1035.0\text{MPa}$，$Y=27.5\text{MPa}$，$S=41.2\text{MPa}$；$\theta=-15°$ 时的工作应力 $\sigma_x=6.7\left(\frac{N_x}{t}\right)\text{kPa}$，$\sigma_y=0$，$\tau_{xy}=-0.7\left(\frac{N_x}{t}\right)\text{kPa}$。试采用蔡-希尔破坏理论求该单层材料的最大许可荷载 $\frac{N_x}{t}$。

4　复合材料单层的细观力学分析

复合材料单层是非均匀的多相材料，单层的性能与其组分材料的性能和含量直接相关。复合材料细观力学分析方法根据组分材料的弹性性能、强度及含量来预测单层的性能，为复合材料的设计提供了理论和方法。本章主要介绍细观力学的基本假设、工程弹性常数、基本强度的细观力学预测方法以及工程弹性常数的极限分析。

4.1　细观力学的基本假设

复合材料的宏观力学分析基于经典层合板理论，将组成层合板的各单层看作均匀的各向异性板，解决了复合材料层合板的刚度和强度分析问题，为复合材料的结构设计提供了理论和方法。表征复合材料宏观力学性能的工程弹性常数、基本强度等均可通过试验获得。

但实际上复合材料单层是非均匀的多相材料，而纤维和基体可视为均质的、各向同性的。作为承载主体的纤维具有较高的强度和刚度，是密实的、性能稳定的。基体的力学性能较弱，但对复合材料结构的完整性具有重要作用。因此复合材料单层的性能首先取决于其组分材料的性能和含量。其次，通常基体中存在空隙，复合材料的强度与空隙密切相关。最后，纤维与基体间界面黏结的完好性对复合材料的力学性能亦有影响。然而基体中的空隙含量比和界面黏结程度可通过制造工艺控制。因此，根据组分材料的弹性性能、强度、含量，以及界面的黏结程度，应用细观力学的分析方法来预测单层的性能时，应对复合材料单层作出如下假设。

（1）复合材料单层是宏观均质的、线弹性的、正交各向异性的，且无初应力（如无固化应力）。

（2）增强材料（纤维）是均质的、线弹性的、各向同性的（如玻璃纤维）或横观各向同性的（如石墨纤维，硼纤维），排列规则且取向清晰。

（3）基体材料是均质的、线弹性的、各向同性的，空隙可忽略不计。

（4）纤维与基体的界面黏结完好，无缺陷。

为了对复合材料进行细观力学研究，必须建立合理的分析模型，这种模型是从复合材料中选取的一种体积单元，称为代表性体积单元（Representative Volume Element，RVE），如图 4-1 所示。体积单元必须小到足以表示材料的细观结构特征（单元中至少要有一根纤维），又要大到足以代表复合材料的全部物理性能。代表性体积单元宏观上是均质的，用具有平均应力-应变关系的均质化材料来代替，细观上是不均质的，应力和应变也是不均匀的。代表性体积单元选定后，边界条件也随之确定。边界条件必须与复合材料内的真实条件相同。

纤维与基体的相对比例是决定复合材料性能的重要因素，常用质量分数和体积含量表示各组分材料所占的比例。质量分数在制造过程中通过试验办法很容易确定，而体积含量往往通过理论分析确定。在复合材料细观力学分析中，以单层复合材料为研究对象时，从单层复合材料中取代表性体积单元，如图 4-2（a）所示。体积单元的细观结构特征为：一根纤维被部分基体包围，长度为 l，宽度为 w，厚度为 t，单元中的纤维体积含量与复合材料相同。为便于计算，再将体积单元进行简化，如图 4-2（b）所示，即把纤维的圆形横截面改为矩形，并保持截面面积不变。

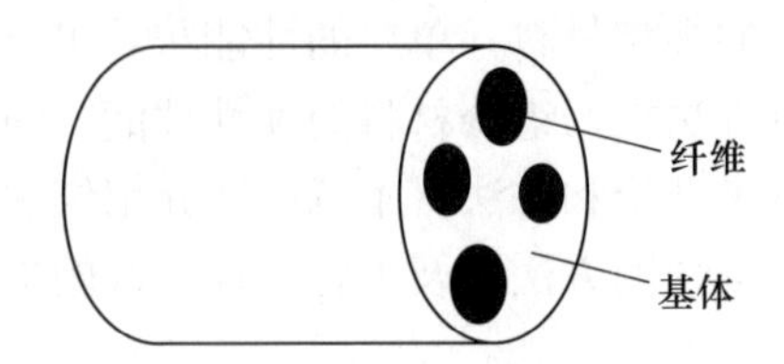

图 4-1　代表性体积单元

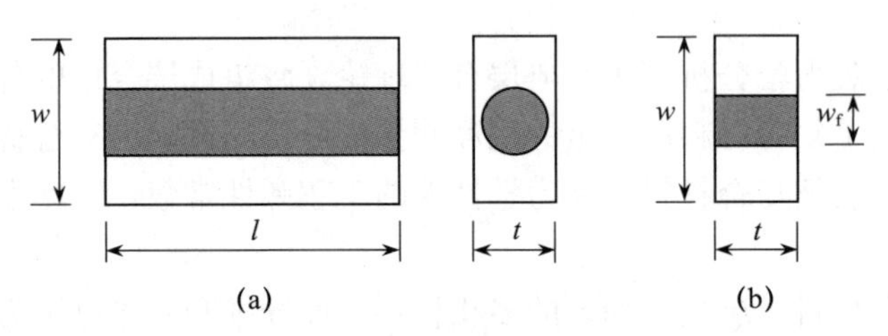

图 4-2　复合材料单层中代表性体积单元

基于基体材料中无空隙的假设，则体积单元的宽度 w 等于纤维的宽度 w_f 和基体宽度 w_m 之和，即：

$$w=w_f+w_m$$

体积单元（复合材料）中纤维体积含量（Fiber Volume Fraction）和基体体积含量（Matrix Volume Fraction）分别为：

$$c_f=\frac{V_f}{V}=\frac{A_f}{A}=\frac{w_f}{w} \qquad c_m=\frac{V_m}{V}=\frac{A_m}{A}=\frac{w_m}{w}$$

且

$$c_f+c_m=1$$

4.2　刚度的材料力学分析方法

复合材料细观力学分析方法可分为数值分析方法（如有限元方法）、材料力学分析方法和弹性力学分析方法。材料力学分析方法比较简单。不同的模型、不同的分析方法会产生不同的结果。因此，复合材料的试验验证就显得格外重要。有些力学性能的预测将细观力学分析结果与宏观试验结果相结合，也就是半经验方法。

材料力学分析方法中的假设：在单向纤维复合材料中，纤维和基体在纤维方向上的应变是相同的（等应变）。这样垂直于 1 轴的截面在受载前为平面，在受载后仍保持为平面，这是材料力学中的平面假设。在此基础上可推导出正交各向异性表观弹性常数 $\bar{E}_1$、$\bar{E}_2$、$\bar{\nu}_{12}$、$\bar{G}_{12}$ 的材料力学表达式，下面把字母上的横杠省略，简记为 E_1、E_2、ν_{12}、G_{12}。

4.2.1 纵向弹性模量 E_1 和泊松比 ν_{12}

设代表性体积单元在 1 方向受到拉伸应力 σ_1 的作用，伸长量为 Δl，如图 4-3 所示。根据之前的假设，纤维和基体沿纤维方向的应变相等，均等于单层复合材料的纵向应变 ε_1，即：

$$\varepsilon_f=\varepsilon_m=\varepsilon_1=\frac{\Delta l}{l}$$

根据胡克定律，则纤维和基体承受的应力分别为：

$$\sigma_f=E_f\varepsilon_f=E_f\varepsilon_1 \qquad \sigma_m=E_m\varepsilon_m=E_m\varepsilon_1$$

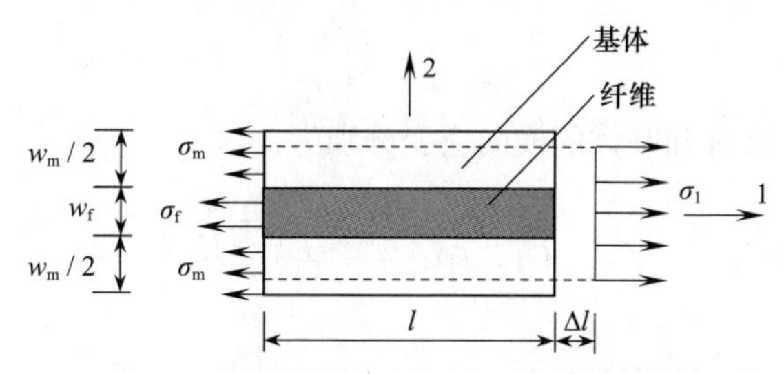

图 4-3 代表性体积单元 1 方向受力示意图

平均应力 σ_1 作用在体积单元横截面面积 A 上，纤维应力 σ_f 作用在纤维横截面面积 A_f 上，基体应力 σ_m 作用在基体横截面面积 A_m 上，根据静力平衡关系，则作用在体积单元上的合力为：

$$F_1=\sigma_1 A=\sigma_f A_f+\sigma_m A_m$$

由于体积单元上的应力 $\sigma_1=E_1\varepsilon_1$，于是可得复合材料沿纵向的弹性模量（纵向刚度）为：

$$E_1=E_f\frac{A_f}{A}+E_m\frac{A_m}{A}=E_f c_f+E_m c_m \tag{4-1}$$

式中，c_f 和 c_m 分别表示纤维和基体的体积含量比。由于 $c_f+c_m=1$，式（4-1）也可写成

$$E_1=E_f c_f+E_m(1-c_f) \tag{4-2}$$

式（4-1）或式（4-2）是复合材料沿纵向的弹性模量混合律，它表明：当 c_f 从 0～1 变化时，E_1 从 E_m 线性变化到 E_f，如图 4-4 所示。该分析模型称为并联模型。

设代表性体积单元长度为 l，宽度为 w，且 $w=w_f+w_m$。当体积单元在 1 方向受拉伸应力 σ_1 作用时，引起纤维和基体的横向应变（2 方向）分别为：

$$\varepsilon_{f2}=-\nu_f\varepsilon_f=-\nu_f\varepsilon_1 \qquad \varepsilon_{m2}=-\nu_m\varepsilon_m=-\nu_m\varepsilon_1$$

式中，ν_f 和 ν_m 分别表示纤维与基体的泊松比。体积单元的横向变形为纤维横向变形 Δw_f 和基体横向变形 Δw_m 之和，即：

$$\Delta w=\Delta w_f+\Delta w_m=w_f\varepsilon_{f2}+w_f\varepsilon_{m2}=-w_f\nu_f\varepsilon_1-w_m\nu_m\varepsilon_1$$

体积单元的横向应变为：

$$\varepsilon_2=-\nu_{12}\varepsilon_1=\frac{\Delta w}{w}=-\frac{w_f}{w}\nu_f\varepsilon_1-\frac{w_m}{w}\nu_m\varepsilon_1$$

于是，可得复合材料的泊松比为：

$$\nu_{12}=\nu_{\mathrm{f}}\frac{w_{\mathrm{f}}}{w}+\nu_{\mathrm{m}}\frac{w_{\mathrm{m}}}{w}=\nu_{\mathrm{f}}c_{\mathrm{f}}+\nu_{\mathrm{m}}c_{\mathrm{m}}=\nu_{\mathrm{f}}c_{\mathrm{f}}+\nu_{\mathrm{m}}(1-c_{\mathrm{f}}) \tag{4-3}$$

可见，复合材料的泊松比也服从弹性模量混合律，ν_{12} 与 c_{f} 之间也是线性关系，如图 4-5 所示。

4.2.2 横向弹性模量 E_2

设代表性体积单元在 2 方向受到横向应力 σ_2 的作用，横向变形为 Δw，如图 4-6 所示。根据沿 2 方向的平衡条件，纤维和基体必承受相等的横向应力，且等于体积单元受到的横向应力，即：

$$\sigma_{\mathrm{f2}}=\sigma_{\mathrm{m2}}=\sigma_2$$

根据胡克定律，纤维和基体的横向应变分别为：

$$\varepsilon_{\mathrm{f}}=\frac{\sigma_{\mathrm{f}}}{E_{\mathrm{f}}}=\frac{\sigma_2}{E_{\mathrm{f}}}\quad \varepsilon_{\mathrm{m}}=\frac{\sigma_{\mathrm{m}}}{E_{\mathrm{m}}}=\frac{\sigma_2}{E_{\mathrm{m}}}$$

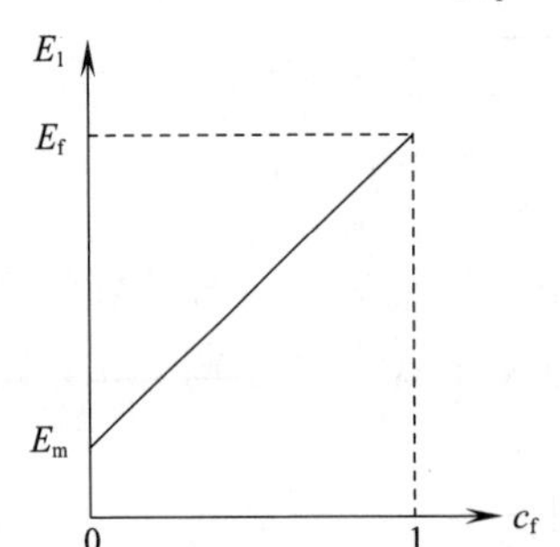

图 4-4 弹性模量 E_1 与 c_{f} 的关系

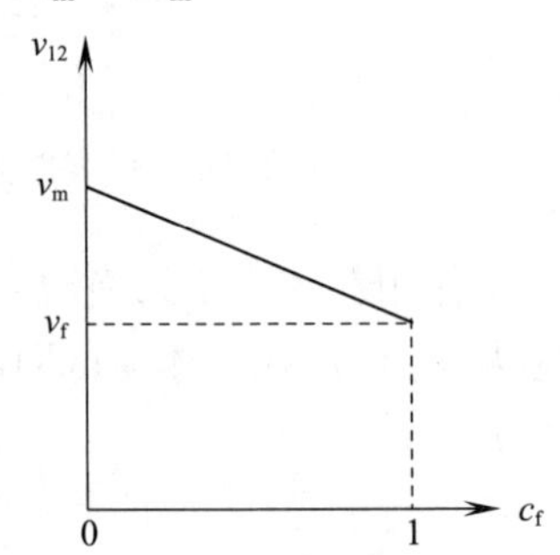

图 4-5 泊松比 ν_{12} 与 c_{f} 的关系

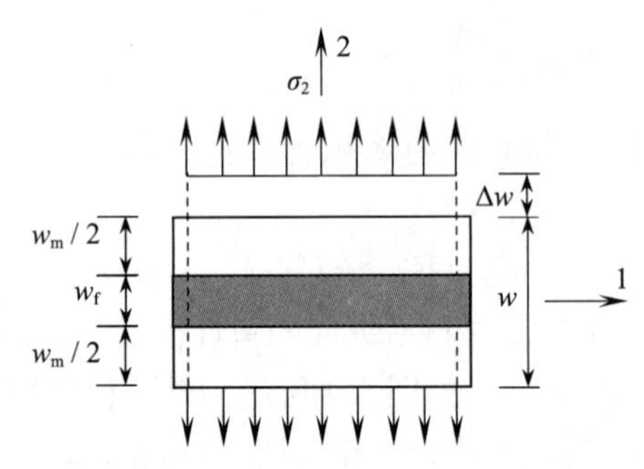

图 4-6 代表性体积单元 2 方向受力示意图

体积单元的横向变形是纤维横向变形 Δw_{f} 与基体横向变形 Δw_{m} 之和，即：

$$\Delta w=\varepsilon_2 w=\Delta w_{\mathrm{f}}+\Delta w_{\mathrm{m}}=\varepsilon_{\mathrm{f}}w_{\mathrm{f}}+\varepsilon_{\mathrm{m}}w_{\mathrm{m}}$$

或写为：

$$\varepsilon_2=\frac{w_{\mathrm{f}}}{w}\varepsilon_{\mathrm{f}}+\frac{w_{\mathrm{m}}}{w}\varepsilon_{\mathrm{m}}=c_{\mathrm{f}}\varepsilon_{\mathrm{f}}+c_{\mathrm{m}}\varepsilon_{\mathrm{m}}$$

体积单元的横向应变 $\varepsilon_2=\sigma_2/E_2$，因此有：

$$\frac{1}{E_2}=\frac{c_f}{E_f}+\frac{c_m}{E_m}=\frac{c_f}{E_f}+\frac{1-c_f}{E_m} \tag{4-4}$$

该分析模型称为串联模型。由式（4-4）可得复合材料单层横向弹性模量（横向刚度）为：

$$E_2=\frac{E_f E_m}{c_m E_f+c_f E_m} \tag{4-5}$$

将式（4-5）无量纲化，变为

$$\frac{E_2}{E_m}=\frac{1}{c_m+c_f(E_m/E_f)}=\frac{1}{1-c_f(1-E_m/E_f)} \tag{4-6}$$

对于不同的弹性模量比 E_f/E_m，按式（4-6）确定的 E_2/E_m 随 c_f 的变化曲线如图 4-7 所示。表 4-1 列出了不同 E_f/E_m 和不同 c_f 时的一些 E_2/E_m 值。可见，当 $E_f/E_m=1$ 时，E_2/E_m 始终为 1；而当 $E_f/E_m=10$ 时，需要 50%以上的纤维体积含量比，才能使横向弹性模量提高到基体弹性模量的两倍。

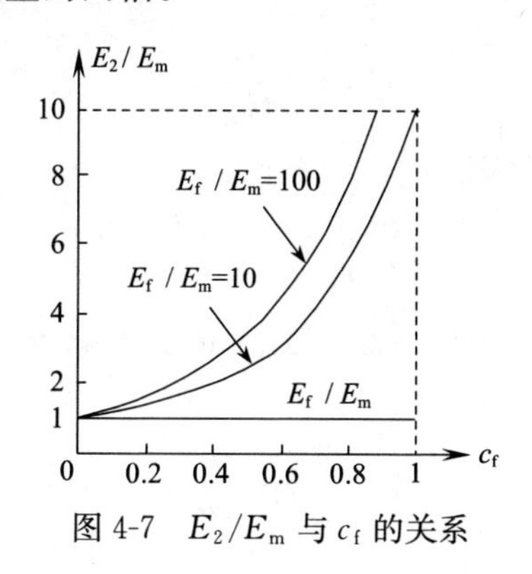

图 4-7　E_2/E_m 与 c_f 的关系

表 4-1　不同 E_f/E_m 和不同 c_f 时的 E_2/E_m 值

E_f/E_m	c_f							
	0	20%	30%	40%	50%	60%	70%	80%
1	1	1	1	1	1	1	1	1
2	1	1.11	1.18	1.25	1.33	1.43	1.54	1.67
5	1	1.19	1.32	1.47	1.67	1.92	2.27	2.78
10	1	1.22	1.37	1.56	1.82	2.17	2.70	3.57
20	1	1.23	1.40	1.61	1.90	2.33	2.99	4.17
100	1	1.25	1.42	1.66	1.98	2.46	3.26	4.81

4.2.3　面内剪切弹性模量 G_{12}

在 $O12$ 平面内，代表性体积单元受到纯剪切应力 τ 的作用，如图 4-8（a）所示，变形如图 4-8（b）所示。假设纤维中的切应力 τ_f 和基体中的切应力 τ_m 相等，均等于体积单元受到的切应力 τ，即：

$$\tau_f=\tau_m=\tau$$

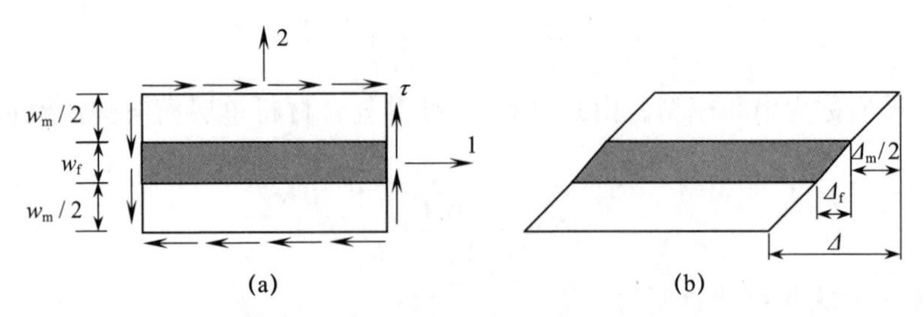

图 4-8　代表性体积单元纯剪切示意图

纤维的切应变 γ_f 和基体的切应变 γ_m 可表示为：

$$\gamma_f=\frac{\tau_f}{G_f}=\frac{\tau}{G_f}\qquad \gamma_m=\frac{\tau_m}{G_m}=\frac{\tau}{G_m}$$

不考虑纤维增强复合材料切应力-切应变为非线性关系，而认为是线性的，体积单元的切应变为：

$$\gamma=\frac{\tau}{G_{12}}$$

纤维和基体的剪切变形分别为：

$$\Delta_f=w_f\gamma_f\qquad \Delta_m=w_m\gamma_m$$

体积单元的剪切变形为：

$$\Delta=\gamma w=\Delta_f+\Delta_m=w_f\gamma_f+w_m\gamma_m$$

即：

$$\gamma=\frac{w_f}{w}\gamma_f+\frac{w_m}{w}\gamma_m$$

因此有：

$$\frac{1}{G_{12}}=\frac{c_f}{G_f}+\frac{c_m}{G_m} \tag{4-7}$$

或

$$G_{12}=\frac{G_fG_m}{c_mG_f+c_fG_m} \tag{4-8}$$

将式（4-8）无量纲化表示为：

$$\frac{G_{12}}{G_m}=\frac{1}{c_m+c_f(G_m/G_f)}=\frac{1}{1-c_f(1-G_m/G_f)} \tag{4-9}$$

显然，它与 E_2 的表达式（4-4）属于同一形式，G_f/G_m 随 c_f 的变化曲线与 E_f/E_m 随 c_f 的变化曲线相似。

4.3　刚度的弹性力学分析方法

上节用材料力学分析方法预测了单向复合材料的刚度，由于采用了某些假设，其预测结果具有一定的近似性。为了说明所得结果的有效性和精确性，本节用弹性力学的极值法对复合材料进行分析，即用弹性力学中的能量极值原理（最小势能原理和最小余能原理）来确定复合材料弹性模量的上限和下限。

4.3.1 弹性力学的极值法

鲍尔（Paul）于1960年首先用极值法分析了颗粒增强复合材料弹性模量的上限和下限，该方法也可用于纤维增强复合材料。在此先来回顾最小势能原理和最小余能原理。

设弹性体的体积为V，体力为f_i，在应力边界S_σ上给定面力$\overline{f}_i$，在位移边界S_u上给定位移$\overline{u}_i$。真实的位移场u_i（或应变场ε_{ij}）和应力场σ_{ij}所对应弹性体的总势能Π_ε和总余能Π_σ分别为：

$$\Pi_\varepsilon(\varepsilon_{ij})=V_\varepsilon(\varepsilon_{ij})-\int_V f_i u_i \mathrm{d}V-\int_{S_\sigma}\overline{f}_i u_i \mathrm{d}S \tag{4-10}$$

$$\Pi_\sigma(\sigma_{ij})=V_\mathrm{c}(\sigma_{ij})-\int_{S_u} f_i \overline{u}_i \mathrm{d}S \tag{4-11}$$

对于线弹性体来说，应变能$V_\varepsilon(\varepsilon_{ij})$与余能$V_\mathrm{c}(\sigma_{ij})$在数值上相等，即：

$$\begin{aligned}V_\varepsilon(\varepsilon_{ij})=V_\mathrm{c}(\sigma_{ij})&=\frac{1}{2}\int_V \sigma_{ij}\varepsilon_{ij}\mathrm{d}V\\&=\frac{1}{2}\int_V(\sigma_x\varepsilon_x+\sigma_y\varepsilon_y+\sigma_z\varepsilon_z+\tau_{yz}\gamma_{yz}+\tau_{zx}\gamma_{zx}+\tau_{xy}\gamma_{xy})\mathrm{d}V\end{aligned} \tag{4-12}$$

设满足位移边界S_u上位移边界条件的许可位移场为u_i^*，相应的许可应变场为ε_{ij}^*；满足平衡方程和面力边界S_σ上应力边界条件的静力许可应力场为σ_{ij}^0；许可变形场（u_i^*，ε_{ij}^*）对应的总势能记为Π_ε^*，许可应力场（σ_{ij}^0）对应的总余能记为Π_σ^0。

最小势能原理认为，在所有满足位移边界条件的位移场中，真实的位移场使得弹性体的总势能为最小值，即：

$$\Pi_\varepsilon(\varepsilon_{ij})\leqslant\Pi_\varepsilon^*(\varepsilon_{ij}^*) \tag{4-13}$$

最小余能原理认为，在所有满足平衡方程和应力边界条件的应力场中，真实的应力场使得弹性体的总余能为最小值，即：

$$\Pi_\sigma(\sigma_{ij})\leqslant\Pi_\sigma^0(\sigma_{ij}^0) \tag{4-14}$$

4.3.2 纵向弹性模量E_1的下限

在确定复合材料弹性模量的单向拉伸试验中，假设应力和应变在宏观上是均匀的，但细观上应力和应变是不均匀的。用最小余能原理确定纵向弹性模量E_1的下限，设复合材料代表性体积单元只在1方向（纵向）受正应力σ的作用，其余应力分量均为零，即体积单元的宏观真实应力场（按平均应力）可表示为：

$$\sigma_1=\sigma,\quad \sigma_2=\sigma_3=\tau_{23}=\tau_{31}=\tau_{12}=0$$

显然该应力场满足平衡方程。另外体积单元的全部边界给定了面力，即$S=S_\sigma$，$S_u=0$。按式（4-11）和式（4-12）求得体积单元的总余能为：

$$\Pi_\sigma(\sigma_{ij})=V_\mathrm{c}(\sigma_{ij})=\frac{1}{2}\int_V\sigma_{ij}\varepsilon_{ij}\mathrm{d}V=\frac{1}{2}\int_V\sigma_1\varepsilon_1\mathrm{d}V=\frac{1}{2}\int_V\frac{\sigma_1^2}{E_1}\mathrm{d}V=\frac{1}{2}\frac{\sigma_1^2}{E_1}\int_V\mathrm{d}V=\frac{\sigma^2V}{2E_1}$$

式中，E_1是体积单元的有效弹性模量（表观弹性模量），$E_1=\sigma_1/\varepsilon_1$。

设体积单元内（纤维和基体）的静力许可应力场为：

$$\sigma_1^0=\sigma,\ \sigma_2^0=\sigma_3^0=\tau_{23}^0=\tau_{31}^0=\tau_{12}^0=0$$

由于积分遍及纤维和基体体积，弹性模量 E 在体积 V 中不是常量，因此按式（4-11）和式（4-12）求得两相材料内的许可应力场对应的总余能为：

$$\Pi_{\sigma}^{0}(\sigma_{ij}^{0})=\frac{1}{2}\sigma^{2}\int_{V}\frac{1}{E}\mathrm{d}V=\frac{1}{2}\sigma^{2}\left(\int_{V_\mathrm{f}}\frac{1}{E_\mathrm{f}}\mathrm{d}V+\int_{V_\mathrm{m}}\frac{1}{E_\mathrm{m}}\mathrm{d}V\right)=\frac{1}{2}\sigma^{2}\left(\frac{1}{E_\mathrm{f}}\int_{V_\mathrm{f}}\mathrm{d}V+\frac{1}{E_\mathrm{m}}\int_{V_\mathrm{m}}\mathrm{d}V\right)$$

$$=\frac{1}{2}\sigma^{2}\left(\frac{V_\mathrm{f}}{E_\mathrm{f}}+\frac{V_\mathrm{m}}{E_\mathrm{m}}\right)=\frac{1}{2}\sigma^{2}\left(\frac{V_\mathrm{f}}{VE_\mathrm{f}}+\frac{V_\mathrm{m}}{VE_\mathrm{m}}\right)V=\frac{1}{2}\sigma^{2}\left(\frac{c_\mathrm{f}}{E_\mathrm{f}}+\frac{c_\mathrm{m}}{E_\mathrm{m}}\right)V$$

由最小余能原理式（4-14）可得：

$$\frac{\sigma^{2}V}{2E_1}\leqslant\frac{1}{2}\sigma^{2}\left(\frac{c_\mathrm{f}}{E_\mathrm{f}}+\frac{c_\mathrm{m}}{E_\mathrm{m}}\right)V$$

即

$$\frac{1}{E_1}\leqslant\frac{c_\mathrm{f}}{E_\mathrm{f}}+\frac{c_\mathrm{m}}{E_\mathrm{m}}\qquad 或 \qquad E_1\geqslant\frac{E_\mathrm{f}E_\mathrm{m}}{c_\mathrm{f}E_\mathrm{m}+c_\mathrm{m}E_\mathrm{f}}=\frac{E_\mathrm{f}E_\mathrm{m}}{c_\mathrm{f}E_\mathrm{m}+(1-c_\mathrm{f})E_\mathrm{f}} \tag{4-15}$$

这是用纤维弹性模量、基体弹性模量和体积含量表示的复合材料纵向弹性模量的下限，与材料力学分析方法得到的 E_2 表达式相同。

另外，注意到

$$(E_\mathrm{f}c_\mathrm{f}+E_\mathrm{m}c_\mathrm{m})(E_\mathrm{f}c_\mathrm{m}+E_\mathrm{m}c_\mathrm{f})=E_\mathrm{f}E_\mathrm{m}\left(c_\mathrm{f}+\frac{E_\mathrm{m}}{E_\mathrm{f}}c_\mathrm{m}\right)\left(\frac{E_\mathrm{f}}{E_\mathrm{m}}c_\mathrm{m}+c_\mathrm{f}\right)$$

$$=E_\mathrm{f}E_\mathrm{m}\left[1+c_\mathrm{f}c_\mathrm{m}\left(\frac{E_\mathrm{f}}{E_\mathrm{m}}+\frac{E_\mathrm{m}}{E_\mathrm{f}}-2\right)\right]$$

$$=E_\mathrm{f}E_\mathrm{m}+c_\mathrm{f}c_\mathrm{m}(E_\mathrm{f}-E_\mathrm{m})^{2}$$

则有：

$$E_\mathrm{f}c_\mathrm{f}+E_\mathrm{m}c_\mathrm{m}=\frac{E_\mathrm{f}E_\mathrm{m}}{E_\mathrm{f}c_\mathrm{m}+E_\mathrm{m}c_\mathrm{f}}+\frac{c_\mathrm{f}c_\mathrm{m}}{E_\mathrm{f}c_\mathrm{m}+E_\mathrm{m}c_\mathrm{f}}(E_\mathrm{f}-E_\mathrm{m})^{2}$$

上式等号左边是使用材料力学分析方法确定的 E_1，等号右边第一项是使用弹性力学极值法确定的 E_1 的下限，通常 $E_\mathrm{f}\gg E_\mathrm{m}$，第二项比较大且不能忽略，因此使用两种方法确定的 E_1 有明显的差异。

4.3.3 纵向弹性模量 E_1 的上限

用最小势能原理确定纵向弹性模量 E_1 的上限，设复合材料代表性体积单元无体力，即 $f_i=0$，单元只在 1 方向（纵向）受正应力 σ 的作用，使其发生了均匀应变（平均应变）ε。简单应力状态下体积单元的宏观真实应变场可表示为：

$$\varepsilon_1=\frac{\sigma}{E_1}=\varepsilon,\quad \varepsilon_2=\varepsilon_3=-\nu_{12}\varepsilon,\quad \gamma_{23}=\gamma_{31}=\gamma_{12}=0$$

设体积单元在此简单应力-应变场下的全部边界位移已确定，另外给定了体积单元的全部位移边界条件，即 $S=S_u$，$S_\sigma=0$。按式（4-10）和式（4-12）求得体积单元的总势能为：

$$\Pi_{\varepsilon}(\varepsilon_{ij})=V_{\varepsilon}(\varepsilon_{ij})=\frac{1}{2}\int_{V}\sigma_{ij}\varepsilon_{ij}\mathrm{d}V=\frac{1}{2}\int_{V}E_1\varepsilon_1^{2}\mathrm{d}V=\frac{1}{2}E_1\varepsilon^{2}V$$

设体积单元内（纤维和基体）满足位移边界条件的许可应变场为

$$\varepsilon_1^{*}=\varepsilon,\quad \varepsilon_2^{*}=\varepsilon_3^{*}=-\nu_{12}\varepsilon,\quad \gamma_{23}^{*}=\gamma_{31}^{*}=\gamma_{12}^{*}=0$$

利用各向同性材料的应力-应变关系得到给定许可应变场的基体和纤维应力为：

$$\sigma_{m1}^{*}=\frac{\nu_m E_m(\varepsilon-2\nu_{12})}{(1+\nu_m)(1-2\nu_m)}+\frac{E_m\varepsilon}{1+\nu_m}=\frac{1-\nu_m-2\nu_m\nu_{12}}{1-\nu_m-2\nu_m^2}E_m\varepsilon$$

$$\sigma_{m2}^{*}=\sigma_{m3}^{*}=\frac{\nu_m E_m\varepsilon(1-2\nu_{12})}{(1+\nu_m)(1-2\nu_m)}+\frac{E_m(1-\nu_{12}\varepsilon)}{1+\nu_m}=\frac{\nu_m-\nu_{12}}{1-\nu_m-2\nu_m^2}E_m\varepsilon$$

$$\tau_{m23}^{*}=\tau_{m31}^{*}=\tau_{m12}^{*}=0$$

$$\sigma_{f1}^{*}=\frac{1-\nu_f-2\nu_f\nu_{12}}{1-\nu_f-2\nu_f^2}E_f\varepsilon$$

$$\sigma_{f2}^{*}=\sigma_{f3}^{*}=\frac{\nu_f-\nu_{12}}{1-\nu_f-2\nu_f^2}E_f\varepsilon$$

$$\tau_{f23}^{*}=\tau_{f31}^{*}=\tau_{f12}^{*}=0$$

将这些应变分量和应力分量代入式（4-10）和式（4-12），并注意到体力 $f_i=0$ 和应力边界上面力 $\overline{f}_i=0$，可得两相材料内许可应变场对应的总势能为：

$$\begin{aligned}\Pi_\varepsilon^{*}(\varepsilon_{ij}^{*})=V_\varepsilon^{*}(\varepsilon_{ij}^{*})&=\frac{1}{2}\int_V\sigma_{ij}^{*}\varepsilon_{ij}^{*}\,dV=\frac{1}{2}\left(\int_{V_f}\sigma_{fij}^{*}\varepsilon_{fij}^{*}\,dV+\int_{V_m}\sigma_{mij}^{*}\varepsilon_{mij}^{*}\,dV\right)\\&=\frac{\varepsilon^2}{2}\left(\int_{V_f}\frac{1-\nu_f-4\nu_f\nu_{12}+2\nu_{12}^2}{1-\nu_f-2\nu_f^2}E_f dV+\int_{V_m}\frac{1-\nu_m-4\nu_m\nu_{12}+2\nu_{12}^2}{1-\nu_m-2\nu_m^2}E_m dV\right)\\&=\frac{\varepsilon^2}{2}\left(\frac{1-\nu_f-4\nu_f\nu_{12}+2\nu_{12}^2}{1-\nu_f-2\nu_f^2}E_fV_f+\frac{1-\nu_m-4\nu_m\nu_{12}+2\nu_{12}^2}{1-\nu_m-2\nu_m^2}E_mV_m\right)\\&=\frac{\varepsilon^2}{2}\left(\frac{1-\nu_f-4\nu_f\nu_{12}+2\nu_{12}^2}{1-\nu_f-2\nu_f^2}E_f\frac{V_f}{V}+\frac{1-\nu_m-4\nu_m\nu_{12}+2\nu_{12}^2}{1-\nu_m-2\nu_m^2}E_m\frac{V_m}{V}\right)V\\&=\frac{\varepsilon^2}{2}\left(\frac{1-\nu_f-4\nu_f\nu_{12}+2\nu_{12}^2}{1-\nu_f-2\nu_f^2}E_fc_f+\frac{1-\nu_m-4\nu_m\nu_{12}+2\nu_{12}^2}{1-\nu_m-2\nu_m^2}E_mc_m\right)V\end{aligned}$$

由最小势能原理式（4-13）可得：

$$\frac{1}{2}E_1\varepsilon^2V\leqslant\frac{\varepsilon^2}{2}\left(\frac{1-\nu_f-4\nu_f\nu_{12}+2\nu_{12}^2}{1-\nu_f-2\nu_f^2}E_fc_f+\frac{1-\nu_m-4\nu_m\nu_{12}+2\nu_{12}^2}{1-\nu_m-2\nu_m^2}E_mc_m\right)V$$

即：

$$E_1\leqslant\frac{1-\nu_f-4\nu_f\nu_{12}+2\nu_{12}^2}{1-\nu_f-2\nu_f^2}E_fc_f+\frac{1-\nu_m-4\nu_m\nu_{12}+2\nu_{12}^2}{1-\nu_m-2\nu_m^2}E_mc_m \tag{4-16a}$$

或

$$E_1\leqslant E_fc_f+E_mc_m+\frac{2(\nu_{12}-\nu_f)^2}{1-\nu_f-2\nu_f^2}E_fc_f+\frac{2(\nu_{12}-\nu_m)^2}{1-\nu_m-2\nu_m^2}E_mc_m \tag{4-16b}$$

式中，复合材料的泊松比 ν_{12} 是未知的，因此纵向弹性模量 E_1 的上限不能确定。然而可利用 $\Pi_\varepsilon^{*}(\varepsilon_{ij}^{*})$ 的极小值条件求得 ν_{12}，即：

$$\frac{\partial\Pi_\varepsilon^{*}}{\partial\nu_{12}}=\frac{\varepsilon^2V}{2}\left(\frac{-4\nu_f+4\nu_{12}}{1-\nu_f-2\nu_f^2}E_fc_f+\frac{-4\nu_m+4\nu_{12}}{1-\nu_m-2\nu_m^2}E_mc_m\right)=0 \tag{4-17}$$

和

$$\frac{\partial^2\Pi_\varepsilon^{*}}{\partial\nu_{12}^2}=\frac{\varepsilon^2V}{2}\left(\frac{4}{1-\nu_f-2\nu_f^2}E_fc_f+\frac{4}{1-\nu_m-2\nu_m^2}E_mc_m\right)>0 \tag{4-18}$$

由式（4-17）得：

$$\nu_{12}=\frac{E_m c_m \nu_m(1-\nu_f-2\nu_f^2)+E_f c_f \nu_f(1-\nu_m-2\nu_m^2)}{E_m c_m(1-\nu_f-2\nu_f^2)+E_f c_f(1-\nu_m-2\nu_m^2)} \tag{4-19}$$

由于基体和纤维都是各向同性的，所以 $\nu_m<\frac{1}{2}$，$\nu_f<\frac{1}{2}$，显然 $1-\nu_m-2\nu_m^2>0$，$1-\nu_f-2\nu_f^2>0$，式（4-18）恒成立。所以在 ν_{12} 取值时，$\Pi_\varepsilon^*(\varepsilon_{ij}^*)$ 总是极小值。将式（4-19）中 ν_{12} 的表达式代入式（4-16），可得纵向弹性模量 E_1 的上限表达式。

在 $\nu_f=\nu_m$ 的特殊情形下，可得 $\nu_{12}=\nu_f=\nu_m$，这时纵向弹性模量 E_1 的上限简化为：

$$E_1 \leqslant E_f c_f+E_m c_m \tag{4-20}$$

以上使用极值法求得了单向复合材料纵向弹性模量的上、下限，由以上结果可得：

$$\frac{E_f E_m}{E_f c_m+E_m c_f} \leqslant E_f c_f+E_m c_m \leqslant \frac{1-\nu_f-4\nu_f\nu_{12}+2\nu_{12}^2}{1-\nu_f-2\nu_f^2}E_f c_f+\frac{1-\nu_m-4\nu_m\nu_{12}+2\nu_{12}^2}{1-\nu_m-2\nu_m^2}E_m c_m$$

因此，由材料力学分析方法得到的复合材料纵向弹性模量 $E_1=E_f c_f+E_m c_m$ 是合理的。用同样的方法也可以确定横向弹性模量 E_2 和剪切弹性模量 G_{12} 的上、下限分别为：

$$\frac{E_f E_m}{E_f c_m+E_m c_f} \leqslant E_2 \leqslant E_f c_f+E_m c_m \tag{4-21}$$

$$\frac{G_f G_m}{G_f c_m+G_m c_f} \leqslant G_{12} \leqslant G_f c_f+G_m c_m \tag{4-22}$$

4.4 哈尔平-蔡方程

通过对单层复合材料弹性常数的理论预测公式进行分析总结，哈尔平-蔡（Halpin-Tsai）提出了一个简明而通用的细观力学公式，即可按下列公式确定单层复合材料的弹性常数。

$$\frac{M}{M_m}=\frac{1+\xi\eta c_f}{1-\eta c_f} \tag{4-23}$$

其中

$$\eta=\frac{(M_f/M_m)-1}{(M_f/M_m)+\xi} \tag{4-24}$$

式中，M 是指所要预测的单层复合材料的弹性常数 E_1、E_2、G_{12}、ν_{12} 等；M_f 为对应于纤维的弹性常数 E_f、G_f 或 ν_f；M_m 为对应于基体的弹性常数 E_m、G_m 或 ν_m；ξ 为纤维增强效果的一个度量因子，从 0 到∞变化，其大小取决于纤维的几何形状、排列方式和加载条件等。由式（4-24）可知，$\eta<1$，受组分材料性能及增强因子 ξ 的影响，ηc_f 可看作是对纤维体积含量的缩减。下面考察复合材料弹性常数 M 随参数 ξ 和 η 的变化情况。

当 $\xi=0$ 时，有：

$$\eta=1-\frac{M_m}{M_f}$$

可得

$$\frac{1}{M}=\frac{c_f}{M_f}+\frac{c_m}{M_m}=\frac{c_f}{M_f}+\frac{1-c_f}{M_m}$$

通常该式可确定复合材料弹性常数的下限。

当 $\xi \to \infty$ 时，η 趋于零，则有：

$$\xi\eta=\frac{M_f}{M_m}-1$$

可得

$$M=M_f c_f+M_m c_m=M_f c_f+M_m(1-c_f)$$

通常该式可确定复合材料弹性常数的上限。因此，ξ 越大说明纤维的增强效果越好，才能有效提高复合材料的刚度。

当 $\eta=0$ 时，由式（4-23）和式（4-24）则有：

$$M=M_m=M_f$$

这相当于 $c_f=0$，说明整个复合材料全是基体。

当 $\eta>0$ 时，由式（4-23）和式（4-24）可得：

$$M>M_m \qquad M_f>M_m$$

这说明比基体刚度大的纤维对基体具有增强作用，使复合材料的弹性常数比基体的高。

当 $\eta<0$ 时，由式（4-23）和式（4-24）可得：

$$M<M_m \qquad M_f<M_m$$

这说明比基体刚度小的纤维对基体没有增强作用，使复合材料的刚度降低了。

应用哈尔平-蔡方程预测复合材料弹性常数的关键是在 1～2 之间确定一个适当的 ξ 值。为了进一步理解哈尔平-蔡方程，选取 $M_f/M_m=10$，绘出复合材料弹性常数 M/M_m 随 ξ 和 c_f 的变化情况，如图 4-9 所示。

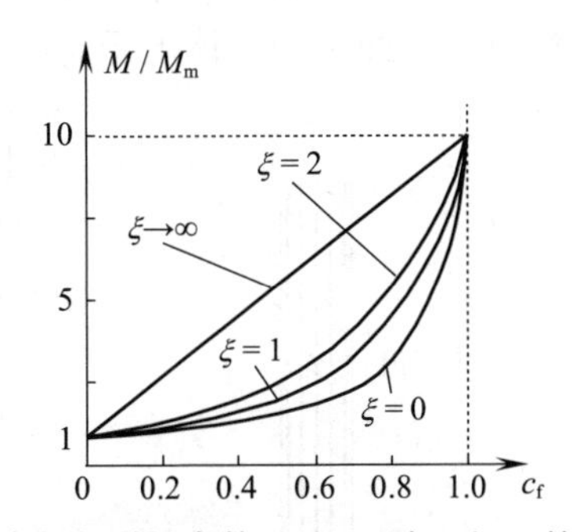

图 4-9　合材料弹性常数 M/M_m 随 ξ 和 c_f 的变化情况

4.5　强度的材料力学分析方法

基于细观力学的纤维增强单层复合材料基本强度预测，还没有达到预测刚度那么成熟的程度，这是由强度和刚度的性质不同决定的，刚度是材料的一种整体特性，而强度是材料的一种局部特性。影响强度的因素很多，如纤维和基体的强度及物理性质，纤维形状和分布情况、体积含量，以及材料制造过程中产生的缺陷（空隙、微裂纹等）、残余应力、不同的界面强度等。在用细观力学方法分析复合材料强度时，建立数学分析模型很难全面考虑诸多复杂的因素，简单的数学模型往往不能真实反映实际复合材料的情况。因此，对复合材料强度的预测需要与试验相结合，经修正后才能应用于工程。单层复合材料的强度包括纵向拉伸强度和压缩强度，横向拉伸强度和压缩强度，以及面内剪切强度。试验证实纵向拉伸强度的预测比较准确，而其他强度的预测尚不成熟，有待进一步研究。下面简单介绍通过材料力学半经验方法预测单层复合材料的基本强度。

4.5.1 纵向拉伸强度 X_t

常用的纤维增强复合材料在拉伸断裂时表现为脆性破坏。当单层复合材料受纵向拉伸荷载作用时，在一些纤维的最弱处开始出现脆性断裂，随着荷载的增加将有更多的纤维发生随机断裂。纤维断裂后，复合材料的承载能力降低，导致最终破坏。若基体是脆性的，且界面黏结较强，纤维断裂处的裂纹将向基体扩展并穿过基体，导致邻近纤维的断裂。裂纹扩展使得复合材料的有效承载面积减小，承受不了高的荷载，于是整个截面脆性断裂，造成平断口，如图 4-10（a）所示；如果界面黏结较弱，纤维断裂处的界面将发生脱黏，导致纤维从基体中拔出，最后使复合材料的横截面分离，如图 4-10（b）所示；界面脱黏后的裂纹扩展也可能导致基体破坏，出现纵向开裂，如图 4-10（c）所示。试验表明，纤维体积含量 c_f 低于某一定量 $c_{f\min}$（$c_f < c_{f\min}$）时，复合材料表现为平断口的脆性破坏；中等纤维体积含量（$c_{f\min} < c_f < c_{f\max}$）的复合材料呈现纤维拔出状的脆性破坏；纤维体积含量高（$c_f > c_{f\max}$）的复合材料会发生基体开裂状的脆性破坏。复合材料的断裂破坏是一个随机过程，破坏机理非常复杂。为了便于强度预测，假设纤维都是均匀的、等强度的，且在复合材料的同一截面上发生断裂。复合材料纵向拉伸下的平均应力为：

$$\sigma_1 = \sigma_f c_f + \sigma_m c_m \tag{4-25}$$

式中，σ_f 和 σ_m 分别为复合材料拉伸时纤维和基体承受的应力。

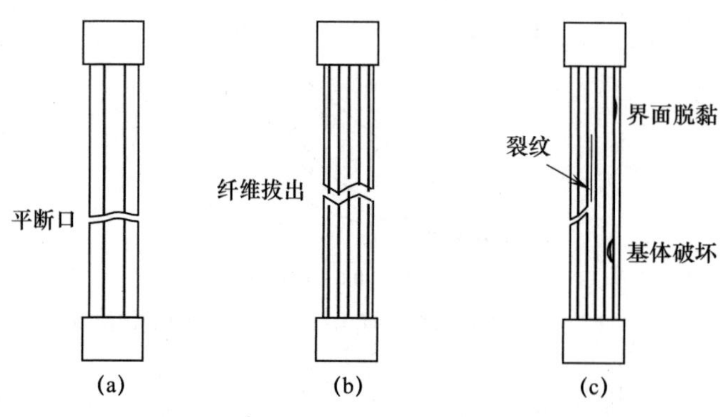

图 4-10 单层复合材料拉伸破坏模式

一般复合材料是由高强度的脆性纤维增强延性较大的基体，即组分材料拉伸时的弹性模量和断裂应变表现为 $E_f > E_m$，$\varepsilon_{mu} > \varepsilon_{fu}$，如图 4-11 所示。对于中等纤维体积含量的复合材料进行纵向拉伸，则当纵向应变 ε_1 达到纤维的最大应变 ε_{fu} 时，纤维发生断裂，虽然基体仍可继续变形，但因复合材料的承载能力急剧下降而导致破坏。因此，复

合材料的破坏应变 ε_{1u} 等于纤维断裂应变 ε_{fu}，即 $\varepsilon_{1u}=\varepsilon_{fu}$。这时复合材料的破坏由纤维控制，其纵向拉伸强度 X_t 由式（4-25）可得：

$$X_t=\sigma_{fu}c_f+\sigma'_m c_m=\sigma_{fu}c_f+\sigma'_m(1-c_f) \tag{4-26}$$

式中，σ_{fu} 为纤维断裂时的应力，σ'_m对应于基体应变等于纤维断裂应变时的基体应力。且有：

$$\sigma'_m=E_m\varepsilon_{fu}=\frac{E_m}{E_f}\sigma_{fu}$$

则式（4-26）可改写为：

$$X_t=\sigma_{fu}\left[c_f+\frac{E_m}{E_f}(1-c_f)\right] \tag{4-27}$$

式中，$c_f\geqslant c_{fmin}$。

当纤维体积含量较小（$c_f<c_{fmin}$）时，在低荷载下纤维就会被拉断。在纤维全部被拉断后，基体将继续承受荷载，此时复合材料的破坏由基体控制，其纵向拉伸强度 X_t 由式（4-25）可得：

$$X_t=\sigma_{mu}(1-c_f) \tag{4-28}$$

式中，σ_{mu} 为基体断裂时的应力。这说明纤维体积含量 c_f 较小时，$X_t<\sigma_{mu}$，即加入少量纤维的复合材料纵向拉伸强度比纯基体材料的强度还低，纤维相对于杂质，起到了反作用。这是因为纤维太少，纤维断裂处的基体有效面积减小，使得由基体控制的复合材料破坏的拉伸强度降低。纵向拉伸强度 X_t 随纤维体积含量 c_f 的变化曲线如图 4-12 所示。两条直线的交点对应于 c_{fmin}，其值由式（4-29）确定：

$$\sigma_{fu}c_{fmin}+\sigma'_m(1-c_{fmin})=\sigma_{mu}(1-c_{fmin})$$

即：

$$c_{fmin}=\frac{\sigma_{mu}-\sigma'_m}{\sigma_{fu}+\sigma_{mu}-\sigma'_m} \tag{4-29}$$

显然，c_{fmin} 为对应于复合材料纵向拉伸强度 X_t 的最小值 X_{tmin}，将其代入式（4-28）得：

$$X_{tmin}=\frac{\sigma_{fu}\sigma_{mu}}{\sigma_{fu}+\sigma_{mu}-\sigma'_m} \tag{4-30}$$

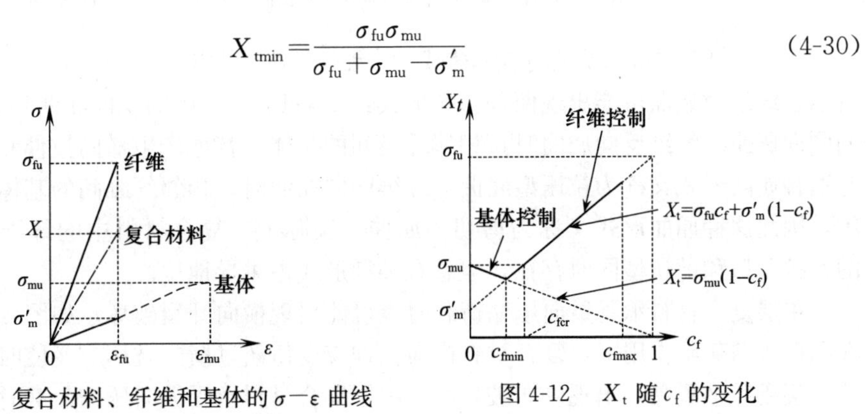

图 4-11　复合材料、纤维和基体的 $\sigma-\varepsilon$ 曲线

图 4-12　X_t 随 c_f 的变化

由图 4-12 可知，欲使纤维起到增强作用，获得高于基体强度的复合材料，纤维体积含量 c_f 应大于纤维临界体积含量 c_{fcr}，其值由式（4-31）确定：

$$\sigma_{fu}c_{fcr}+\sigma'_m(1-c_{fcr})=\sigma_{mu}$$

即：

$$c_{\mathrm{fcr}}=\frac{\sigma_{\mathrm{mu}}-\sigma'_{\mathrm{m}}}{\sigma_{\mathrm{fu}}-\sigma'_{\mathrm{m}}} \tag{4-31}$$

常用的纤维增强聚合物基复合材料的基体强度很低（$\sigma_{\mathrm{mu}} \ll \sigma_{\mathrm{fu}}$），纤维临界体积含量 c_{fcr} 很小，所以纤维体积含量 c_{f} 大于 c_{fcr}。

纤维体积含量高（$c_{\mathrm{f}}>c_{\mathrm{fmax}}$）的复合材料易发生界面脱黏或基体开裂，不会使复合材料的纵向拉伸强度随 c_{f} 的增加而提高，反而会有下降趋势。这是因为纤维体积含量过大时，制造工艺上很难保证组分材料分布均匀，就会形成缺陷，进而导致复合材料强度下降。因此，应适当增大复合材料的纤维体积含量，才能达到预期的增强效果。通常情况下，纤维体积含量取 50％～70％。

4.5.2 纵向压缩强度 X_{c}

单层复合材料纵向压缩强度的预测比拉伸强度的预测要复杂。因为这时材料的破坏模式有多种类型，如纤维屈曲失稳破坏、纤维或基体的断裂和剪切破坏等，如图 4-13 所示。组分材料的强度和刚度、纤维体积含量及初始状态、界面黏结情况等因素，都会影响压缩破坏的模式。

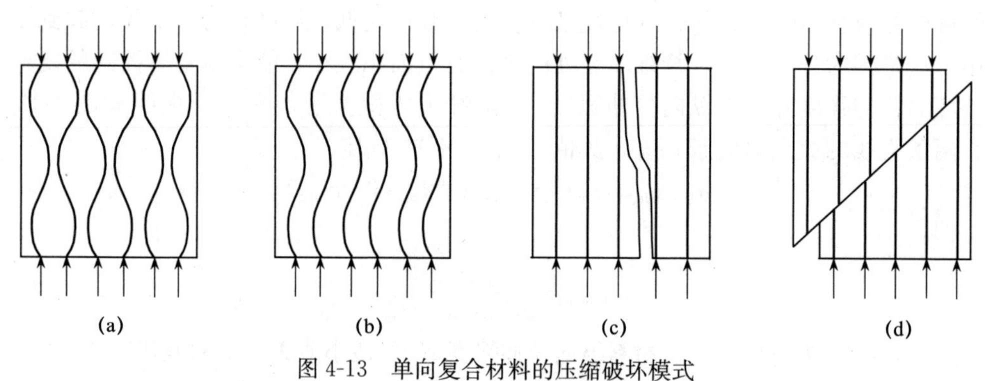

图 4-13 单向复合材料的压缩破坏模式
（a）拉压型屈曲；（b）剪切型屈曲；（c）横向开裂破坏；（d）剪切破坏

当单层复合材料承受纵向压缩荷载时，细长纤维易发生微屈曲，如图 4-13（a）和（b）所示。纤维微屈曲可能出现两种特殊形式：图 4-13（a）中的反向屈曲和图 4-13（b）中的同向屈曲。纤维反向屈曲时，相邻纤维间的基体交替地产生横向拉伸和压缩变形，因此这种屈曲形式又称为拉压型屈曲。纤维同向屈曲时，相邻纤维间的基体以剪切应变为主，因此这种屈曲形式又称为剪切型屈曲。实际上，复合材料中的纤维屈曲是混合型的，拉压型和剪切型同时存在，但总有某种形式占主导地位。

单层复合材料承受纵向压缩荷载时也可能出现横向开裂破坏，如图 4-13（c）所示。在纵向压缩荷载作用下，复合材料横向拉伸应变值超过横向破坏应变值时，就会导致基体开裂或纤维脱黏，出现纵向破坏面。单层复合材料承受纵向压缩荷载时也可能出现与加载方向成 45°角的剪切破坏，如图 4-13（d）所示，在破坏之前纤维会发生弯折现象。

1. 拉压型屈曲

研究纤维在基体中的屈曲，关键在于确定纤维微屈曲时的临界屈曲荷载。为此建立柱状弹性基础模型，应用能量法求解纤维临界屈曲荷载，变形到屈曲状态时纤维应变能增量 $\Delta V_{\varepsilon f}$ 和基体应变能增量 $\Delta V_{\varepsilon m}$ 之和等于外力功增量 ΔW，即：

$$\Delta W=\Delta V_{\varepsilon f}+\Delta V_{\varepsilon m}$$

从单层复合材料中切取一等厚度代表性体积单元，设单元厚度为 1，长度为 l，把纤维和基体简化为宽度分别为 w_f 和 w_m 的矩形板条，如图 4-14 所示。假定只有纤维受压，每根纤维上的压缩荷载为 P，压应力为 σ_f，即 $P=\sigma_f w_f$；基体只提供对纤维的横向支承。考虑到纤维剪切模量远大于基体剪切模量（$G_f \gg G_m$），计算中忽略纤维的剪切变形。纤维受压时的变形具有周期性，呈现正弦波形屈曲。由于纤维很细，波长就很短。设单根纤维的屈曲变形曲线 v（x）用三角级数表示为：

$$v(x)=\sum_{n=1}^{\infty}a_n\sin\frac{n\pi x}{l} \tag{4-32}$$

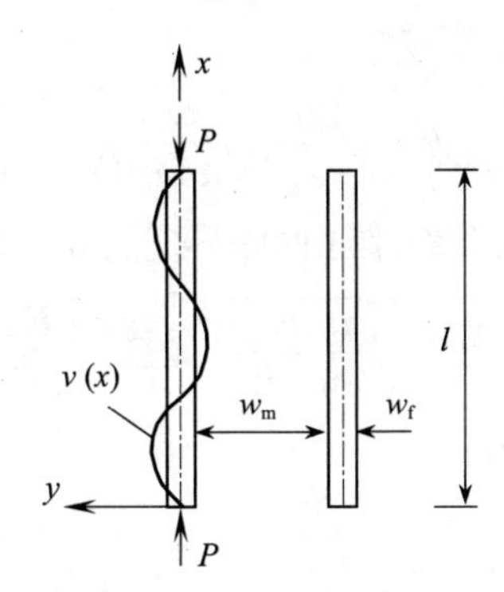

图 4-14　纤维拉压型屈曲模型

假设基体的横向应变 ε_{my} 与坐标 y 无关，则应变 ε_{my} 可表示为：

$$\varepsilon_{my}=\frac{2v(x)}{w_m}=\frac{2}{w_m}\sum_{n=1}^{\infty}a_n\sin\frac{n\pi x}{l}$$

设基体处于单向应力状态，则横向应力 σ_{my} 为：

$$\sigma_{my}=E_m\varepsilon_{my}=\frac{2E_m}{w_m}\sum_{n=1}^{\infty}a_n\sin\frac{n\pi x}{l}$$

基体应变能增量 $\Delta V_{\varepsilon m}$ 由横向应力 σ_{my} 引起，积分后有：

$$\Delta V_{\varepsilon m}=\frac{1}{2}\int_{V_m}\sigma_{my}\varepsilon_{my}\mathrm{d}V=\frac{1}{2}\int_0^l\frac{4E_m}{w_m}\left(\sum_{n=1}^{\infty}a_n\sin\frac{n\pi x}{l}\right)^2\mathrm{d}x=\frac{E_m l}{w_m}\sum_{n=1}^{\infty}a_n^2 \tag{4-33}$$

由屈曲杆的变形能公式，可得纤维屈曲后的应变能增量 $\Delta V_{\varepsilon f}$ 为：

$$\Delta V_{\varepsilon f}=\frac{1}{2}\int_0^l E_f I_f\left(\frac{\mathrm{d}^2v}{\mathrm{d}x^2}\right)^2\mathrm{d}x=\frac{\pi^4E_f w_f^3}{48l^3}\sum_{n=1}^{\infty}n^4a_n^2 \tag{4-34}$$

式中，I_f 为纤维横截面的惯性矩，$I_f=w_f^3/12$。

纤维屈曲后外力功增量为：

$$\Delta W=P\Delta l=\frac{1}{2}P\int_0^l\left(\frac{\mathrm{d}v}{\mathrm{d}x}\right)^2\mathrm{d}x=\frac{P\pi^2}{4l}\sum_{n=1}^{\infty}n^2a_n^2=\frac{w_f\pi^2}{4l}\sigma_f\sum_{n=1}^{\infty}n^2a_n^2 \tag{4-35}$$

式中，Δl 为纤维在荷载作用下两端的缩短量，σ_f 为纤维横截面上的应力，$\sigma_f=P/w_f$。由式（4-32）得：

$$\sigma_{\mathrm{f}}=\frac{\pi^2 E_{\mathrm{f}} w_{\mathrm{f}}^2}{12 l^2}\left[\frac{\sum_{n=1}^{\infty} n^4 a_n^2+\frac{48 E_{\mathrm{m}} l^4}{\pi^4 w_{\mathrm{f}}^3 w_{\mathrm{m}} E_{\mathrm{f}}} \sum_{n=1}^{\infty} a_n^2}{\sum_{n=1}^{\infty} n^2 a_n^2}\right]$$

假设对第 k 个正弦波，应力 σ_{f} 达到临界应力 σ_{fcr}，则有：

$$\sigma_{\mathrm{fcr}}=\frac{\pi^2 E_{\mathrm{f}} w_{\mathrm{f}}^2}{12 l^2}\left[k^2+\frac{48 E_{\mathrm{m}} l^4}{\pi^4 w_{\mathrm{f}}^3 w_{\mathrm{m}} E_{\mathrm{f}}} \frac{1}{k^2}\right] \tag{4-36}$$

式中，k 的取值应使 σ_{fcr} 为最小。由于纤维很细，$l \gg w_{\mathrm{f}}$，k 是个较大的整数，因此可根据连续函数求上式的极小值（k 近似为连续变量），即：

$$\frac{\partial \sigma_{\mathrm{fcr}}}{\partial k}=0 \quad 且 \quad \frac{\partial^2 \sigma_{\mathrm{fcr}}}{\partial k^2}>0$$

求得：

$$k^2=\frac{12 l^2}{\pi^2 w_{\mathrm{f}}^2} \sqrt{\frac{w_{\mathrm{f}} E_{\mathrm{m}}}{3 w_{\mathrm{m}} E_{\mathrm{f}}}}$$

将此结果代入式（4-36）得到纤维屈曲临界应力 σ_{fcr} 为：

$$\sigma_{\mathrm{fcr}}=2 E_{\mathrm{f}} \sqrt{\frac{w_{\mathrm{f}} E_{\mathrm{m}}}{3 w_{\mathrm{m}} E_{\mathrm{f}}}}=2 E_{\mathrm{f}} \sqrt{\frac{E_{\mathrm{m}} c_{\mathrm{f}}}{3 E_{\mathrm{f}} c_{\mathrm{m}}}} \tag{4-37}$$

相应的纤维屈曲临界应变为：

$$\varepsilon_{\mathrm{fcr}}=\frac{\sigma_{\mathrm{fcr}}}{E_{\mathrm{f}}}=2 \sqrt{\frac{E_{\mathrm{m}} c_{\mathrm{f}}}{3 E_{\mathrm{f}} c_{\mathrm{m}}}}=2 \sqrt{\frac{E_{\mathrm{m}} c_{\mathrm{f}}}{3 E_{\mathrm{f}}(1-c_{\mathrm{f}})}} \tag{4-38}$$

代表性体积单元受压时，基体也有纵向应变和纵向应力。假定基体与纤维具有相同的纵向应变，即 $\varepsilon_{\mathrm{m}x}=\varepsilon_{\mathrm{f}x}$，则加载到临界状态时的基体纵向应力 $\sigma_{\mathrm{m}x}=E_{\mathrm{m}} \varepsilon_{\mathrm{fcr}}$。根据复合材料应力混合律公式（4-25），即可得到单层复合材料拉压型微屈曲引起破坏的纵向压缩强度为：

$$X_{\mathrm{c}}=2(E_{\mathrm{f}} c_{\mathrm{f}}+E_{\mathrm{m}} c_{\mathrm{m}}) \sqrt{\frac{E_{\mathrm{m}} c_{\mathrm{f}}}{3 E_{\mathrm{f}} c_{\mathrm{m}}}} \tag{4-39}$$

常用复合材料中，上式的第二项值远小于第一项值，可略去不计，则可得：

$$X_{\mathrm{c}} \approx 2 c_{\mathrm{f}} \sqrt{\frac{E_{\mathrm{f}} E_{\mathrm{m}} c_{\mathrm{f}}}{3(1-c_{\mathrm{f}})}} \tag{4-40}$$

当纤维体积含量 $c_{\mathrm{f}} \to 0$ 时，式（4-40）计算的纵向压缩强度 $X_{\mathrm{c}} \to 0$；当纤维体积含量 $c_{\mathrm{f}} \to 1$ 时，式（4-40）计算的纵向压缩强度 $X_{\mathrm{c}} \to \infty$。这两种极端情况显然不符合实际，因此式（4-40）只适用于预测纤维体积含量适中的单层复合材料的纵向压缩强度。

2. 剪切型屈曲

在剪切型屈曲中，基体的切应变是构成基体应变能的主要因素。由于 $G_{\mathrm{f}} \gg G_{\mathrm{m}}$，所以纤维的剪切变形可以忽略。当体积单元受纵向压缩荷载作用，使纤维彼此同向屈曲时，基体的剪切变形如图 4-15 所示。按弹性力学的几何方程，基体的切应变为：

$$\gamma_{\mathrm{m}xy}=\frac{\partial u}{\partial y}+\frac{\partial v}{\partial x}$$

式中，u 和 v 分别为基体中某一点沿 x 和 y 方向的位移。从图 4-15 可以看出，v 只是 x

的函数，与 y 无关，即：

$$v=v(x)$$

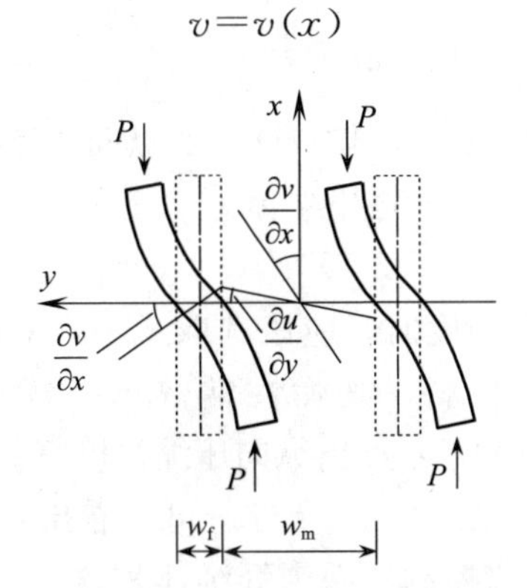

图 4-15　纤维剪切型屈曲模型

根据变形几何关系，则有：

$$w_m\frac{\partial u}{\partial y}=w_f\frac{\partial v}{\partial x}\qquad \frac{\partial v}{\partial x}=\frac{dv}{dx}$$

因此有：

$$\gamma_{mxy}=\left(\frac{w_f}{w_m}+1\right)\frac{dv}{dx}==\left(\frac{c_f}{c_m}+1\right)\frac{dv}{dx}=\frac{1}{c_m}\frac{dv}{dx}$$

则基体的切应力为：

$$\tau_{mxy}=G_m\gamma_{mxy}=\frac{G_m}{c_m}\frac{dv}{dx}$$

于是基体的应变能增量 $\Delta V_{\varepsilon m}$ 为：

$$\Delta V_{\varepsilon m}=\frac{1}{2}\int_{V_m}\tau_{mxy}\gamma_{mxy}dV=\frac{1}{2}\int_{V_m}\frac{G_m}{c_m^2}dV=\frac{G_m w_m}{2c_m^2}\int_0^l\left(\frac{dv}{dx}\right)^2dx$$

将式（4-32）代入可得：

$$\Delta V_{\varepsilon m}=\frac{G_m w_m\pi^2}{4lc_m^2}\sum_{n=1}^{\infty}n^2a_n^2 \tag{4-41}$$

纤维屈曲后的应变能增量 $\Delta V_{\varepsilon f}$ 和体积单元的外力功增量 ΔW 仍可由式（4-34）和式（4-35）给出。将式（4-34）、式（4-35）和式（4-41）代入功能关系式（4-32），可得纤维同向屈曲时的临界应力为：

$$\sigma_{fcr}=\frac{G_m}{c_fc_m}+\frac{\pi^2E_f}{12}\left(\frac{kw_f}{l}\right)^2 \tag{4-42}$$

由于波长 $l/k \gg w_f$，所以式（4-42）右端第二项值比第一项值小得多，可略去，得出：

$$\sigma_{fcr}=\frac{G_m}{c_fc_m}=\frac{G_m}{c_f(1-c_f)} \tag{4-43}$$

相应的纤维临界应变为：

$$\varepsilon_{fcr}=\frac{\sigma_{fcr}}{E_f}=\frac{G_m}{E_fc_fc_m}=\frac{G_m}{c_f(1-c_f)E_f} \tag{4-44}$$

复合材料纵向压缩时，压缩荷载主要由纤维承担，基体承载可以忽略。因此单层复合材料由剪切型屈曲引起破坏时，纵向压缩强度 X_c 为：

$$X_c=\sigma_{fcr}c_f=\frac{G_m}{c_m}=\frac{G_m}{1-c_f} \tag{4-45}$$

当纤维体积含量 $c_f \to 1$ 时，式（4-45）计算的纵向压缩强度 $X_c \to \infty$，这显然不符合实际。因此式（4-45）只适用于预测纤维体积含量适中的单层复合材料的纵向压缩强度。

预测复合材料的纵向压缩强度时，应该选取式（4-40）和式（4-45）中的较小值。如某玻璃纤维增强环氧复合材料，其弹性常数 $E_f=70\text{GPa}$，$E_m=3.5\text{GPa}$，$G_m=1.3\text{GPa}$，按式（4-40）和式（4-45）给出纵向压缩强度 X_c 随纤维体积含量 c_f 的变化曲线，如图 4-16 所示。两线交点在 $c_f \approx 0.2$ 处。可以看出：当纤维体积含量 c_f 较低时，纵向压缩强度 X_c 由拉压型屈曲控制；而当纤维体积含量 c_f 较高时，纵向压缩强度 X_c 由剪切型屈曲控制。

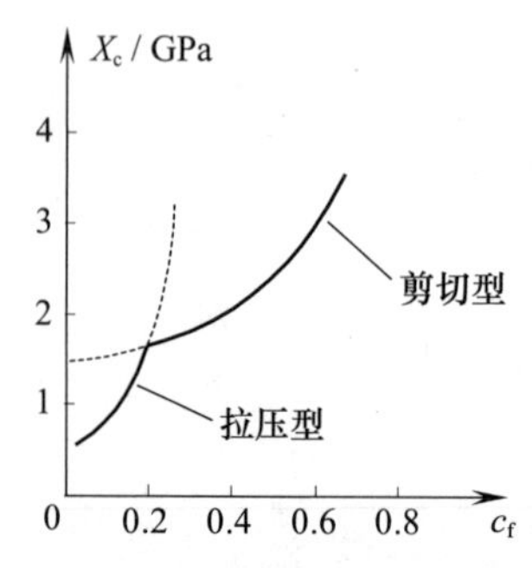

图 4-16　纵向压缩强度 X_c 随 c_f 的变化

上述两种微屈曲模型预测单层复合材料纵向压缩强度的理论值通常比实测值高得多，其原因可能在于：①模型中假设纤维完全平直，但实际上纤维不可能平直，使得临界应力下降；②分析模型为二维屈曲模型，实际上纤维可能发生的是空间屈曲，纤维屈曲自由度增加，致使临界应力下降；③纤维屈曲时，基体可能已发生塑性变形，基体刚度降低，对纤维的约束减小，导致临界应力下降。为修正理论值与实测值的误差，对上述公式中的基体刚度进行修正，乘以系数 ϕ，即得到与实测值吻合度较好的纵向压缩强度理论公式：

拉压型
$$X_c \approx 2c_f\sqrt{\frac{\phi E_f E_m c_f}{3(1-c_f)}} \tag{4-46}$$

剪切型
$$X_c=\frac{\phi G_m}{1-c_f} \tag{4-47}$$

修正系数 ϕ 由试验确定，通常硼/环氧复合材料 ϕ 取 0.63，玻璃/环氧复合材料 φ 取 0.2。但具体的复合材料要进行相应的试验，以得到合适的修正系数。

3. 横向开裂破坏

试验表明，单层复合材料纵向压缩时往往会沿纤维方向发生劈裂或脱黏，最后形成横向开裂破坏，如图 4-13（c）所示。这时复合材料的横向拉伸应变 ε_2 达到横向破坏应变 ε_{2u} 的数值，即 $\varepsilon_2=\varepsilon_{2u}$。若以 σ_1 表示单层的纵向应力，则纵向荷载下的横向应变 ε_2 为：

$$\varepsilon_2=-\frac{\nu_{12}}{E_1}\sigma_1=-\frac{\nu_f c_f+\nu_m c_m}{E_f c_f+E_m c_m}\sigma_1$$

复合材料横向破坏应变 ε_{2u} 低于基体的破坏应变 ε_{mu}，并有经验关系式：

$$\varepsilon_{2u}=(1-\sqrt[3]{c_f})\varepsilon_{mu}$$

于是得出单层复合材料在横向开裂破坏时的纵向压缩强度 $X_c=-\sigma_1$，即：

$$X_c=\frac{E_f c_f+E_m c_m}{\nu_f c_f+\nu_m c_m}(1-\sqrt[3]{c_f})\varepsilon_{mu} \tag{4-48}$$

4. 剪切破坏

对于纤维体积含量 c_f 较大的单层复合材料，在纵向压缩荷载作用下也可能会出现剪切破坏模式，其破坏主要是由纤维的剪切强度控制。在剪切破坏模式下，复合材料的纵向压缩强度 X_c 可按以下公式预测：

$$X_c=2\tau_{fu}\left[c_f+(1-c_f)\frac{E_m}{E_f}\right] \tag{4-49}$$

式中，τ_{fu} 为纤维的剪切强度。

4.5.3 横向强度 Y_t、Y_c 及剪切强度 S

单层复合材料纵向强度主要由纤维控制，而横向强度和剪切强度则由基体或界面强度所控制。复合材料的破坏一般与纤维/基体间的界面状况密切相关，而界面情况又十分复杂，其力学性能表征的研究尚不充分。因此，对于横向强度和剪切强度的研究还不充分，仅有一些经验公式。这里只作简单介绍。

横向拉伸时，采用蔡-韩提出的经验方法，引进界面性能系数 $\eta_y=\sigma_{m2}/\sigma_{f2}$（$0<\eta_y\leqslant 1$），说明在复合材料中基体的平均应力一般低于纤维的平均应力，由下式

$$\sigma_2=\sigma_{m2}c_m+\sigma_{f2}c_f$$

并设应力集中系数 K_{my} 为：

$$K_{my}=-\frac{(\sigma_{m2})_{max}}{\sigma_{m2}}$$

可得复合材料的横向平均应力为：

$$\sigma_2=\frac{1+c_f(1/\eta_y-1)}{K_{my}}(\sigma_{m2})_{max}$$

当 $(\sigma_{m2})_{max}=X_{mi}$（取基体拉伸强度 X_m 与界面强度 X_i 两者中的较小值）时，$\sigma_2=Y_t$，则：

$$Y_t=\frac{1+c_f(1/\eta_y-1)}{K_{my}}X_{mi} \tag{4-50}$$

横向拉伸破坏模式时，单层复合材料破坏断口为基体和界面拉坏，如图 4-17 所示，或伴有纤维横向拉裂。

横向压缩破坏模式时，单层复合材料板破坏一般是大体沿 45°斜面基体剪切破坏，如图 4-18 所示，有时伴有界面破坏和纤维压裂。试验表明，横向压缩强度 Y_c 为横向拉伸强度 Y_t 的 4～7 倍。

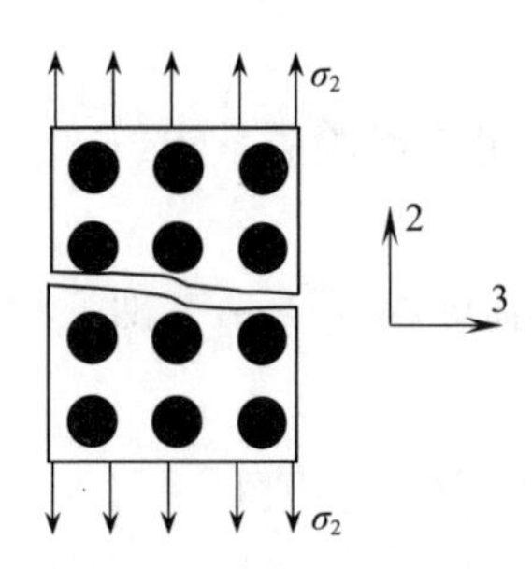

图 4-17 复合材料横向拉伸破坏示意图

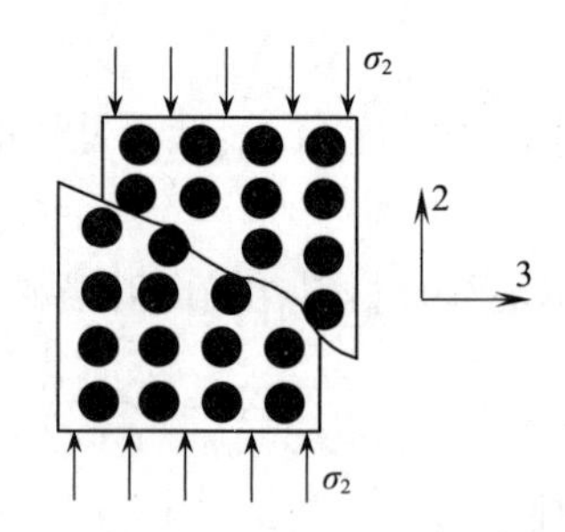

图 4-18 复合材料横向压缩破坏示意图

在面内剪切荷载作用下，单层复合材料板的破坏由基体剪切破坏、界面脱黏或者两者联合作用所致，如图 4-19 所示。类似于横向拉伸强度公式，面内剪切强度 S 表示为：

$$S=\frac{1+c_{\mathrm{f}}(1/\eta_{\mathrm{s}}-1)}{K_{\mathrm{ms}}}S_{\mathrm{mi}} \tag{4-51}$$

式中，$\eta_{\mathrm{s}}=\tau_{\mathrm{m}}/\tau_{\mathrm{f}}$（$0<\eta_{\mathrm{s}}\leqslant 1$）为界面性能系数；$K_{\mathrm{ms}}$ 为基体切应力集中系数；S_{mi} 为基体剪切强度 S_{m} 与界面剪切强度 S_{i} 两者中的较小值。

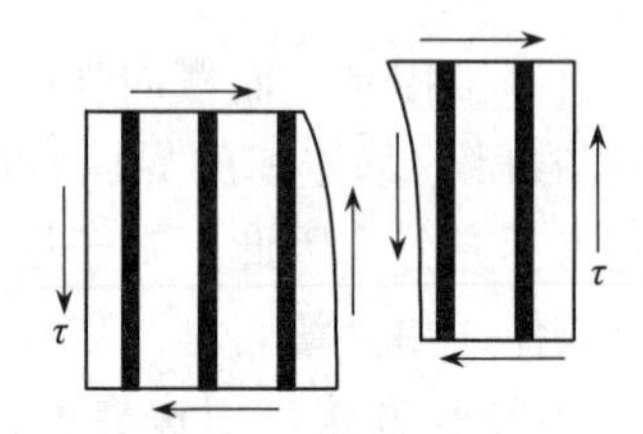

图 4-19 复合材料基体剪切破坏示意图

4.6 MATLAB 程序应用

本节中使用 MATLAB 软件编写了 4 个程序，分别用于计算纵向弹性模量 E_1、横向弹性模量 E_2、1—2 平面的剪切模量 G_{12} 和泊松比 ν_{12}。

4.6.1 数据输入

纤维弹性模量 Ef；
基体弹性模量 Em；
纤维剪切模量 Gf；
基体剪切模量 Gm；
纤维体积百分含量 cf；
基体体积百分含量 cm；
纤维泊松比 NUf；
基体泊松比 NUm。

4.6.2 计算程序

1. 纵向弹性模量 E_1

```
function y=E1 (cf, Ef, Em)
% E1            This function returns Young's modulus in the
%               longitudinal direction. Its input are three values:
%               cf-fiber volume fraction
%               Ef-longitudinal Young's modulus of the fiber
%               Em-Young's modulus of the matrix
cm=1-cf; y=cf * Ef +cm * Em;
```

2. 横向弹性模量 E_2

```
function y=E2 (cf, Ef, Em)
% E2            This function returns Young's modulus in the
%               transverse direction. Its input are three values:
%               cf-fiber volume fraction
%               Ef-Young's modulus of the fiber
%               Em-Young's modulus of the matrix
cm=1-cf; y=1/ (cf/Ef +cm/Em);
```

3. 泊松比 ν_{12}

```
function y=NU12 (cf, NUf, NUm)
% NU12          This function returns Poisson's ratio NU12
%               Its input are three values:
%               cf-fiber volume fraction
%               NUf-Poisson's ratio of the fiber
%               NUm-Poisson's ratio of the matrix
cm=1-cf; y=cf * NUf +cm * NUm;
```

4. 面内剪切模量 G_{12}

```
function y=G12 (cf, Gf, Gm)
% G12           This function returns the shear modulus G12
%               Its input are three values:
%               cf-fiber volume fraction
%               Gf-shear modulus G of the fiber
%               Gm-shear modulus of the matrix
cm=1-cf; y=1/ (cf/Gf +cm/Gm);
```

4.6.3 算例

例题 4-1 石墨纤维增强聚合物基复合材料单层板，基体和纤维的弹性常数为：$E_m=4.62$GPa，$\nu_m=0.36$，$G_m=1.70$GPa，$E_f=233.00$GPa，$\nu_f=0.20$，$G_f=8.96$GPa。用MATLAB程序计算纤维体积含量 $c_f=0.6$ 时的弹性常数 E_1、ν_{12}、E_2 和 G_{12}。

解：(1) 用E1程序求纵向弹性模量 E_1，结果如下：

```
>> E1 (0.6, 233, 4.62)

ans=

    141.6480
```

（2）用 NU12 程序求泊松比 ν_{12}，结果如下：

```
>> NU12 (0.6, 0.200, 0.360)

ans=

    0.2640
```

（3）用 E2 程序求横向弹性模量 E_2，结果如下：

```
>> E2 (0.6, 233, 4.62)

ans=

  11.2164
```

（4）用 G12 程序求面内剪切内力 G_{12}，结果如下：

```
>> G12 (0.6, 8.96, 1.70)

ans=

  3.3084
```

例题 4-2 使用 MATLAB 程序绘制石墨纤维增强聚合物复合材料单层板的纵向弹性模量 E_1、横向弹性模量 E_2、泊松比 ν_{12} 和面内剪切模量 G_{12} 随纤维体积含量 c_f（$0 \leqslant c_f \leqslant 1$）变化的关系曲线。复合材料中基体和纤维的弹性常数同例题 4-1。

解：（1）取纤维体积含量 c_f（$0 \leqslant c_f \leqslant 1$）的增量为 0.1，则

```
>> x= [0  0.1  0.2  0.3  0.4  0.5  0.6  0.7  0.8  0.9  1.0];
```

（2）用 E1 程序求 c_f 取上述值时的纵向弹性模量 E_1，并绘制 E_1-c_f 曲线，如图 4-20（a）所示。

```
>> y (1) =E1 (0, 233, 4.62);
>> y (2) =E1 (0.1, 233, 4.62);
>> y (3) =E1 (0.2, 233, 4.62);
>> y (4) =E1 (0.3, 233, 4.62);
>> y (5) =E1 (0.4, 233, 4.62);
>> y (6) =E1 (0.5, 233, 4.62);
>> y (7) =E1 (0.6, 233, 4.62);
>> y (8) =E1 (0.7, 233, 4.62);
>> y (9) =E1 (0.8, 233, 4.62);
>> y (10) =E1 (0.9, 233, 4.62);
```

```
>> y (11) =E1 (1, 233, 4.62);
>> y

y=

    4.6200     27.4580     50.2960     73.1340     95.9720    118.8100
  141.6480    164.4860    187.3240    210.1620    233.0000

>> plot (x, y)
>>xlabel ('c_f');
>> ylabel ('E_1 (GPa) ');
```

（3）用 NU12 程序求 c_f 取上述值时的泊松比 ν_{12}，并绘制 $\nu_{12}-c_f$ 曲线，如图 4-20（b）所示。

```
>> z (1) =NU12 (0, 0.200, 0.360);
>> z (2) =NU12 (0.1, 0.200, 0.360);
>> z (3) =NU12 (0.2, 0.200, 0.360);
>> z (4) =NU12 (0.3, 0.200, 0.360);
>> z (5) =NU12 (0.4, 0.200, 0.360);
>> z (6) =NU12 (0.5, 0.200, 0.360);
>> z (7) =NU12 (0.6, 0.200, 0.360);
>> z (8) =NU12 (0.7, 0.200, 0.360);
>> z (9) =NU12 (0.8, 0.200, 0.360);
>> z (10) =NU12 (0.9, 0.200, 0.360);
>> z (11) =NU12 (1, 0.200, 0.360);
>> z

z=

    0.3600    0.3440    0.3280    0.3120    0.2960    0.2800    0.2640
  0.2480    0.2320    0.2160    0.2000

>> plot (x, z)
>> xlabel ('c_f');
>> ylabel ('\ nu_{12} ');
```

（4）用 E2 程序求 c_f 取以下值时的横向弹性模量 E_2，并绘制 E_2-c_f 曲线，如图 4-20（c）所示。

```
x= [0  0.1  0.2  0.3  0.4  0.5  0.6  0.7  0.8  0.85  0.9  0.92  0.95
0.98  1.0];
```

```
>> w (1) =E2 (0, 233, 4.62);
>> w (2) =E2 (0.1, 233, 4.62);
>> w (3) =E2 (0.2, 233, 4.62);
>> w (4) =E2 (0.3, 233, 4.62);
>> w (5) =E2 (0.4, 233, 4.62);
>> w (6) =E2 (0.5, 233, 4.62);
>> w (7) =E2 (0.6, 233, 4.62);
>> w (8) =E2 (0.7, 233, 4.62);
>> w (9) =E2 (0.8, 233, 4.62);
>> w (10) =E2 (0.85, 233, 4.62);
>> w (11) =E2 (0.9, 233, 4.62);
>> w (12) =E2 (0.92, 233, 4.62);
>> w (13) =E2 (0.95, 233, 4.62);
>> w (14) =E2 (0.98, 233, 4.62);
>> w (15) =E2 (1.0, 233, 4.62);
>> w

w=

    4.6200    5.1220    5.7465    6.5444    7.5995    9.0603    11.2164
14.7190    21.4025    27.6889    39.2039    47.0267    67.1152    117.1644
233.0000

>> plot (x, w)
>> xlabel ('c_f');
>> ylabel ('E_2 (GPa) ');
```

(5) 用 G12 程序求 c_f 取以下值时的横向弹性模量 G_{12}，并绘制 $G_{12}-c_f$ 曲线，如图 4-20 (d) 所示。

```
x= [0  0.1  0.2  0.3  0.4  0.5  0.6  0.7  0.8  0.85  0.9  0.92  0.95
0.98  1.0];
>> u (1) =G12 (0, 8.96, 1.70);
>> u (2) =G12 (0.1, 8.96, 1.70);
>> u (3) =G12 (0.2, 8.96, 1.70);
>> u (4) =G12 (0.3, 8.96, 1.70);
>> u (5) =G12 (0.4, 8.96, 1.70);
>> u (6) =G12 (0.5, 8.96, 1.70);
>> u (7) =G12 (0.6, 8.96, 1.70);
>> u (8) =G12 (0.7, 8.96, 1.70);
>> u (9) =G12 (0.8, 8.96, 1.70);
```

```
>> u (10) =G12 (0.85, 8.96, 1.70);
>> u (11) =G12 (0.9, 8.96, 1.70);
>> u (12) =G12 (0.92, 8.96, 1.70);
>> u (13) =G12 (0.95, 8.96, 1.70);
>> u (14) =G12 (0.98, 8.96, 1.70);
>> u (15) =G12 (1.0, 8.96, 1.70);
>> u

u=

   1.7000    1.8499    2.0288    2.2459    2.5152    2.8578    3.3084
3.9278    4.8325    5.4615    6.2786    6.6784    7.3834    8.2549    8.9600

>> plot (x, u)
>> xlabel ('c_f');
>> ylabel ('G_{12} (GPa) ');
```

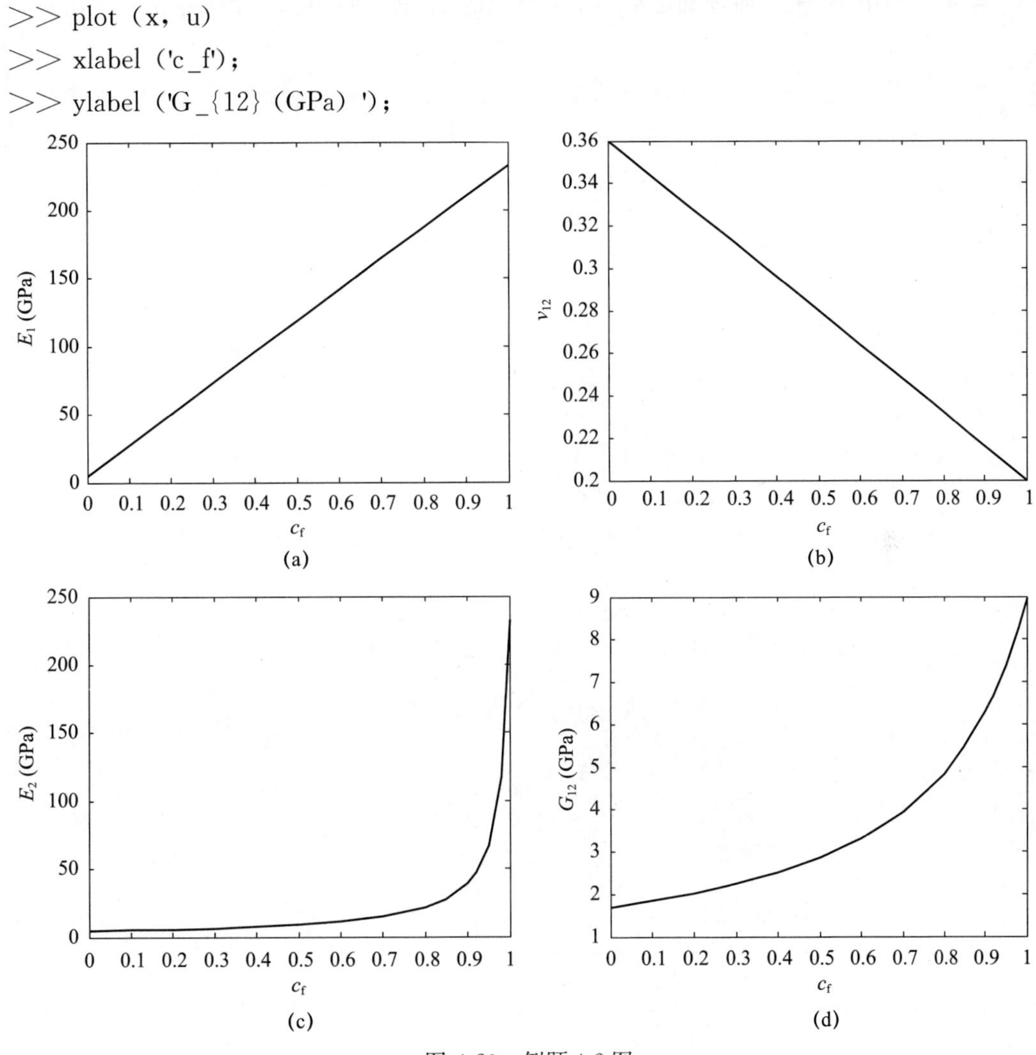

图 4-20 例题 4-2 图

习　题

4.1　已知玻璃/环氧单向复合材料玻璃纤维的弹性模量 $E_f=75$GPa，泊松比 $\nu_f=0.22$，环氧的弹性模量 $E_m=3.5$GPa，泊松比 $\nu_m=0.35$。求纤维体积含量分别为 30%、50%、60%、70%时复合材料的纵向弹性模量 E_1、横向弹性模量 E_2、剪切模量 G_{12} 和泊松比 ν_{12}。

4.2　由试验测得玻璃/环氧单向复合材料的纵向弹性模量 $E_1=45$GPa，且已知环氧的弹性模量 $E_m=3.5$GPa，泊松比 $\nu_m=0.35$，纤维体积含量 $c_f=0.6$。求复合材料的横向弹性模量 E_2。

4.3　已知碳纤维/环氧单向复合材料碳纤维的弹性模量 $E_f=230$GPa，拉伸强度 $\sigma_{fu}=3450$MPa，环氧的弹性模量 $E_m=4.1$GPa，拉伸强度 $\sigma_{mu}=105$MPa。试确定纤维体积含量 $c_f=0.62$ 时复合材料的纵向弹性模量 E_1 和纵向拉伸强度 X_t。

4.4　试用能量极值原理确定单向复合材料的工程弹性常数 E_2 和 G_{12} 的上下限。

5　复合材料层合板刚度的宏观力学分析

层合板是由两层或两层以上的单层黏合而成的整体结构板。不同纤维方向的单层叠合成的层合板称为多向层合板，多向层合板在航空航天器结构中得到了广泛应用。本章主要介绍经典层合板理论、一般层合板的刚度和几种典型层合板的刚度计算等。

5.1　层合板概述

5.1.1　层合板概述

层合板可以由不同材质的单层板构成，也可以由不同铺设方向上相同材质的各向异性单层板构成。因此，层合板的力学性能与各单层板的材料性能有关，且与各层单层板的铺叠方式有关。单层板的性能与其材料、材料弹性主方向有关，如将各层单层板的材料弹性主方向按不同方向和不同顺序铺叠，有可能在不改变单层板材料的情况下，设计出各种力学性能的层合板，以满足不同的工程要求，这是单层板不具备的特点，因此工程上常使用层合板。

与单层板相比，层合板具有以下特点。

(1) 一般单层板以纤维及其垂直方向为材料弹性主方向，而层合板各单层板的材料弹性主方向一般按不同角度排列，因此层合板不一定具有确定的材料弹性主方向。

(2) 层合板的刚度取决于各单层板的性能和铺叠方式，如层合板中各单层板的性能和铺叠方式已确定，则可推算出层合板的刚度。

(3) 一般层合板具有耦合效应，即在面内拉（压）、剪切荷载作用下会引起弯、扭变形，在弯、扭荷载作用下会引起拉（压）、剪切变形。

(4) 单层板受载破坏时即全部失效，层合板由单层板组成，其中一层甚至几层单层板的破坏，显然会引起层合板刚度的明显变化，但层合板仍可能由其余铺层的单层板来承受更大的荷载，一直到全部铺层破坏才会导致层合板的整体破坏。

(5) 层合板黏结时要加热固化，冷却后由于各单层板的热胀冷缩不一致，所以可能存在温度应力，在计算强度时必须考虑这个因素。

(6) 层合板由不同的单层板黏结而成，在变形时为满足变形协调条件，各层之间存在层间应力。

由于上述因素，层合板的刚度和强度分析比单层板更复杂，一般采用宏观力学分析方法，即把单层板看作均匀的各向异性薄板，再把各单层板层合成层合板，分析其刚度和强度。

5.1.2 层合板标记

层合板各单层的铺叠方式可以是任意的，为了便于分析和比较不同铺叠方式多向层合板的力学特性，应简明地给出表征层合板铺层或铺层组铺设顺序的符号，也称为层合板标记。如图 5-1 所示的层合板，建立 $Oxyz$ 坐标系，z 坐标的原点 O 取在层合板厚度的中间处（几何中面），z 轴向下为正。从 $z=-h/2$ 处开始向下排列，每单层或单层组的纤维方向与 x 轴的夹角即纤维方向角 θ，用度数表示。具有相同纤维方向角的单层层数，在角度数的右下角用下标数字表示。单层或单层组之间用斜线隔开。图 5-1 所示的层合板标记为：

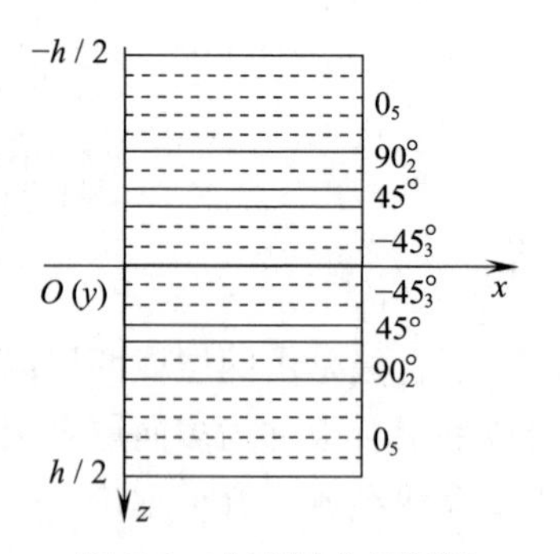

图 5-1 典型层合板标记

$$[0_5/90^\circ{}_2/45^\circ/-45^\circ{}_3/-45^\circ{}_3/45^\circ/90^\circ{}_2/0_5]$$

标记中的方括号也可以用圆括号代替。对称层合板是各单层或单层组相对于几何中面对称的层合板，其标记也可取一半，并在方括号外加 S 下标。因此，图 5-1 所示的偶数层对称层合板的标记也可写成

$$[0_5/90^\circ{}_2/45^\circ/-45^\circ{}_3]_S$$

而奇数层对称层合板需在中间层上加横线。例如，奇数层对称层合板

$$[45^\circ/-45^\circ/0/90^\circ/0/-45^\circ/45^\circ]$$

也可写成

$$[45^\circ/-45^\circ/0/\overline{90^\circ}]_S$$

对于非对称层合板，必须在标记中表明全部单层或单层组的铺叠顺序，并在方括号外加 T 下标，T 下标并不是必需的。例如：

$$[45^\circ/0/90^\circ/0_2/-45^\circ/90^\circ] \quad 或 \quad [45^\circ/0/90^\circ/0_2/-45^\circ/90^\circ]_T$$

除了上述基本标记法外，还有将正、负铺层简缩书写的标记方法，例如：

$$[0/\pm45^\circ]_S \equiv [0/45^\circ/-45^\circ]_S$$

将重复铺设顺序简缩书写的标记方法，例如：

$$[0/90^\circ]_{2S} \equiv [0/90^\circ/0/90^\circ]_S$$

$$[0/90^\circ]_{2T} \equiv [0/90^\circ/0/90^\circ]_T$$

5.2 经典层合板理论

5.2.1 层合板的基本假设

为简化问题，对所研究的层合板进行以下限制：

（1）层合板各单层板之间黏结良好，可作为一个整体结构板，并且黏结层很薄，其本身不会发生变形，即各单层板之间变形连续。

（2）层合板虽由多层单层板铺叠而成，但其总厚度仍符合薄板假定，即厚度 t 与跨度 L 之比：

$$\left(\frac{1}{50}\sim\frac{1}{100}\right)<\frac{t}{L}<\left(\frac{1}{8}\sim\frac{1}{10}\right)$$

（3）整个层合板是等厚的。

在以上限制条件基础上进行以下假设：

（1）直法线假设

层合板中变形前垂直于中面的直线段，变形后仍保持直线且垂直于中面，因此层合板横截面上的切应变为零，即：

$$\gamma_{yz}=\gamma_{zx}=0 \tag{5-1}$$

（2）等法线假设

原垂直于中面的直线段受载后长度不变，应变为零，即：

$$\varepsilon_z=0 \tag{5-2}$$

（3）平面应力假设

各单层板处于平面应力状态，即有：

$$\sigma_z=\tau_{yz}=\tau_{zx}=0 \tag{5-3}$$

（4）线弹性和小变形假设

单层板的应力-应变关系是线弹性的，层合板是小变形板。

5.2.2 层合板的应力-应变关系

考虑一层合板由 N 层任意铺设的单层板组成，厚度为 h，选 z 轴垂直于板面，坐标平面 Oxy 与层合板的中面重合，如图 5-2 所示。沿 z 轴正方向将各单层板依次编号为 $1\sim N$，即层合板的顶面单层板为第一层，底面单层板为第 N 层，各单层板顶面和底面的 z 坐标如图 5-3 所示。

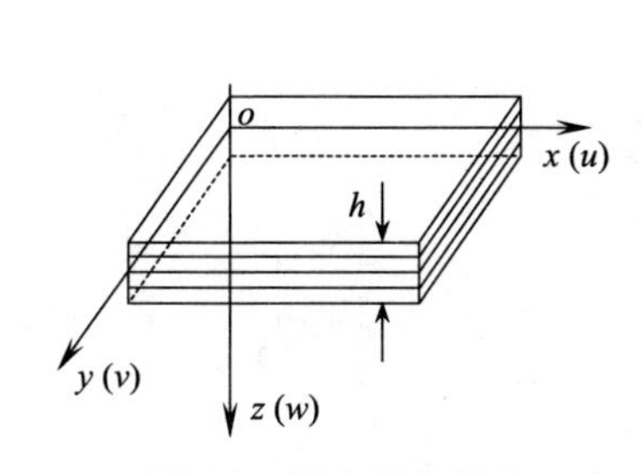

图 5-2 层合板坐标系

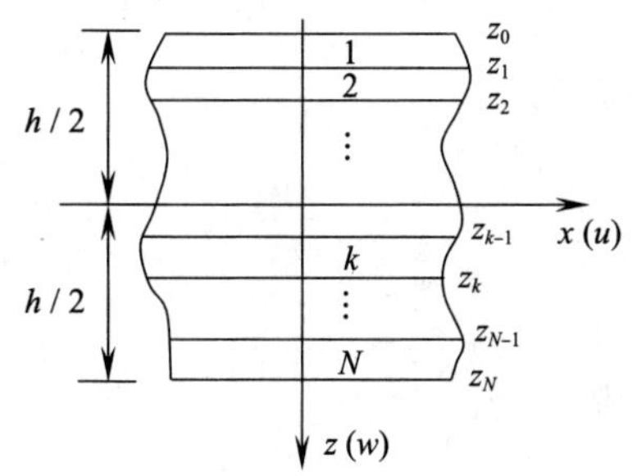

图 5-3 层合板各单层板编码顺序及坐标

$$z_0=-\frac{h}{2} \qquad z_N=\frac{h}{2}$$

设第 k 层单层板的厚度为 h_k，则有：

$$h_k=z_k-z_{k-1} \tag{5-4}$$

应当注意，z_k $(k=0, 1, 2, \cdots, N)$ 为第 k 层的 z 向坐标值，而不是距离。

根据弹性力学，薄板中任意一点的位移分量 u、v、w 可表示为该点坐标 x、y、z 的函数，即：

$$\left.\begin{aligned} u&=u\ (x,\ y,\ z)\\ v&=v\ (x,\ y,\ z)\\ w&=w\ (x,\ y,\ z)\end{aligned}\right\} \tag{5-5}$$

由基本假设式（5-1）、式（5-2）和弹性力学几何方程，得：

$$\left.\begin{aligned}\varepsilon_z&=\frac{\partial w}{\partial z}=0\\ \gamma_{yz}&=\frac{\partial v}{\partial z}+\frac{\partial w}{\partial y}=0\\ \gamma_{zx}&=\frac{\partial u}{\partial z}+\frac{\partial w}{\partial x}=0\end{aligned}\right\}\tag{5-6}$$

将式（5-6）中的三式分别对 z 积分，得：

$$\left.\begin{aligned}&w=w(x,y)\\ &u=u_0(x,y)-z\frac{\partial w(x,y)}{\partial x}\\ &v=v_0(x,y)-z\frac{\partial w(x,y)}{\partial y}\end{aligned}\right\}\tag{5-7}$$

式中，u_0、v_0、w 分别表示层合板中面的位移分量，并且只是坐标 x、y 的函数，其中 w 称为挠度函数。将式（5-7）代入几何方程，得层合板面内应变为：

$$\left.\begin{aligned}\varepsilon_x&=\frac{\partial u}{\partial x}=\frac{\partial u_0}{\partial x}-z\frac{\partial^2 w}{\partial x^2}\\ \varepsilon_y&=\frac{\partial v}{\partial y}=\frac{\partial v_0}{\partial y}-z\frac{\partial^2 w}{\partial y^2}\\ \gamma_{xy}&=\frac{\partial u}{\partial y}+\frac{\partial v}{\partial x}=\left(\frac{\partial u_0}{\partial y}+\frac{\partial v_0}{\partial x}\right)-2z\frac{\partial^2 w}{\partial x\,\partial y}\end{aligned}\right\}\tag{5-8}$$

或写成矩阵形式：

$$\begin{bmatrix}\varepsilon_x\\ \varepsilon_y\\ \gamma_{xy}\end{bmatrix}=\begin{bmatrix}\dfrac{\partial u_0}{\partial x}\\ \dfrac{\partial v_0}{\partial y}\\ \dfrac{\partial u_0}{\partial y}+\dfrac{\partial v_0}{\partial x}\end{bmatrix}+z\begin{bmatrix}-\dfrac{\partial^2 w}{\partial x^2}\\ -\dfrac{\partial^2 w}{\partial y^2}\\ -2\dfrac{\partial^2 w}{\partial x\,\partial y}\end{bmatrix}=\begin{bmatrix}\varepsilon_x^0\\ \varepsilon_y^0\\ \gamma_{xy}^0\end{bmatrix}+z\begin{bmatrix}\kappa_x\\ \kappa_y\\ \kappa_{xy}\end{bmatrix}\tag{5-9}$$

式中，层合板中面的应变为：

$$\begin{bmatrix}\varepsilon_x^0\\ \varepsilon_y^0\\ \gamma_{xy}^0\end{bmatrix}=\begin{bmatrix}\dfrac{\partial u_0}{\partial x}\\ \dfrac{\partial v_0}{\partial y}\\ \dfrac{\partial u_0}{\partial y}+\dfrac{\partial v_0}{\partial x}\end{bmatrix}\tag{5-10}$$

层合板中面的挠曲率和扭曲率为：

$$\begin{bmatrix}\kappa_x\\ \kappa_y\\ \kappa_{xy}\end{bmatrix}=\begin{bmatrix}-\dfrac{\partial^2 w}{\partial x^2}\\ -\dfrac{\partial^2 w}{\partial y^2}\\ -2\dfrac{\partial^2 w}{\partial x\,\partial y}\end{bmatrix} \tag{5-11}$$

由式（5-9）可知，层合板的应变沿板厚成线性变化。将式（5-9）代入单层板非弹性主方向应力-应变关系式（3-17），得到用层合板中面的应变和曲率表示的第 k 层应力-应变关系为：

$$\begin{bmatrix}\sigma_x\\ \sigma_y\\ \tau_{xy}\end{bmatrix}_k=\begin{bmatrix}\bar{Q}_{11} & \bar{Q}_{12} & \bar{Q}_{16}\\ \bar{Q}_{12} & \bar{Q}_{22} & \bar{Q}_{26}\\ \bar{Q}_{16} & \bar{Q}_{26} & \bar{Q}_{66}\end{bmatrix}_k\begin{bmatrix}\varepsilon_x\\ \varepsilon_y\\ \gamma_{xy}\end{bmatrix}=\begin{bmatrix}\bar{Q}_{11} & \bar{Q}_{12} & \bar{Q}_{16}\\ \bar{Q}_{12} & \bar{Q}_{22} & \bar{Q}_{26}\\ \bar{Q}_{16} & \bar{Q}_{26} & \bar{Q}_{66}\end{bmatrix}_k\left(\begin{bmatrix}\varepsilon_x^0\\ \varepsilon_y^0\\ \gamma_{xy}^0\end{bmatrix}+z\begin{bmatrix}\kappa_x\\ \kappa_y\\ \kappa_{xy}\end{bmatrix}\right) \tag{5-12}$$

层合板中面的挠曲率 κ_x、κ_y 和扭曲率 κ_{xy} 对任一 k 层都相同，而每一层的转换折算刚度矩阵 $\bar{Q}$ 不完全相同，因而在 $\bar{Q}$ 中标 k 下标。显然层合板的应力沿板厚一般不是简单的线性关系。为了更清楚地表示层合板的应变和应力沿板厚的变化，图 5-4 给出了某一 4 层单层板组成的层合板厚度方向上应变和应力分布情况。

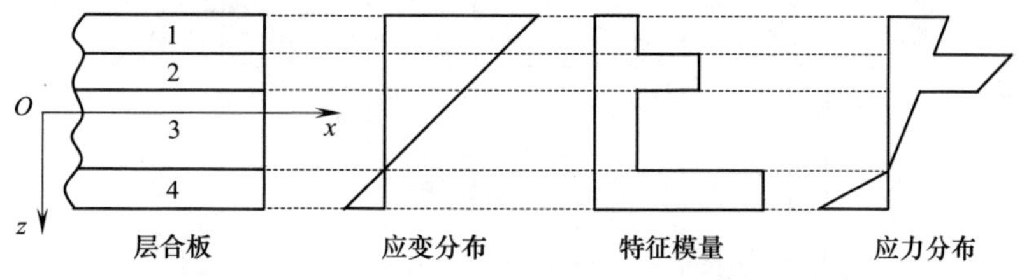

图 5-4 层合板厚度方向上应变和应力分布情况示意图

5.2.3 层合板的内力和内力矩

作用于层合板上的内力 N_x、N_y、N_{xy}（单位宽度或长度上的内力）和内力矩 M_x、M_y、M_{xy}（单位宽度或长度上的弯矩或扭矩）与层合板各单层的应力有关，这些内力和内力矩的正方向如图 5-5 所示。它们可由各单层板上的应力沿层合板厚度积分求得。

在层合板中取出一块平面尺寸为单位尺寸而高度为层合板厚度 h 的单元体，如图 5-6 所示。在距离中面为 z 的 dz 微元上，x 面上有应力分量 σ_x、τ_{xy} 和 τ_{xz}，y 面上有应力分量 σ_y、τ_{yx} 和 τ_{yz}，这些应力分量都是坐标的函数。由层合板的基本假设式（5-3）可知，切应力 τ_{xz} 和 τ_{yz} 均为零。根据应力与内力、内力矩的静力学关系，可得到单元体上的内力 N_x、N_y、N_{xy} 以及内力矩 M_x、M_y、M_{xy} 为：

$$\begin{bmatrix}N_x\\ N_y\\ N_{xy}\end{bmatrix}=\int_{-\frac{h}{2}}^{\frac{h}{2}}\begin{bmatrix}\sigma_x\\ \sigma_y\\ \tau_{xy}\end{bmatrix}\mathrm{d}z \tag{5-13}$$

$$\begin{bmatrix} M_x \\ M_y \\ M_{xy} \end{bmatrix} = \int_{-\frac{h}{2}}^{\frac{h}{2}} \begin{bmatrix} \sigma_x \\ \sigma_y \\ \tau_{xy} \end{bmatrix} z\mathrm{d}z \tag{5-14}$$

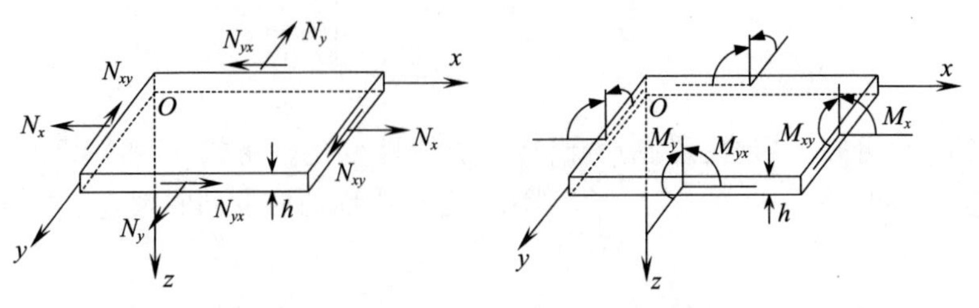

图 5-5　层合板的内力及内力矩示意图

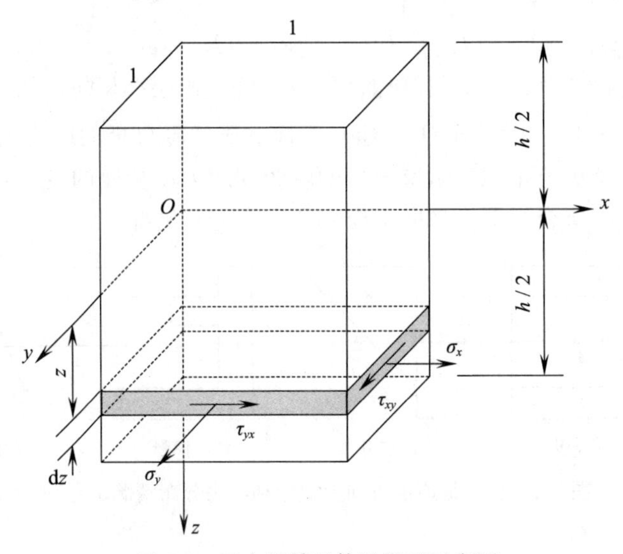

图 5-6　层合板单元体及微元示意图

式（5-13）和式（5-14）是将层合板看作均匀的各向异性体得到的应力积分形式的表达式，但实际上层合板是分层均匀的，各单层应力是连续分布的。因而，由 N 个单层构成的层合板（图 5-3）的内力和内力矩应表示为各单层的内力和内力矩的叠加，即分层积分后再叠加。如图 5-3 所示的各单层 z 坐标，则式（5-13）和式（5-14）可写成：

$$\begin{bmatrix} N_x \\ N_y \\ N_{xy} \end{bmatrix} = \sum_{k=1}^{N} \int_{z_{k-1}}^{z_k} \begin{bmatrix} \sigma_x \\ \sigma_y \\ \tau_{xy} \end{bmatrix} \mathrm{d}z \tag{5-15}$$

$$\begin{bmatrix} M_x \\ M_y \\ M_{xy} \end{bmatrix} = \sum_{k=1}^{N} \int_{z_{k-1}}^{z_k} \begin{bmatrix} \sigma_x \\ \sigma_y \\ \tau_{xy} \end{bmatrix} z\mathrm{d}z \tag{5-16}$$

5.2.4 层合板的刚度

将式（5-12）代入式（5-15）和式（5-16），并考虑各单层的转换折算刚度矩阵在单层内不变，层合板中面应变和曲率与 z 无关，均可以提到积分号外面，于是可以得到内力、内力矩与中面应变、曲率的关系为：

$$\begin{bmatrix} N_x \\ N_y \\ N_{xy} \end{bmatrix} = \sum_{k=1}^{N} \begin{bmatrix} \bar{Q}_{11} & \bar{Q}_{12} & \bar{Q}_{16} \\ \bar{Q}_{12} & \bar{Q}_{22} & \bar{Q}_{26} \\ \bar{Q}_{16} & \bar{Q}_{26} & \bar{Q}_{66} \end{bmatrix}_k \begin{bmatrix} \varepsilon_x^0 \\ \varepsilon_y^0 \\ \gamma_{xy}^0 \end{bmatrix} \int_{z_{k-1}}^{z_k} \mathrm{d}z + \sum_{k=1}^{N} \begin{bmatrix} \bar{Q}_{11} & \bar{Q}_{12} & \bar{Q}_{16} \\ \bar{Q}_{12} & \bar{Q}_{22} & \bar{Q}_{26} \\ \bar{Q}_{16} & \bar{Q}_{26} & \bar{Q}_{66} \end{bmatrix}_k \begin{bmatrix} \kappa_x \\ \kappa_y \\ \kappa_{xy} \end{bmatrix} \int_{z_{k-1}}^{z_k} z\,\mathrm{d}z \tag{5-17}$$

$$\begin{bmatrix} M_x \\ M_y \\ M_{xy} \end{bmatrix} = \sum_{k=1}^{N} \begin{bmatrix} \bar{Q}_{11} & \bar{Q}_{12} & \bar{Q}_{16} \\ \bar{Q}_{12} & \bar{Q}_{22} & \bar{Q}_{26} \\ \bar{Q}_{16} & \bar{Q}_{26} & \bar{Q}_{66} \end{bmatrix}_k \begin{bmatrix} \varepsilon_x^0 \\ \varepsilon_y^0 \\ \gamma_{xy}^0 \end{bmatrix} \int_{z_{k-1}}^{z_k} z\,\mathrm{d}z + \sum_{k=1}^{N} \begin{bmatrix} \bar{Q}_{11} & \bar{Q}_{12} & \bar{Q}_{16} \\ \bar{Q}_{12} & \bar{Q}_{22} & \bar{Q}_{26} \\ \bar{Q}_{16} & \bar{Q}_{26} & \bar{Q}_{66} \end{bmatrix}_k \begin{bmatrix} \kappa_x \\ \kappa_y \\ \kappa_{xy} \end{bmatrix} \int_{z_{k-1}}^{z_k} z^2\,\mathrm{d}z \tag{5-18}$$

考虑到中面应变和曲率不随单层的位置而变化，可以提到求和号之外，对式（5-17）和式（5-18）进行积分得：

$$\begin{bmatrix} N_x \\ N_y \\ N_{xy} \end{bmatrix} = \begin{bmatrix} A_{11} & A_{12} & A_{16} \\ A_{12} & A_{22} & A_{26} \\ A_{16} & A_{26} & A_{66} \end{bmatrix} \begin{bmatrix} \varepsilon_x^0 \\ \varepsilon_y^0 \\ \gamma_{xy}^0 \end{bmatrix} + \begin{bmatrix} B_{11} & B_{12} & B_{16} \\ B_{12} & B_{22} & B_{26} \\ B_{16} & B_{26} & B_{66} \end{bmatrix} \begin{bmatrix} \kappa_x \\ \kappa_y \\ \kappa_{xy} \end{bmatrix} \tag{5-19}$$

$$\begin{bmatrix} M_x \\ M_y \\ M_{xy} \end{bmatrix} = \begin{bmatrix} B_{11} & B_{12} & B_{16} \\ B_{12} & B_{22} & B_{26} \\ B_{16} & B_{26} & B_{66} \end{bmatrix} \begin{bmatrix} \varepsilon_x^0 \\ \varepsilon_y^0 \\ \gamma_{xy}^0 \end{bmatrix} + \begin{bmatrix} D_{11} & D_{12} & D_{16} \\ D_{12} & D_{22} & D_{26} \\ D_{16} & D_{26} & D_{66} \end{bmatrix} \begin{bmatrix} \kappa_x \\ \kappa_y \\ \kappa_{xy} \end{bmatrix} \tag{5-20}$$

式中

$$\begin{aligned} A_{ij} &= \sum_{k=1}^{N} (\bar{Q}_{ij})_k (z_k - z_{k-1}) = \sum_{k=1}^{N} (\bar{Q}_{ij})_k h_k \\ B_{ij} &= \frac{1}{2} \sum_{k=1}^{N} (\bar{Q}_{ij})_k (z_k^2 - z_{k-1}^2) = \sum_{k=1}^{N} (\bar{Q}_{ij})_k h_k (\bar{z}_k) \\ D_{ij} &= \frac{1}{3} \sum_{k=1}^{N} (\bar{Q}_{ij})_k (z_k^3 - z_{k-1}^3) = \sum_{k=1}^{N} (\bar{Q}_{ij})_k \left(h_k \bar{z}_k^2 + \frac{h_k^3}{12}\right) \\ h_k &= z_k - z_{k-1} \\ \bar{z}_k &= \frac{1}{2} (z_k - z_{k-1}) \end{aligned} \tag{5-21}$$

其中，h_k 为第 k 层的厚度；$\bar{z}_k$ 为第 k 层中面的 z 坐标。A_{ij} 只是面向内力与中面应变有关的刚度系数，称为拉伸刚度；D_{ij} 只是内力矩与挠曲率及扭曲率有关的刚度系数，称为弯曲刚度；B_{ij} 表示弯曲、拉伸之间具有耦合关系，称为耦合刚度。由于耦合刚度 B_{ij} 的存在，面向内力不仅引起中面应变，还会产生弯曲与扭转变形；同样内力矩不仅引起弯曲扭转变形，还会产生中面应变。

A_{ij}、B_{ij}、D_{ij} 各刚度系数的具体物理意义如下：A_{11}、A_{12}、A_{22} 为拉（压）力与

中面拉伸（压缩）应变间的刚度系数，A_{66} 为剪力与中面切应变间的刚度系数，A_{16}、A_{26} 为剪切与拉伸间的耦合刚度系数；B_{11}、B_{12}、B_{22} 为拉伸与弯曲间的耦合刚度系数，B_{66} 为剪切与扭转间的耦合刚度系数，B_{16}、B_{26} 为拉伸与扭转或剪切与弯曲间的耦合刚度系数；D_{11}、D_{12}、D_{22} 为弯矩与中面挠曲率间的刚度系数，D_{66} 为扭矩与中面扭曲率间的刚度系数，D_{16}、D_{26} 为扭转与弯曲间的耦合刚度系数。

需要注意的是，上述刚度系数是在直法线假设的前提下推导出来的，称为经典层合板理论（Classical Lamination Theory）。某些层合板由于横向剪切刚度较低，γ_{yz} 或 γ_{zx} 横向切应变较大，不能忽略。此外，常把层合板的几何中面作为中面，如取其他位置为中面坐标，B_{ij} 和 D_{ij} 将发生相应变化，分析时应注意。

将式（5-19）和式（5-20）合并，即得层合板的内力及内力矩与变形的综合关系式：

$$\begin{bmatrix} N_x \\ N_y \\ N_{xy} \\ M_x \\ M_y \\ M_{xy} \end{bmatrix} = \begin{bmatrix} A_{11} & A_{12} & A_{16} & B_{11} & B_{12} & B_{16} \\ A_{12} & A_{22} & A_{26} & B_{12} & B_{22} & B_{26} \\ A_{16} & A_{26} & A_{66} & B_{16} & B_{26} & B_{66} \\ B_{11} & B_{12} & B_{16} & D_{11} & D_{12} & D_{16} \\ B_{12} & B_{22} & B_{26} & D_{12} & D_{22} & D_{26} \\ B_{16} & B_{26} & B_{66} & D_{16} & D_{26} & D_{66} \end{bmatrix} \begin{bmatrix} \varepsilon_x^0 \\ \varepsilon_y^0 \\ \gamma_{xy}^0 \\ \kappa_x \\ \kappa_y \\ \kappa_{xy} \end{bmatrix} \tag{5-22}$$

令

$$\boldsymbol{A} = [A_{ij}] \qquad \boldsymbol{B} = [B_{ij}] \qquad \boldsymbol{D} = [D_{ij}]$$

$$\boldsymbol{\varepsilon}^0 = \begin{bmatrix} \varepsilon_x^0 \\ \varepsilon_y^0 \\ \gamma_{xy}^0 \end{bmatrix} \qquad \boldsymbol{\kappa} = \begin{bmatrix} \kappa_x \\ \kappa_y \\ \kappa_{xy} \end{bmatrix} \qquad \boldsymbol{N} = \begin{bmatrix} N_x \\ N_y \\ N_{xy} \end{bmatrix} \qquad \boldsymbol{M} = \begin{bmatrix} M_x \\ M_y \\ M_{xy} \end{bmatrix}$$

式（5-22）简写为：

$$\begin{bmatrix} \boldsymbol{N} \\ \boldsymbol{M} \end{bmatrix} = \begin{bmatrix} \boldsymbol{A} & \boldsymbol{B} \\ \boldsymbol{B} & \boldsymbol{D} \end{bmatrix} \begin{bmatrix} \boldsymbol{\varepsilon}^0 \\ \boldsymbol{\kappa} \end{bmatrix} \tag{5-23}$$

5.2.5 层合板的柔度

将式（5-23）展开写为：

$$\left.\begin{aligned} \boldsymbol{N} &= \boldsymbol{A}\boldsymbol{\varepsilon}^0 + \boldsymbol{B}\boldsymbol{\kappa} \\ \boldsymbol{M} &= \boldsymbol{B}\boldsymbol{\varepsilon}^0 + \boldsymbol{D}\boldsymbol{\kappa} \end{aligned}\right\} \tag{5-24}$$

由式（5-24）可得：

$$\left.\begin{aligned} \boldsymbol{\varepsilon}^0 &= [\boldsymbol{A}^{-1} - (\boldsymbol{A}^{-1}\boldsymbol{B})(\boldsymbol{D} - \boldsymbol{B}\boldsymbol{A}^{-1}\boldsymbol{B})^{-1}\boldsymbol{B}\boldsymbol{A}^{-1}]\boldsymbol{N} + [\boldsymbol{A}^{-1}\boldsymbol{B}(\boldsymbol{B}\boldsymbol{A}^{-1}\boldsymbol{B} - \boldsymbol{D})^{-1}]\boldsymbol{M} \\ \boldsymbol{\kappa} &= [(\boldsymbol{B}\boldsymbol{A}^{-1}\boldsymbol{B} - \boldsymbol{D})^{-1}\boldsymbol{B}\boldsymbol{A}^{-1}]\boldsymbol{N} + [(\boldsymbol{D} - \boldsymbol{B}\boldsymbol{A}^{-1}\boldsymbol{B})^{-1}]\boldsymbol{M} \end{aligned}\right\} \tag{5-25a}$$

写成块矩阵的形式：

$$\begin{bmatrix} \boldsymbol{\varepsilon}^0 \\ \boldsymbol{\kappa} \end{bmatrix} = \begin{bmatrix} \boldsymbol{A}' & \boldsymbol{B}' \\ \boldsymbol{H}' & \boldsymbol{D}' \end{bmatrix} \begin{bmatrix} \boldsymbol{N} \\ \boldsymbol{M} \end{bmatrix} \tag{5-25b}$$

式中

$$
\begin{aligned}
&\boldsymbol{A}'=\boldsymbol{A}^{-1}+(\boldsymbol{A}^{-1}\boldsymbol{B})(\boldsymbol{D}-\boldsymbol{B}\boldsymbol{A}^{-1}\boldsymbol{B})^{-1}\boldsymbol{B}\boldsymbol{A}^{-1}\\
&\boldsymbol{B}'=\boldsymbol{A}^{-1}\boldsymbol{B}(\boldsymbol{B}\boldsymbol{A}^{-1}\boldsymbol{B}-\boldsymbol{D})^{-1}\\
&\boldsymbol{D}'=(\boldsymbol{D}-\boldsymbol{B}\boldsymbol{A}^{-1}\boldsymbol{B})^{-1}\\
&\boldsymbol{H}'=(\boldsymbol{B}\boldsymbol{A}^{-1}\boldsymbol{B}-\boldsymbol{D})^{-1}\boldsymbol{B}\boldsymbol{A}^{-1}
\end{aligned}
\tag{5-26}
$$

由于拉伸刚度 $\boldsymbol{A}$、耦合刚度 $\boldsymbol{B}$、弯曲刚度 $\boldsymbol{D}$ 都是对称矩阵，$\boldsymbol{A}^{-1}$、$\boldsymbol{B}^{-1}$、$\boldsymbol{D}^{-1}$ 也是对称矩阵。因此，一般情况下 $\boldsymbol{B}'=\boldsymbol{H}'^{\mathrm{T}}$，特殊情况下有 $\boldsymbol{B}'=\boldsymbol{H}'$，式（5-25b）改写为：

$$
\begin{bmatrix}\boldsymbol{\varepsilon}^0\\ \boldsymbol{\kappa}\end{bmatrix}=\begin{bmatrix}\boldsymbol{A}' & \boldsymbol{B}'\\ \boldsymbol{B}' & \boldsymbol{D}'\end{bmatrix}\begin{bmatrix}\boldsymbol{N}\\ \boldsymbol{M}\end{bmatrix}
\tag{5-27}
$$

这里将块矩阵 $\boldsymbol{A}'$、$\boldsymbol{B}'$、$\boldsymbol{D}'$ 分别称为面内柔度矩阵、耦合柔度矩阵、弯曲柔度矩阵。

例题 5-1 设某 $[45°/0]_{\mathrm{T}}$ 层合板如图 5-7 所示。底层取向 0，厚度 5mm，顶层取向 45°，厚度 3mm。这两个铺层的材料弹性主方向刚度性能相同，给出刚度矩阵如下：

$$
\boldsymbol{Q}=\begin{bmatrix}20 & 0.7 & 0\\ 0.7 & 2.0 & 0\\ 0 & 0 & 0.7\end{bmatrix}\mathrm{GPa}
$$

试求该层合板的内力及内力矩与变形之间的关系。

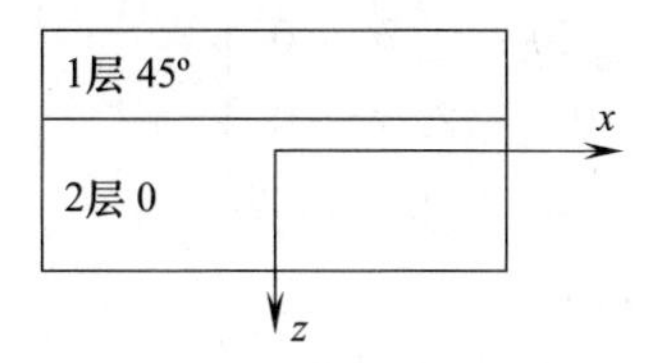

图 5-7 层合板几何示意图

解：刚度矩阵 $\boldsymbol{Q}$ 的单位与应力的单位是相同的。拉伸刚度 $\boldsymbol{A}$ 的单位是应力单位与长度单位的乘积；耦合刚度 $\boldsymbol{B}$ 的单位是应力单位与长度单位平方的乘积；弯曲刚度 $\boldsymbol{D}$ 的单位是应力单位与长度单位立方的乘积。例题中给出的板厚单位为 mm，因此刚度系数 A_{ij}、B_{ij}、D_{ij} 的单位分别为 GPa · mm、GPa · mm²、GPa · mm³。在层合板的内力及内力矩与应变分析运算时必须采用一致的单位，否则会导致错误的结果。

（1）计算转换折算刚度矩阵

对于 0 铺层，$\bar{\boldsymbol{Q}}$ 和 $\boldsymbol{Q}$ 是相同的，即：

$$
\bar{\boldsymbol{Q}}_2=\boldsymbol{Q}_0=\boldsymbol{Q}=\begin{bmatrix}20 & 0.7 & 0\\ 0.7 & 2.0 & 0\\ 0 & 0 & 0.7\end{bmatrix}\mathrm{GPa}
$$

对于 45°铺层，$\bar{\boldsymbol{Q}}$ 通过坐标转换得到：

$$
\bar{\boldsymbol{Q}}_1=\bar{\boldsymbol{Q}}_{45°}=\boldsymbol{T}^{-1}\boldsymbol{Q}(\boldsymbol{T}^{-1})^{\mathrm{T}}=\begin{bmatrix}6.55 & 5.15 & 4.50\\ 5.15 & 6.55 & 4.50\\ 4.50 & 4.50 & 5.15\end{bmatrix}\mathrm{GPa}
$$

（2）计算刚度矩阵

参照图 5-7 所示坐标系，$z_0=-4\mathrm{mm}$，$z_1=-1\mathrm{mm}$，$z_2=4\mathrm{mm}$

$h_1=z_1-z_0=3\mathrm{mm}$，$h_2=z_2-z_1=5\mathrm{mm}$，$\bar{z}_1=(z_0+z_1)/2=-2.5\mathrm{mm}$，$\bar{z}_2=(z_1+z_2)/2=1.5\mathrm{mm}$

$$A=\sum_{k=1}^{2}\bar{Q}_k h_k=3\times\begin{bmatrix}6.55 & 5.15 & 4.50\\5.15 & 6.55 & 4.50\\4.50 & 4.50 & 5.15\end{bmatrix}+5\times\begin{bmatrix}20 & 0.7 & 0\\0.7 & 2.0 & 0\\0 & 0 & 0.7\end{bmatrix}$$

$$=\begin{bmatrix}119.65 & 18.95 & 13.50\\18.95 & 29.65 & 13.50\\13.50 & 13.50 & 18.95\end{bmatrix}\text{GPa}\cdot\text{mm}$$

$$B=\sum_{k=1}^{2}\bar{Q}_k h_k\bar{z}_k=-2.5\times3\times\begin{bmatrix}6.55 & 5.15 & 4.50\\5.15 & 6.55 & 4.50\\4.50 & 4.50 & 5.15\end{bmatrix}+5\times1.5\times\begin{bmatrix}20 & 0.7 & 0\\0.7 & 2.0 & 0\\0 & 0 & 0.7\end{bmatrix}$$

$$=\begin{bmatrix}100.9 & -33.6 & -33.75\\-33.6 & -44.1 & -33.75\\-33.75 & -33.750 & -33.40\end{bmatrix}\text{GPa}\cdot\text{mm}^2$$

$$D=\sum_{k=1}^{2}\bar{Q}_k\left(h_k\bar{z}_k^2+\frac{h_k^3}{12}\right)=\left[3\times(-2.5)^2+\frac{3^3}{12}\right]\times\begin{bmatrix}6.55 & 5.15 & 4.50\\5.15 & 6.55 & 4.50\\4.50 & 4.50 & 5.15\end{bmatrix}+$$

$$\left[5\times1.5^2+\frac{5^3}{12}\right]\times\begin{bmatrix}20 & 0.7 & 0\\0.7 & 2.0 & 0\\0 & 0 & 0.7\end{bmatrix}$$

$$=\begin{bmatrix}571 & 123 & 94.5\\123 & 181 & 94.5\\94.5 & 94.5 & 123\end{bmatrix}\text{GPa}\cdot\text{mm}^3$$

（3）求内力及内力矩与变形之间的关系

$$\begin{bmatrix}N_x\\N_y\\N_{xy}\\M_x\\M_y\\M_{xy}\end{bmatrix}=\begin{bmatrix}119.6 & 18.9 & 13.5 & 100.9 & -33.4 & -33.8\\18.9 & 29.6 & 13.5 & -33.4 & -34.1 & -33.8\\13.5 & 13.5 & 18.9 & -33.8 & -33.8 & -33.4\\100.9 & -33.4 & -33.8 & 571 & 123 & 94.5\\-33.4 & -34.1 & -33.8 & 123 & 181 & 94.5\\-33.8 & -33.8 & -33.4 & 94.5 & 94.5 & 123\end{bmatrix}\begin{bmatrix}\varepsilon_x^0\\\varepsilon_y^0\\\gamma_{xy}^0\\\kappa_x\\\kappa_y\\\kappa_{xy}\end{bmatrix}$$

5.3 单层板的刚度计算

前面讨论了单层板的应力-应变关系，本节从内力及内力矩-应变关系来讨论单层板的拉伸刚度和弯曲刚度。

5.3.1 各向同性单层板

设各向同性单层板的两个独立材料常数为弹性模量 E 和泊松比 ν，由式（3-6）得转换折算刚度矩阵 $\bar{Q}$ 的元素：

$$\bar{Q}_{11}=\bar{Q}_{22}=Q_{11}=Q_{22}=\frac{E}{1-\nu^2} \qquad \bar{Q}_{12}=Q_{12}=\frac{\nu E}{1-\nu^2}$$
$$\bar{Q}_{66}=Q_{66}=\frac{E}{2(1+\nu)} \qquad \bar{Q}_{16}=\bar{Q}_{26}=Q_{16}=Q_{26}=0 \tag{5-28}$$

设单层板的厚度为 h，由式（5-21）得：

$$A_{11}=A_{22}=A=\frac{Eh}{1-\nu^2} \qquad A_{12}=\nu A \qquad A_{66}=\frac{1-\nu}{2}A \qquad A_{16}=A_{26}=0$$
$$B_{ij}\equiv 0 \tag{5-29}$$
$$D_{11}=D_{22}=D=\frac{Eh^3}{12(1-\nu^2)} \qquad D_{12}=\nu D \qquad D_{66}=\frac{1-\nu}{2}D \qquad D_{16}=D_{26}=0$$

这样得到各向同性单层板的内力及内力矩-应变关系为：

$$\begin{bmatrix} N_x \\ N_y \\ N_{xy} \end{bmatrix}=\begin{bmatrix} A & \nu A & 0 \\ \nu A & A & 0 \\ 0 & 0 & (1-\nu)A/2 \end{bmatrix}\begin{bmatrix} \varepsilon_x^0 \\ \varepsilon_y^0 \\ \gamma_{xy}^0 \end{bmatrix} \tag{5-30}$$

$$\begin{bmatrix} M_x \\ M_y \\ M_{xy} \end{bmatrix}=\begin{bmatrix} D & \nu D & 0 \\ \nu D & D & 0 \\ 0 & 0 & (1-\nu)D/2 \end{bmatrix}\begin{bmatrix} \kappa_x \\ \kappa_y \\ \kappa_{xy} \end{bmatrix} \tag{5-31}$$

式中

$$A=\frac{Eh}{1-\nu^2} \qquad D=\frac{Eh^3}{12(1-\nu^2)} \tag{5-32}$$

显然，各向同性单层板的拉伸与弯曲之间不存在耦合效应。

5.3.2 横观各向同性单层板

设单层板的板面与各向同性面平行，则整体坐标轴与材料弹性主方向轴向重合。各向同性面内的弹性模量和泊松比分别为 E_1 和 ν_{12}，用以替换各向同性单层板的 E 和 ν，则从式（5-29）～式（5-31）直接得出横观各向同性单层板的相应结果：

$$A_{11}=A_{22}=A=\frac{E_1 h}{1-\nu_{12}^2} \qquad A_{12}=\nu_{12}A \qquad A_{66}=\frac{1-\nu_{12}}{2}A \qquad A_{16}=A_{26}=0$$
$$B_{ij}\equiv 0$$
$$D_{11}=D_{22}=D=\frac{E_1 h^3}{12(1-\nu_{12}^2)} \qquad D_{12}=\nu_{12}D \qquad D_{66}=\frac{1-\nu_{12}}{2}D \qquad D_{16}=D_{26}=0 \tag{5-33}$$

内力及内力矩-应变关系为：

$$\begin{bmatrix} N_x \\ N_y \\ N_{xy} \end{bmatrix}=\begin{bmatrix} A & \nu_{12} A & 0 \\ \nu_{12} A & A & 0 \\ 0 & 0 & (1-\nu_{12})A/2 \end{bmatrix}\begin{bmatrix} \varepsilon_x^0 \\ \varepsilon_y^0 \\ \gamma_{xy}^0 \end{bmatrix} \tag{5-34}$$

$$\begin{bmatrix} M_x \\ M_y \\ M_{xy} \end{bmatrix}=\begin{bmatrix} D & \nu_{12} D & 0 \\ \nu_{12} D & D & 0 \\ 0 & 0 & (1-\nu_{12})D/2 \end{bmatrix}\begin{bmatrix} \kappa_x \\ \kappa_y \\ \kappa_{xy} \end{bmatrix} \tag{5-35}$$

式中

$$A=\frac{E_1 h}{1-\nu_{12}^2} \qquad D=\frac{E_1 h^3}{12\ (1-\nu_{12}^2)} \tag{5-36}$$

显然，横观各向同性单层板的拉伸与弯曲之间也不存在耦合效应。

5.3.3 特殊正交各向异性单层板

特殊正交各向异性单层板是指整体坐标轴与材料弹性主方向轴重合的正交各向异性单层板。对于特殊正交各向异性单层板，转换折算刚度矩阵与折算刚度矩阵是相同的，则由式（3-4）得出转换折算刚度矩阵中的元素为：

$$\begin{aligned}&\bar{Q}_{11}=Q_{11}=\frac{E_1}{1-\nu_{12}\nu_{21}} \qquad \bar{Q}_{12}=Q_{12}=\frac{\nu_{12}E_2}{1-\nu_{12}\nu_{21}}=\frac{\nu_{21}E_1}{1-\nu_{12}\nu_{21}}\\&\bar{Q}_{22}=Q_{22}=\frac{E_2}{1-\nu_{12}\nu_{21}} \qquad \bar{Q}_{16}=\bar{Q}_{26}=Q_{16}=Q_{26}=0 \qquad \bar{Q}_{66}=Q_{66}=G_{12}\end{aligned} \tag{5-37}$$

设单层板的厚度为 h，由式（5-21）得：

$$\begin{aligned}&A_{11}=Q_{11}h \qquad A_{12}=Q_{12}h \qquad A_{22}=Q_{22}h \qquad A_{66}=Q_{66}h \qquad A_{16}=A_{26}=0\\&B_{ij}\equiv 0\\&D_{11}=\frac{Q_{11}h^3}{12} \qquad D_{12}=\frac{Q_{12}h^3}{12} \qquad D_{22}=\frac{Q_{22}h^3}{12} \qquad D_{66}=\frac{Q_{66}h^3}{12} \qquad D_{16}=D_{26}=0\end{aligned} \tag{5-38}$$

与各向同性单层板不同，特殊正交各向异性单层板独立的拉伸刚度和弯曲刚度增加到 4 个。特殊正交各向异性单层板的内力及内力矩-应变关系为：

$$\begin{bmatrix}N_x\\N_y\\N_{xy}\end{bmatrix}=\begin{bmatrix}A_{11}&A_{12}&0\\A_{12}&A_{22}&0\\0&0&A_{66}\end{bmatrix}\begin{bmatrix}\varepsilon_x^0\\\varepsilon_y^0\\\gamma_{xy}^0\end{bmatrix} \tag{5-39}$$

$$\begin{bmatrix}M_x\\M_y\\M_{xy}\end{bmatrix}=\begin{bmatrix}D_{11}&D_{12}&0\\D_{12}&D_{22}&0\\0&0&D_{66}\end{bmatrix}\begin{bmatrix}\kappa_x\\\kappa_y\\\kappa_{xy}\end{bmatrix} \tag{5-40}$$

显然，特殊正交各向异性单层板的拉伸与弯曲之间也不存在耦合效应。

5.3.4 一般正交各向异性单层板

一般正交各向异性单层板的弹性主方向轴与整体坐标轴是不重合的，转换折算刚度系数 $\bar{Q}_{ij}$(i，j=1，2，6)均为非零元素，可以用式（3-19）计算，再由式（5-21）得到各刚度系数：

$$A_{ij}=\bar{Q}_{ij}h \qquad B_{ij}\equiv 0 \qquad D_{ij}=\bar{Q}_{ij}h^3/12 \tag{5-41}$$

式中，A_{ij} 和 D_{ij}(i，j=1，2，6)也为非零元素，即拉伸刚度矩阵 **A** 和弯曲刚度矩阵 ***D*** 都是满阵，但独立的拉伸刚度和弯曲刚度仍然是 4 个。

一般正交各向异性单层板的内力及内力矩-应变关系为：

$$\begin{bmatrix}N_x\\N_y\\N_{xy}\end{bmatrix}=\begin{bmatrix}A_{11}&A_{12}&A_{16}\\A_{12}&A_{22}&A_{26}\\A_{16}&A_{26}&A_{66}\end{bmatrix}\begin{bmatrix}\varepsilon_x^0\\\varepsilon_y^0\\\gamma_{xy}^0\end{bmatrix} \tag{5-42}$$

$$\begin{bmatrix} M_x \\ M_y \\ M_{xy} \end{bmatrix} = \begin{bmatrix} D_{11} & D_{12} & D_{16} \\ D_{12} & D_{22} & D_{26} \\ D_{16} & D_{26} & D_{66} \end{bmatrix} \begin{bmatrix} \kappa_x \\ \kappa_y \\ \kappa_{xy} \end{bmatrix} \tag{5-43}$$

显然，一般正交各向异性单层板也不存在拉弯耦合效应，但存在拉剪耦合和弯扭耦合效应。

5.4 对称层合板的刚度计算

工程中大量使用的多向层合板为对称层合板，对称层合板的耦合刚度矩阵 **B** 为零，也就是说，对称层合板不存在拉弯耦合效应。

5.4.1 对称层合板的特点

对称层合板（Symmetric Laminates）是指几何和材料性能方面都对称于层合板中面的层合板，如图 5-8 所示。x 轴取与材料弹性主方向轴一致。对称性体现在几何对称和材料性能对称方面。

几何对称：

$$\begin{aligned} z_k &= -z_{m-1} \\ z_{k-1} &= -z_m \\ \bar{z}_k &= -\bar{z}_m \\ h_k &= h_m \end{aligned} \tag{5-44}$$

材料性能对称：

$$(\bar{Q}_{ij})_k = (\bar{Q}_{ij})_m (i, j=1, 2, 6) \quad 或 \quad \bar{\boldsymbol{Q}}_k = \bar{\boldsymbol{Q}}_m \tag{5-45}$$

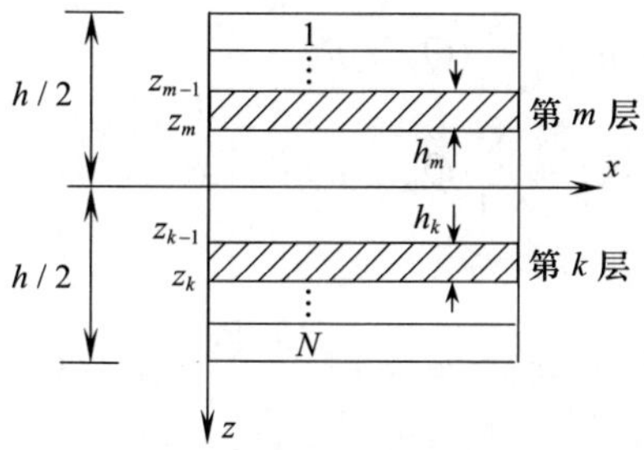

图 5-8 对称层合板示意图

根据耦合刚度矩阵 **B** 的定义，即式（5-21）中的第二式，有：

$$B_{ij} = \frac{1}{2}\sum_{k=1}^{N}(\bar{Q}_{ij})_k (z_k^2 - z_{k-1}^2) = \sum_{k=1}^{N}(\bar{Q}_{ij})_k h_k (\bar{z}_k)$$

对称的单层板在层合板中成对存在，任意一对对称的单层板（如图 5-8 所示中的第 m 层和第 k 层）在 B_{ij} 中的分量为：

$$(\bar{Q}_{ij})_m h_m (\bar{z}_m) + (\bar{Q}_{ij})_k h_k (\bar{z}_k)$$

由式（5-44）和式（5-45）可得：

$$(\bar{Q}_{ij})_m h_m (\bar{z}_m) + (\bar{Q}_{ij})_k h_k (\bar{z}_k) \equiv 0$$

这样成对的对称单层板的 B_{ij} 分量相加，可得：

$$B_{ij}\equiv 0 \qquad (i,\ j=1,\ 2,\ 6) \tag{5-46}$$

耦合刚度矩阵 $\boldsymbol{B}$ 为零是对称层合板的基本特点。因此，对称层合板的内力及内力矩-变形的关系式（5-19）和式（5-20）可以简化为：

$$\begin{bmatrix} N_x \\ N_y \\ N_{xy} \end{bmatrix} = \begin{bmatrix} A_{11} & A_{12} & A_{16} \\ A_{12} & A_{22} & A_{26} \\ A_{16} & A_{26} & A_{66} \end{bmatrix} \begin{bmatrix} \varepsilon_x^0 \\ \varepsilon_y^0 \\ \gamma_{xy}^0 \end{bmatrix} \tag{5-47}$$

$$\begin{bmatrix} M_x \\ M_y \\ M_{xy} \end{bmatrix} = \begin{bmatrix} D_{11} & D_{12} & D_{16} \\ D_{12} & D_{22} & D_{26} \\ D_{16} & D_{26} & D_{66} \end{bmatrix} \begin{bmatrix} \kappa_x \\ \kappa_y \\ \kappa_{xy} \end{bmatrix} \tag{5-48}$$

可见，对称性可使层合板的力学分析得到简化，另外纤维增强树脂基复合材料对称层合板在固化冷却后，一般不会产生面内热收缩引起的翘曲变形。

5.4.2 各向同性对称层合板

由对称于层合板中面的不同各向同性单层板组成的层合板称为各向同性对称层合板，各单层板的 $\boldsymbol{Q}$ 为：

$$\boldsymbol{Q}_k = \begin{bmatrix} Q_{11} & Q_{12} & 0 \\ Q_{12} & Q_{11} & 0 \\ 0 & 0 & Q_{66} \end{bmatrix}_k$$

每层皆为各向同性材料，但各层间材料（E、ν）不同，由式（5-21）可得：

$$A_{11}=\sum_{k=1}^{N}(\bar{Q}_{11})_k h_k=\sum_{k=1}^{N}(Q_{11})_k h_k=A_{22}$$

$$A_{12}=\sum_{k=1}^{N}(\bar{Q}_{12})_k h_k=\sum_{k=1}^{N}(Q_{22})_k h_k$$

$$A_{66}=\sum_{k=1}^{N}(\bar{Q}_{66})_k h_k=\sum_{k=1}^{N}(Q_{66})_k h_k$$

$$A_{16}=A_{26}=0$$

$$D_{11}=\frac{1}{3}\sum_{k=1}^{N}(\bar{Q}_{11})_k(z_k^3-z_{k-1}^3)=\frac{1}{3}\sum_{k=1}^{N}(Q_{11})_k(z_k^3-z_{k-1}^3)=D_{22}$$

$$D_{12}=\frac{1}{3}\sum_{k=1}^{N}(\bar{Q}_{12})_k(z_k^3-z_{k-1}^3)=\frac{1}{3}\sum_{k=1}^{N}(Q_{12})_k(z_k^3-z_{k-1}^3)$$

$$D_{66}=\frac{1}{3}\sum_{k=1}^{N}(\bar{Q}_{66})_k(z_k^3-z_{k-1}^3)=\frac{1}{3}\sum_{k=1}^{N}(Q_{66})_k(z_k^3-z_{k-1}^3)$$

$$D_{16}=D_{26}=0$$

因此，各向同性对称层合板的内力及内力矩-变形关系为：

$$\begin{bmatrix} N_x \\ N_y \\ N_{xy} \end{bmatrix} = \begin{bmatrix} A_{11} & A_{12} & 0 \\ A_{12} & A_{11} & 0 \\ 0 & 0 & A_{66} \end{bmatrix} \begin{bmatrix} \varepsilon_x^0 \\ \varepsilon_y^0 \\ \gamma_{xy}^0 \end{bmatrix} \tag{5-49}$$

$$\begin{bmatrix} M_x \\ M_y \\ M_{xy} \end{bmatrix} = \begin{bmatrix} D_{11} & D_{12} & 0 \\ D_{12} & D_{11} & 0 \\ 0 & 0 & D_{66} \end{bmatrix} \begin{bmatrix} \kappa_x \\ \kappa_y \\ \kappa_{xy} \end{bmatrix} \tag{5-50}$$

例题 5-2 四层各向同性单层板构成的复合材料对称层合板。各单层几何尺寸和材料常数如下：

层别	1	2	3	4
材料性能	E，ν	$0.5E$，ν	$0.5E$，ν	E，ν
厚度	t	$2t$	$2t$	t

试求 $\varepsilon_x^0=\varepsilon$，$\varepsilon_y^0=\gamma_{xy}^0=0$，$\kappa_x=\kappa\kappa_y=\kappa_{xy}=0$ 时对应的内力和内力矩。

解：(1) 求折算刚度矩阵 $\boldsymbol{Q}$

$$\boldsymbol{Q}_{1,4}=\begin{bmatrix} \frac{E}{1-\nu^2} & \frac{\nu E}{1-\nu^2} & 0 \\ \frac{\nu E}{1-\nu^2} & \frac{E}{1-\nu^2} & 0 \\ 0 & 0 & \frac{E}{2(1+\nu)} \end{bmatrix} = \begin{bmatrix} Q & \nu Q & 0 \\ \nu Q & Q & 0 \\ 0 & 0 & (1-\nu)Q/2 \end{bmatrix}$$

$$\boldsymbol{Q}_{2,3}=\begin{bmatrix} \frac{E}{2(1-\nu^2)} & \frac{\nu E}{2(1-\nu^2)} & 0 \\ \frac{\nu E}{2(1-\nu^2)} & \frac{E}{2(1-\nu^2)} & 0 \\ 0 & 0 & \frac{E}{4(1+\nu)} \end{bmatrix} = \begin{bmatrix} Q/2 & \nu Q/2 & 0 \\ \nu Q/2 & Q/2 & 0 \\ 0 & 0 & (1-\nu)Q/4 \end{bmatrix}$$

其中

$$Q=\frac{E}{1-\nu^2}$$

(2) 求拉伸刚度矩阵 $\boldsymbol{A}$ 和弯曲刚度矩阵 $\boldsymbol{D}$

$$\boldsymbol{A}=2t\boldsymbol{Q}_{1,4}+4t\boldsymbol{Q}_{2,3}=4t\begin{bmatrix} Q & \nu Q & 0 \\ \nu Q & Q & 0 \\ 0 & 0 & (1-\nu)Q/2 \end{bmatrix}$$

$$\boldsymbol{D}=\frac{38}{3}t^3\boldsymbol{Q}_{1,4}+\frac{16}{3}t^3\boldsymbol{Q}_{2,3}=\frac{46}{3}t^3\begin{bmatrix} Q & \nu Q & 0 \\ \nu Q & Q & 0 \\ 0 & 0 & (1-\nu)Q/2 \end{bmatrix}$$

(3) 求内力和内力矩

将 $\varepsilon_x^0=\varepsilon$，$\varepsilon_y^0=\gamma_{xy}^0=0$，$\kappa_x=\kappa\kappa_y=\kappa_{xy}=0$ 和 $\boldsymbol{A}$、$\boldsymbol{D}$ 代入式 (5-49) 和式 (5-50) 得：

$$\begin{bmatrix} N_x \\ N_y \\ N_{xy} \end{bmatrix} = 4t\begin{bmatrix} Q & \nu Q & 0 \\ \nu Q & Q & 0 \\ 0 & 0 & (1-\nu)Q/2 \end{bmatrix} \begin{bmatrix} \varepsilon \\ 0 \\ 0 \end{bmatrix} = 4t\varepsilon \begin{bmatrix} Q \\ \nu Q \\ 0 \end{bmatrix}$$

$$\begin{bmatrix} M_x \\ M_y \\ M_{xy} \end{bmatrix} = \frac{46}{3}t^3 \begin{bmatrix} Q & \nu Q & 0 \\ \nu Q & Q & 0 \\ 0 & 0 & (1-\nu)Q/2 \end{bmatrix} \begin{bmatrix} \kappa \\ 0 \\ 0 \end{bmatrix} = \frac{46}{3}t^3\kappa \begin{bmatrix} Q \\ \nu Q \\ 0 \end{bmatrix}$$

5.4.3 特殊正交各向异性对称层合板

由对称于层合板中面且坐标轴与材料弹性主方向轴重合的正交各向异性单层板组成的层合板称为正交各向异性对称层合板，各单层板的 $\boldsymbol{Q}$ 可表示为：

$$\boldsymbol{Q}_k = \begin{bmatrix} Q_{11} & Q_{12} & 0 \\ Q_{12} & Q_{22} & 0 \\ 0 & 0 & Q_{66} \end{bmatrix}_k$$

由式（5-21）可得：

$$A_{11} = \sum_{k=1}^{N} (\bar{Q}_{11})_k h_k = \sum_{k=1}^{N} (Q_{11})_k h_k \qquad A_{22} = \sum_{k=1}^{N} (\bar{Q}_{22})_k h_k = \sum_{k=1}^{N} (Q_{22})_k h_k$$

$$A_{12} = \sum_{k=1}^{N} (\bar{Q}_{12})_k h_k = \sum_{k=1}^{N} (Q_{22})_k h_k \qquad A_{66} = \sum_{k=1}^{N} (\bar{Q}_{66})_k h_k = \sum_{k=1}^{N} (Q_{66})_k h_k$$

$$A_{16} = A_{26} = 0$$

$$D_{11} = \frac{1}{3}\sum_{k=1}^{N} (\bar{Q}_{11})_k (z_k^3 - z_{k-1}^3) = \frac{1}{3}\sum_{k=1}^{N} (Q_{11})_k (z_k^3 - z_{k-1}^3)$$

$$D_{22} = \frac{1}{3}\sum_{k=1}^{N} (\bar{Q}_{22})_k (z_k^3 - z_{k-1}^3) = \frac{1}{3}\sum_{k=1}^{N} (Q_{22})_k (z_k^3 - z_{k-1}^3)$$

$$D_{12} = \frac{1}{3}\sum_{k=1}^{N} (\bar{Q}_{12})_k (z_k^3 - z_{k-1}^3) = \frac{1}{3}\sum_{k=1}^{N} (Q_{12})_k (z_k^3 - z_{k-1}^3)$$

$$D_{66} = \frac{1}{3}\sum_{k=1}^{N} (\bar{Q}_{66})_k (z_k^3 - z_{k-1}^3) = \frac{1}{3}\sum_{k=1}^{N} (Q_{66})_k (z_k^3 - z_{k-1}^3)$$

$$D_{16} = D_{26} = 0$$

因此，正交各向异性对称层合板的内力及内力矩-变形关系为：

$$\begin{bmatrix} N_x \\ N_y \\ N_{xy} \end{bmatrix} = \begin{bmatrix} A_{11} & A_{12} & 0 \\ A_{12} & A_{22} & 0 \\ 0 & 0 & A_{66} \end{bmatrix} \begin{bmatrix} \varepsilon_x^0 \\ \varepsilon_y^0 \\ \gamma_{xy}^0 \end{bmatrix} \tag{5-51}$$

$$\begin{bmatrix} M_x \\ M_y \\ M_{xy} \end{bmatrix} = \begin{bmatrix} D_{11} & D_{12} & 0 \\ D_{12} & D_{22} & 0 \\ 0 & 0 & D_{66} \end{bmatrix} \begin{bmatrix} \kappa_x \\ \kappa_y \\ \kappa_{xy} \end{bmatrix} \tag{5-52}$$

例题 5-3 三层特殊正交各向异性对称层合板各单层板的几何尺寸和材料常数如下：

层别	1	2	3
材料性能	E_1，E_2，G_{12}，ν_{12}	E'_1，E'_2，G'_{12}，ν'_{12}	E_1，E_2，G_{12}，ν_{12}
厚度	t	$2t$	t

试求该层合板的拉伸刚度矩阵 $\boldsymbol{A}$ 和弯曲刚度矩阵 $\boldsymbol{D}$。

解：(1) 求折算刚度矩阵 $\boldsymbol{Q}$

$$\nu_{21}=\frac{E_2}{E_1}\nu_{12} \qquad \nu'_{21}=\frac{E'_2}{E'_1}\nu'_{12}$$

$$Q_{1,3}=\begin{bmatrix}\frac{E_1}{1-\nu_{12}\nu_{21}} & \frac{\nu_{12}E_2}{1-\nu_{12}\nu_{21}} & 0\\ \frac{\nu_{12}E_2}{1-\nu_{12}\nu_{21}} & \frac{E_2}{1-\nu_{12}\nu_{21}} & 0\\ 0 & 0 & G_{12}\end{bmatrix} \qquad Q_2=\begin{bmatrix}\frac{E'_1}{1-\nu'_{12}\nu'_{21}} & \frac{\nu'_{12}E'_2}{1-\nu'_{12}\nu'_{21}} & 0\\ \frac{\nu'_{12}E'_2}{1-\nu'_{12}\nu'_{21}} & \frac{E'_2}{1-\nu'_{12}\nu'_{21}} & 0\\ 0 & 0 & G'_{12}\end{bmatrix}$$

（2）求拉伸刚度矩阵 $\boldsymbol{A}$ 和弯曲刚度矩阵 $\boldsymbol{D}$

$$\boldsymbol{A}=2t\boldsymbol{Q}_{1,3}+2t\boldsymbol{Q}_2=2t\begin{bmatrix}\frac{E_1}{1-\nu_{12}\nu_{21}} & \frac{\nu_{12}E_2}{1-\nu_{12}\nu_{21}} & 0\\ \frac{\nu_{12}E_2}{1-\nu_{12}\nu_{21}} & \frac{E_2}{1-\nu_{12}\nu_{21}} & 0\\ 0 & 0 & G_{12}\end{bmatrix}+2t\begin{bmatrix}\frac{E'_1}{1-\nu'_{12}\nu'_{21}} & \frac{\nu'_{12}E'_2}{1-\nu'_{12}\nu'_{21}} & 0\\ \frac{\nu'_{12}E'_2}{1-\nu'_{12}\nu'_{21}} & \frac{E'_2}{1-\nu'_{12}\nu'_{21}} & 0\\ 0 & 0 & G'_{12}\end{bmatrix}$$

$$\boldsymbol{D}=\frac{14}{3}t^3\boldsymbol{Q}_{1,3}+\frac{2}{3}t^3\boldsymbol{Q}_2=\frac{14}{3}t^3\begin{bmatrix}\frac{E_1}{1-\nu_{12}\nu_{21}} & \frac{\nu_{12}E_2}{1-\nu_{12}\nu_{21}} & 0\\ \frac{\nu_{12}E_2}{1-\nu_{12}\nu_{21}} & \frac{E_2}{1-\nu_{12}\nu_{21}} & 0\\ 0 & 0 & G_{12}\end{bmatrix}+\frac{2}{3}t^3\begin{bmatrix}\frac{E'_1}{1-\nu'_{12}\nu'_{21}} & \frac{\nu'_{12}E'_2}{1-\nu'_{12}\nu'_{21}} & 0\\ \frac{\nu'_{12}E'_2}{1-\nu'_{12}\nu'_{21}} & \frac{E'_2}{1-\nu'_{12}\nu'_{21}} & 0\\ 0 & 0 & G'_{12}\end{bmatrix}$$

5.4.4 正规对称正交铺设层合板

由材料弹性主方向轴与坐标轴夹角为 0、90°的正交各向异性单层板交替铺叠且对称于层合板中面的各单层板组成，单层板的层数为奇数的层合板，称为正规对称正交铺设层合板，如标记为［0/90°/0］或［90°/0/90°/0/90°］的层合板；若层数为偶数，如标记为［90°/0/90°/0］的层合板，显然不可能对称于层合板中面。这两种层合板中各单层板的 $\boldsymbol{Q}$ 不外乎两种情况：

对于 0 铺设单层板

$$(\boldsymbol{Q})_0=\begin{bmatrix}Q_{11} & Q_{12} & 0\\ Q_{12} & Q_{22} & 0\\ 0 & 0 & Q_{66}\end{bmatrix}_0$$

对于 90°铺设单层板

$$(\boldsymbol{Q})_{90^\circ}=\begin{bmatrix}Q_{11} & Q_{12} & 0\\ Q_{12} & Q_{22} & 0\\ 0 & 0 & Q_{66}\end{bmatrix}_{90^\circ}=\begin{bmatrix}Q_{22} & Q_{12} & 0\\ Q_{12} & Q_{11} & 0\\ 0 & 0 & Q_{66}\end{bmatrix}_0$$

由于 $(Q_{11})_0=(Q_{22})_{90^\circ}$，$(Q_{22})_0=(Q_{11})_{90^\circ}$，故 $(\boldsymbol{Q})_0$ 与 $(\boldsymbol{Q})_{90^\circ}$ 的差别只是 Q_{11} 与 Q_{22} 位置的互换。又由于 $Q_{16}=Q_{26}=0$，因此 $A_{16}=A_{26}=0$，$D_{16}=D_{26}=0$，其他刚度系数计算公式与前述相同，内力及内力矩-变形关系同式（5-51）和式（5-52）。

例题 5-4 三层正规对称正交铺设层合板（［$0t/90°\ 2t/0t$］）各单层板材料常数均为 E_1、E_2、G_{12}、ν_{12}，试求该层合板的拉伸刚度矩阵 $\boldsymbol{A}$ 和弯曲刚度矩阵 $\boldsymbol{D}$。

解：（1）求折算刚度矩阵 $\boldsymbol{Q}$

$$\nu_{21}=\frac{\boldsymbol{E}_2}{\boldsymbol{E}_1}\nu_{12}$$

$$\boldsymbol{Q}_{1,3}=\begin{bmatrix}\frac{E_1}{1-\nu_{12}\nu_{21}} & \frac{\nu_{12}E_2}{1-\nu_{12}\nu_{21}} & 0\\ \frac{\nu_{12}E_2}{1-\nu_{12}\nu_{21}} & \frac{E_2}{1-\nu_{12}\nu_{21}} & 0\\ 0 & 0 & G_{12}\end{bmatrix}\qquad \boldsymbol{Q}_2=\begin{bmatrix}\frac{E_2}{1-\nu_{12}\nu_{21}} & \frac{\nu_{12}E_2}{1-\nu_{12}\nu_{21}} & 0\\ \frac{\nu_{12}E_2}{1-\nu_{12}\nu_{21}} & \frac{E_1}{1-\nu_{12}\nu_{21}} & 0\\ 0 & 0 & G_{12}\end{bmatrix}$$

（2）求拉伸刚度矩阵 $\boldsymbol{A}$ 和弯曲刚度矩阵 $\boldsymbol{D}$

$$\boldsymbol{A}=2t\boldsymbol{Q}_{1,3}+2t\boldsymbol{Q}_2=2t\begin{bmatrix}\frac{E_1+E_2}{1-\nu_{12}\nu_{21}} & \frac{2\nu_{12}E_2}{1-\nu_{12}\nu_{21}} & 0\\ \frac{2\nu_{12}E_2}{1-\nu_{12}\nu_{21}} & \frac{E_1+E_2}{1-\nu_{12}\nu_{21}} & 0\\ 0 & 0 & 2G_{12}\end{bmatrix}$$

$$\boldsymbol{D}=\frac{14}{3}t^3\boldsymbol{Q}_{1,3}+\frac{2}{3}t^3\boldsymbol{Q}_2=\frac{2}{3}t^3\begin{bmatrix}\frac{7E_1+E_2}{1-\nu_{12}\nu_{21}} & \frac{8\nu_{12}E_2}{1-\nu_{12}\nu_{21}} & 0\\ \frac{8\nu_{12}E_2}{1-\nu_{12}\nu_{21}} & \frac{7E_2+E_1}{1-\nu_{12}\nu_{21}} & 0\\ 0 & 0 & 8G_{12}\end{bmatrix}$$

5.4.5 正规对称角铺设层合板

由材料性能相同、材料弹性主方向轴与坐标轴夹角相等但成正负交替铺叠且对称于层合板中面的各单层板组成，单层板总层数为奇数的层合板，称为正规对称角铺设层合板，如标记为［α/-α/α/-α/α］或［-αt/α2t/-αt/α2t/-α t ］的层合板。

对于 α 角铺设单层板

$$(\overline{\boldsymbol{Q}})_\alpha=\begin{bmatrix}\overline{Q}_{11} & \overline{Q}_{12} & \overline{Q}_{16}\\ \overline{Q}_{12} & \overline{Q}_{22} & \overline{Q}_{26}\\ \overline{Q}_{16} & \overline{Q}_{26} & \overline{Q}_{66}\end{bmatrix}_\alpha$$

对于 $-\alpha$ 角铺设单层板

$$(\overline{\boldsymbol{Q}})_{-\alpha}=\begin{bmatrix}\overline{Q}_{11} & \overline{Q}_{12} & \overline{Q}_{16}\\ \overline{Q}_{12} & \overline{Q}_{22} & \overline{Q}_{26}\\ \overline{Q}_{16} & \overline{Q}_{26} & \overline{Q}_{66}\end{bmatrix}_{-\alpha}$$

由于 $\overline{Q}_{11}$、$\overline{Q}_{22}$、$\overline{Q}_{12}$、$\overline{Q}_{66}$ 是 α 的偶函数，$\overline{Q}_{16}$、$\overline{Q}_{26}$ 是 α 的奇函数，所以有：

$$(\overline{\boldsymbol{Q}})_{-\alpha}=\begin{bmatrix}\overline{Q}_{11} & \overline{Q}_{12} & \overline{Q}_{16}\\ \overline{Q}_{12} & \overline{Q}_{22} & \overline{Q}_{26}\\ \overline{Q}_{16} & \overline{Q}_{26} & \overline{Q}_{66}\end{bmatrix}_{-\alpha}=\begin{bmatrix}\overline{Q}_{11} & \overline{Q}_{12} & -\overline{Q}_{16}\\ \overline{Q}_{12} & \overline{Q}_{22} & -\overline{Q}_{26}\\ -\overline{Q}_{16} & -\overline{Q}_{26} & \overline{Q}_{66}\end{bmatrix}_\alpha$$

例如，由 m 层 α 层和 n 层 $-\alpha$ 层任意铺叠总层数为 N（奇数）、总厚度为 h 的对称层合板，设 α 层的总厚度为 t_m，$-\alpha$ 层的总厚度为 t_n，则 $h=t_m+t_n$。由式（5-21）可

得刚度系数如下：

$$A_{11}=\sum_{k=1}^{N}(\bar{Q}_{11})_k h_k=\sum_{k=1}^{N}(\bar{Q}_{11})_\alpha h_k=(\bar{Q}_{11})_\alpha\sum_{k=1}^{N}h_k=(\bar{Q}_{11})_\alpha h$$

$$A_{22}=(\bar{Q}_{22})_\alpha h \qquad A_{12}=(\bar{Q}_{12})_\alpha h \qquad A_{66}=(\bar{Q}_{66})_\alpha h$$

$$A_{16}=\sum_{k=1}^{N}(\bar{Q}_{16})_k h_k=\sum_{k=1}^{N}[(\bar{Q}_{16})_\alpha h_k^\alpha-(\bar{Q}_{16})_\alpha h_k^{-\alpha}]$$

$$=(\bar{Q}_{16})_\alpha(\sum_{k=1}^{N}h_k^\alpha-\sum_{k=1}^{N}h_k^{-\alpha})=(\bar{Q}_{16})_\alpha(t_m-t_n)$$

$$A_{26}=(\bar{Q}_{26})_\alpha(t_m-t_n)$$

$$D_{11}=\frac{1}{3}\sum_{k=1}^{N}(\bar{Q}_{11})_k(z_k^3-z_{k-1}^3)=\frac{1}{3}\sum_{k=1}^{N}(\bar{Q}_{11})_\alpha(z_k^3-z_{k-1}^3)$$

$$=\frac{1}{3}(\bar{Q}_{11})_\alpha[(z_1^3-z_0^3)+(z_2^3-z_1^3)+\cdots+(z_N^3-z_{N-1}^3)]$$

$$=\frac{1}{3}(\bar{Q}_{11})_\alpha(z_n^3-z_0^3)=(\bar{Q}_{11})_\alpha\frac{h^3}{12}$$

$$D_{22}=(\bar{Q}_{22})_\alpha\frac{h^3}{12} \qquad D_{12}=(\bar{Q}_{12})_\alpha\frac{h^3}{12} \qquad D_{66}=(\bar{Q}_{66})_\alpha\frac{h^3}{12}$$

$$D_{16}=\frac{1}{3}\sum_{k=1}^{N}(\bar{Q}_{16})_k(z_k^3-z_{k-1}^3)$$

$$D_{26}=\frac{1}{3}\sum_{k=1}^{N}(\bar{Q}_{16})_k(z_k^3-z_{k-1}^3)$$

正规对称角铺设层合板的内力及内力矩-变形关系为：

$$\begin{bmatrix}N_x\\N_y\\N_{xy}\end{bmatrix}=\begin{bmatrix}A_{11}&A_{12}&A_{16}\\A_{12}&A_{22}&A_{26}\\A_{16}&A_{26}&A_{66}\end{bmatrix}\begin{bmatrix}\varepsilon_x^0\\\varepsilon_y^0\\\gamma_{xy}^0\end{bmatrix} \tag{5-53}$$

$$\begin{bmatrix}M_x\\M_y\\M_{xy}\end{bmatrix}=\begin{bmatrix}D_{11}&D_{12}&D_{16}\\D_{12}&D_{22}&D_{26}\\D_{16}&D_{26}&D_{66}\end{bmatrix}\begin{bmatrix}\kappa_x\\\kappa_y\\\kappa_{xy}\end{bmatrix} \tag{5-54}$$

这种层合板虽然 A_{ij} 和 D_{ij} 各刚度系数都存在，但由于 A_{16}、A_{26}、D_{16}、D_{26} 中有正负交替项，因此其数值比其他刚度系数要小。如果层合板由等厚度单层板组成，则每层厚度为 h/N，又因为总层数为奇数，因此有：

$$A_{16}=\frac{(m-n)h}{N}(\bar{Q}_{16})_\alpha \qquad A_{26}=\frac{(m-n)h}{N}(\bar{Q}_{26})_\alpha$$

增加单层板的层数 N，A_{16} 和 A_{26} 相对更小；A_{16} 和 A_{26} 也有类似性质。由于此种板 B_{ij} 恒等于零及 A_{16}、A_{26}、D_{16}、D_{26} 相对较小，计算时可作简化，而实际上它比特殊正交各向异性对称层合板有更大的剪切刚度，因此工程上应用较广泛。

例题 5-5 三层正规对称角铺设层合板（$[45°t/-45°\ 2t/45°t]$）的总厚度 $h=4t=0.5\text{mm}$，各单层板的材料常数均为：$E_1=140\text{GPa}$，$E_2=10\text{GPa}$，$G_{12}=5\text{GPa}$，$\nu_{12}=0.3$，试求该层合板的拉伸刚度矩阵 $\boldsymbol{A}$ 和弯曲刚度矩阵 $\boldsymbol{D}$。

解：(1) 求折算刚度矩阵

$$Q=\begin{bmatrix}140.9 & 3.0 & 0\\ 3.0 & 10.1 & 0\\ 0 & 0 & 5\end{bmatrix}\text{GPa}$$

（2）求转换折算刚度矩阵

$$(\bar{Q})_{45^\circ}=(\bar{Q})_{1,3}=\begin{bmatrix}44.3 & 34.3 & 32.7\\ 34.3 & 44.3 & 32.7\\ 32.7 & 32.7 & 36.3\end{bmatrix}\text{GPa}$$

$$(\bar{Q})_{-45^\circ}=(\bar{Q})_{2}=\begin{bmatrix}44.3 & 34.3 & -32.7\\ 34.3 & 44.3 & -32.7\\ -32.7 & -32.7 & 36.3\end{bmatrix}\text{GPa}$$

（3）求拉伸刚度矩阵 **A** 和弯曲刚度矩阵 ***D***

$$\mathbf{A}=2t\bar{Q}_{1,3}+2t\bar{Q}_2=\begin{bmatrix}22.2 & 17.2 & 0\\ 17.2 & 22.2 & 0\\ 0 & 0 & 18.2\end{bmatrix}\text{GPa}\cdot\text{mm}$$

$$D=\frac{14}{3}t^3Q_{1,3}+\frac{2}{3}t^3Q_2=\begin{bmatrix}0.4615 & 0.3573 & 0.2555\\ 0.3573 & 0.4615 & 0.2555\\ 0.2555 & 0.2555 & 0.3781\end{bmatrix}\text{GPa}\cdot\text{mm}^3$$

5.5 反对称层合板的刚度计算

非对称层合板是各向异性程度最严重的层合板，耦合刚度矩阵 ***B*** 不等于零，使得这种层合板的耦合变形非常复杂，制造中的变形也很难控制，因此在实际工程结构中难以应用。但有一些特殊的非对称层合板具有较简单的耦合关系，如反对称层合板。本节将介绍反对称层合板的刚度，以便进一步了解 ***B*** 矩阵中的耦合刚度系数。

5.5.1 反对称层合板的特点

由与层合板中面对称的单层板组成，单层板材料弹性主方向轴与整体坐标轴的夹角大小相等，但正负号相反，且对称层几何尺寸相等，总层数 N 必须为偶数的层合板，称为反对称层合板，如图 5-9 标记为 $[\alpha h_1/-\beta h_2/\cdots/\gamma h_i/-\gamma h_i/\cdots/\beta h_2/-\alpha h_1]$ 的层合板。

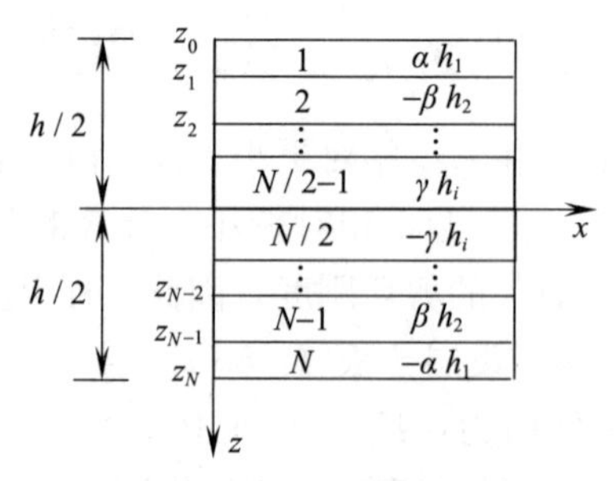

图 5-9　反对称层合板示意图

几何特性：

$$z_1-z_0=z_N-z_{N-1}=h_1,\ z_2-z_1=z_{N-1}-z_{N-2}=h_2,\ \cdots$$
$$\bar{z}_1=-\bar{z}_N,\bar{z}_2=-\bar{z}_{N-1},\ \cdots$$

材料弹性：

$$(\bar{Q}_{16})_1=-(\bar{Q}_{16})_N,\quad (\bar{Q}_{16})_2=-(\bar{Q}_{16})_{N-1},\quad \cdots$$
$$(\bar{Q}_{26})_1=-(\bar{Q}_{26})_N,\quad (\bar{Q}_{26})_2=-(\bar{Q}_{26})_{N-1},\quad \cdots$$

对于由正交各向异性单层板组成的反对称层合板来说，根据刚度矩阵的定义式（5-21），有：

$$\begin{aligned}A_{16}&=\sum_{k=1}^{N}(\bar{Q}_{16})_k h_k=(\bar{Q}_{16})_1 h_1+(\bar{Q}_{16})_2 h_2+\cdots+(\bar{Q}_{16})_{N-1}h_2+(\bar{Q}_{16})_N h_1\\&=(\bar{Q}_{16})_1 h_1+(\bar{Q}_{16})_2 h_2+\cdots-(\bar{Q}_{16})_2 h_2-(\bar{Q}_{16})_1 h_1=0\end{aligned}$$

同理

$$A_{26}=0$$

$$\begin{aligned}D_{16}&=\sum_{k=1}^{N}(\bar{Q}_{16})_k\left(h_k\bar{z}_k^2+\frac{h_k^3}{12}\right)=(\bar{Q}_{16})_1\left(h_1\bar{z}_1^2+\frac{h_1^3}{12}\right)+(\bar{Q}_{16})_2\left(h_2\bar{z}_2^2+\frac{h_2^3}{12}\right)+\cdots+\\&\quad(\bar{Q}_{16})_{N-1}\left(h_2\bar{z}_2^2+\frac{h_2^3}{12}\right)+(\bar{Q}_{16})_N\left(h_1\bar{z}_1^2+\frac{h_1^3}{12}\right)\\&=(\bar{Q}_{16})_1\left(h_1\bar{z}_1^2+\frac{h_1^3}{12}\right)+(\bar{Q}_{16})_2\left(h_2\bar{z}_2^2+\frac{h_2^3}{12}\right)+\cdots-\\&\quad(\bar{Q}_{16})_2\left(h_2\bar{z}_2^2+\frac{h_2^3}{12}\right)-(\bar{Q}_{16})_1\left(h_1\bar{z}_1^2+\frac{h_1^3}{12}\right)=0\end{aligned}$$

同理

$$D_{26}=0$$

因此，反对称层合板的内力及内力矩-变形的关系式分别为：

$$\begin{bmatrix}N_x\\N_y\\N_{xy}\end{bmatrix}=\begin{bmatrix}A_{11}&A_{12}&0\\A_{12}&A_{22}&0\\0&0&A_{66}\end{bmatrix}\begin{bmatrix}\varepsilon_x^0\\\varepsilon_y^0\\\gamma_{xy}^0\end{bmatrix}+\begin{bmatrix}B_{11}&B_{12}&B_{16}\\B_{12}&B_{22}&B_{26}\\B_{16}&B_{26}&B_{66}\end{bmatrix}\begin{bmatrix}\kappa_x\\\kappa_y\\\kappa_{xy}\end{bmatrix}\tag{5-55}$$

$$\begin{bmatrix}M_x\\M_y\\M_{xy}\end{bmatrix}=\begin{bmatrix}B_{11}&B_{12}&B_{16}\\B_{12}&B_{22}&B_{26}\\B_{16}&B_{26}&B_{66}\end{bmatrix}\begin{bmatrix}\varepsilon_x^0\\\varepsilon_y^0\\\gamma_{xy}^0\end{bmatrix}+\begin{bmatrix}D_{11}&D_{12}&0\\D_{12}&D_{22}&0\\0&0&D_{66}\end{bmatrix}\begin{bmatrix}\kappa_x\\\kappa_y\\\kappa_{xy}\end{bmatrix}\tag{5-56}$$

5.5.2 反对称正交铺设层合板

由正交各向异性单层板材料弹性主方向轴与整体坐标轴夹角成 0 和 90°，相互交错反对称铺叠而成的偶数层的层合板，称为反对称正交铺设层合板，如：[0/90°/0/90°] 层合板、[0/90°/90°/0/0/90°] 层合板等。表 5-1 给出了 [0/90°/90°/0/0/90°] 反对称正交铺设层合板的例子。

表 5-1　6 层反对称正交铺设层合板

层别	材料刚度系数				纤维铺设方向	单层板厚度	$\bar{z}_k$
	Q_{11}	Q_{12}	Q_{22}	Q_{66}			
1	F_1	F_2	F_3	F_4	0	t	$-5.5t$
2	G_1	G_2	G_3	G_4	90°	$3t$	$-3.5t$
3	H_1	H_2	H_3	H_4	90°	$2t$	$-t$
4	H_1	H_2	H_3	H_4	0	$2t$	t
5	G_1	G_2	G_3	G_4	0	$3t$	$3.5t$
6	F_1	F_2	F_3	F_4	90°	t	$5.5t$

由于各单层板是正交各向异性材料，且弹性主方向轴与整体坐标轴正交，因此有：$Q_{16}=Q_{26}=0, (\bar{Q}_{11})_0=(Q_{11})_0=(Q_{22})_{90°}=(\bar{Q}_{22})_{90°}, (\bar{Q}_{22})_0=(Q_{22})_0=(Q_{11})_{90°}=(\bar{Q}_{11})_{90°}$

根据刚度矩阵的定义式（5-21），有：

$$A_{16}=A_{26}=B_{16}=B_{26}=D_{16}=D_{26}=0$$

$$A_{11}=\sum_{k=1}^{N}(\bar{Q}_{11})_k h_k=F_1\cdot t+G_3\cdot 3t+H_3\cdot 2t+H_1\cdot 2t+G_1\cdot 3t+F_3\cdot t$$

$$A_{22}=\sum_{k=1}^{N}(\bar{Q}_{22})_k h_k=F_3\cdot t+G_1\cdot 3t+H_1\cdot 2t+H_3\cdot 2t+G_3\cdot 3t+F_1\cdot t$$

$$B_{11}=\sum_{k=1}^{N}(\bar{Q}_{11})_k h_k(\bar{z}_k)=F_1 t(-5.5t)+G_3(3t)(-3.5t)+H_3(2t)(-t)+H_1(2t)t+G_1(3t)(3.5t)+F_3 t(5.5t)$$

$$B_{22}=\sum_{k=1}^{N}(\bar{Q}_{22})_k h_k(\bar{z}_k)=F_3 t(-5.5t)+G_1(3t)(-3.5t)+H_1(2t)(-t)+H_3(2t)t+G_3(3t)(3.5t)+F_1 t(5.5t)$$

$$B_{12}=\sum_{k=1}^{N}(\bar{Q}_{12})_k h_k(\bar{z}_k)=F_2 t(-5.5t)+G_2(3t)(-3.5t)+H_2(2t)(-t)+H_2(2t)t+G_2(3t)(3.5t)+F_2 t(5.5t)=0$$

$$B_{66}=\sum_{k=1}^{N}(\bar{Q}_{66})_k h_k(\bar{z}_k)=F_4 t(-5.5t)+G_4(3t)(-3.5t)+H_4(2t)(-t)+H_4(2t)t+G_4(3t)(3.5t)+F_4 t(5.5t)=0$$

$$D_{11}=\sum_{k=1}^{N}(\bar{Q}_{11})_k\left(h_k\bar{z}_k^2+\frac{h_k^3}{12}\right)=F_1\left[t\cdot(-5.5t)^2+\frac{t^3}{12}\right]+G_3\left[3t\cdot(-3.5t)^2+\frac{(3t)^3}{12}\right]+H_3\left[2t\cdot(-t)^2+\frac{(2t)^3}{12}\right)+H_1\left[2t\cdot(t)^2+\frac{(2t)^3}{12}\right]+G_1\left[3t\cdot(3.5t)^2+\frac{(3t)^3}{12}\right]+F_3\left[t\cdot(5.5t)^2+\frac{t^3}{12}\right]$$

$$D_{22}=\sum_{k=1}^{N}(\bar{Q}_{22})_k\left(h_k\bar{z}_k^2+\frac{h_k^3}{12}\right)=F_3\left[t\cdot(-5.5t)^2+\frac{t^3}{12}\right]+G_1\left[3t\cdot(-3.5t)^2+\frac{(3t)^3}{12}\right]+H_1\left[2t\cdot(-t)^2+\frac{(2t)^3}{12}\right]+H_3\left[2t\cdot(t)^2+\frac{(2t)^3}{12}\right]+G_3\left[3t\cdot(3.5t)^2+\frac{(3t)^3}{12}\right]+F_1\left[t\cdot(5.5t)^2+\frac{t^3}{12}\right]$$

综上所述，有：

$$
\begin{aligned}
&A_{16}=A_{26}=B_{16}=B_{26}=D_{16}=D_{26}=0\\
&A_{22}=A_{11}\\
&B_{22}=-B_{11}\\
&D_{22}=D_{11}
\end{aligned}
\tag{5-57}
$$

对于反对称正交铺设层合板来说，上述计算具有一定的普遍性。因此反对称正交铺设层合板的内力及内力矩-变形的关系式为：

$$
\begin{bmatrix} N_x \\ N_y \\ N_{xy} \end{bmatrix}=\begin{bmatrix} A_{11} & A_{12} & 0 \\ A_{12} & A_{11} & 0 \\ 0 & 0 & A_{66} \end{bmatrix}\begin{bmatrix} \varepsilon_x^0 \\ \varepsilon_y^0 \\ \gamma_{xy}^0 \end{bmatrix}+\begin{bmatrix} B_{11} & 0 & 0 \\ 0 & -B_{11} & 0 \\ 0 & 0 & 0 \end{bmatrix}\begin{bmatrix} \kappa_x \\ \kappa_y \\ \kappa_{xy} \end{bmatrix} \tag{5-58}
$$

$$
\begin{bmatrix} M_x \\ M_y \\ M_{xy} \end{bmatrix}=\begin{bmatrix} B_{11} & 0 & 0 \\ 0 & -B_{11} & 0 \\ 0 & 0 & 0 \end{bmatrix}\begin{bmatrix} \varepsilon_x^0 \\ \varepsilon_y^0 \\ \gamma_{xy}^0 \end{bmatrix}+\begin{bmatrix} D_{11} & D_{12} & 0 \\ D_{12} & D_{11} & 0 \\ 0 & 0 & D_{66} \end{bmatrix}\begin{bmatrix} \kappa_x \\ \kappa_y \\ \kappa_{xy} \end{bmatrix} \tag{5-59}
$$

这种层合板存在拉伸与弯曲的耦合效应。

5.5.3 反对称角铺设层合板

层合板中与中面相对称的单层材料弹性主方向轴与坐标轴夹角大小相等，但正负号相反且对应厚度相等，这种层合板称为反对称角铺设层合板。如［－45°/30°/0/0/－30°/45°］层合板，各单层厚度及材料刚度系数见表 5-2。

表 5-2 6 层反对称角铺设层合板

层别	材料刚度系数						纤维铺设方向	单层板厚度	$\bar{z}_k$
	$\bar{Q}_{11}$	$\bar{Q}_{12}$	$\bar{Q}_{22}$	$\bar{Q}_{66}$	$\bar{Q}_{16}$	$\bar{Q}_{26}$			
1	F_1	F_2	F_3	F_4	$-F_5$	$-F_6$	$-45°$	t	$-5.5t$
2	G_1	G_2	G_3	G_4	G_5	G_6	30°	$2t$	$-4t$
3	H_1	H_2	H_3	H_4	0	0	0	$3t$	$-1.5t$
4	H_1	H_2	H_3	H_4	0	0	0	$3t$	$1.5t$
5	G_1	G_2	G_3	G_4	$-G_5$	$-G_6$	$-30°$	$2t$	$4t$
6	F_1	F_2	F_3	F_4	F_5	F_6	45°	t	$5.5t$

根据式（5-21）得：

$$
A_{16}=\sum_{k=1}^{N}(\bar{Q}_{16})_k t_k=(-F_5)t+G_5(2t)+0+0+(-G_5)(2t)+F_5 t=0
$$

同理可得：

$$
A_{26}=0
$$

$$
D_{16}=\sum_{k=1}^{N}(\bar{Q}_{16})_k\left(h_k\bar{z}_k^2+\frac{h_k^3}{12}\right)=(-F_5)\left[t\cdot(-5.5t)^2+\frac{t^3}{12}\right]+
$$

$$G_5\left[2t\cdot(-4t)^2+\frac{(2t)^3}{12}\right]+0+0+(-G_5)\left[2t\cdot(4t)^2+\frac{(2t)^3}{12}\right]+$$
$$F_5\left[t\cdot(5.5t)^2+\frac{t^3}{12}\right]=0$$

同理可得：

$$D_{26}=0$$

下面推导耦合刚度系数 B_{ij}，根据式（5-21）得：

$$B_{11}=\sum_{k=1}^{N}(\bar{Q}_{11})_k t_k(\bar{z}_k)=F_1 t(-5.5t)+G_1(2t)(-4t)+H_1(3t)(-1.5t)+$$
$$H_1(3t)(1.5t)+G_1(2t)(4t)+F_1 t(5.5t)=0$$

同理可得：

$$B_{12}=B_{22}=B_{66}=0$$

$$B_{16}=\sum_{k=1}^{N}(\bar{Q}_{16})_k t_k(\bar{z}_k)=(-F_5)t(-5.5t)+G_5(2t)(-4t)+$$
$$0+0+(-G_5)(2t)(4t)+F_5 t(5.5t)$$

$$B_{26}=\sum_{k=1}^{N}(\bar{Q}_{26})_k t_k(\bar{z}_k)=(-F_6)t(-5.5t)+G_6(2t)(-4t)+$$
$$0+0+(-G_6)(2t)(4t)+F_6 t(5.5t)$$

综上所述，有：

$$A_{16}=A_{26}=B_{11}=B_{22}=B_{12}=B_{66}=D_{16}=D_{26}=0 \tag{5-60}$$

对于反对称角铺设层合板来说，上述计算具有一定的普遍性。因此反对称角铺设层合板的内力及内力矩-变形的关系式为：

$$\begin{bmatrix}N_x\\N_y\\N_{xy}\end{bmatrix}=\begin{bmatrix}A_{11}&A_{12}&0\\A_{12}&A_{11}&0\\0&0&A_{66}\end{bmatrix}\begin{bmatrix}\varepsilon_x^0\\\varepsilon_y^0\\\gamma_{xy}^0\end{bmatrix}+\begin{bmatrix}0&0&B_{16}\\0&0&B_{26}\\B_{16}&B_{26}&0\end{bmatrix}\begin{bmatrix}\kappa_x\\\kappa_y\\\kappa_{xy}\end{bmatrix} \tag{5-61}$$

$$\begin{bmatrix}M_x\\M_y\\M_{xy}\end{bmatrix}=\begin{bmatrix}0&0&B_{16}\\0&0&B_{26}\\B_{16}&B_{26}&0\end{bmatrix}\begin{bmatrix}\varepsilon_x^0\\\varepsilon_y^0\\\gamma_{xy}^0\end{bmatrix}+\begin{bmatrix}D_{11}&D_{12}&0\\D_{12}&D_{11}&0\\0&0&D_{66}\end{bmatrix}\begin{bmatrix}\kappa_x\\\kappa_y\\\kappa_{xy}\end{bmatrix} \tag{5-62}$$

5.6 双向铺设层合板的刚度计算

双层铺设层合板的各层铺设同种、同样数量的双向纤维，它们与层合板的坐标轴 x 的夹角为 $+\alpha_k$ 及 $-\alpha_k$，如图 5-10 所示。各单层板的纤维铺设角 α_k 及厚度可以不等。

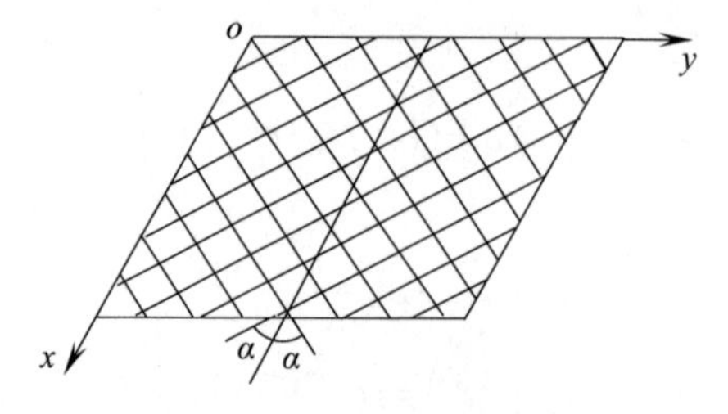

图 5-10　双向铺设层合板

因为 $\bar{Q}_{16}$、$\bar{Q}_{26}$ 是 α_k 角的奇函数，因此各单层：

$$A_{16}=A_{26}=0,\quad B_{16}=B_{26}=0,\quad D_{16}=D_{26}=0$$

这种层合板的内力和内力矩的表达式和式（5-61）及式（5-62）相同。

综合以上各节的分析，各种纤维增强复合材料层合板的刚度可归纳为表 5-3。

表 5-3 各种复合材料层合板的刚度

刚度	对称层合板			反对称层合板			不对称层合板	双向铺设层合板
	一般正交	特殊正交	角铺设	特殊正交	角铺设	特殊正交	一般正交	
B_{ij}	0	0	0	除 $B_{22}=-B_{11}$ 其余 $B_{ij}=0$	除 $B_{16}\neq0$ $B_{26}\neq0$ 其余 $B_{ij}=0$	$B_{16}=0$ $B_{26}=0$	$B_{ij}\neq0$	$B_{16}=0$ $B_{26}=0$
A_{ij}	$A_{ij}\neq0$	$A_{16}=0$ $A_{26}=0$	$A_{ij}\neq0$	$A_{11}=A_{22}$ $A_{16}=0$ $A_{26}=0$	$A_{16}=0$ $A_{26}=0$	$A_{16}=0$ $A_{26}=0$	$A_{ij}\neq0$	$A_{16}=0$ $A_{26}=0$
D_{ij}	$D_{ij}\neq0$	$D_{16}=0$ $D_{26}=0$	$D_{ij}\neq0$	$D_{11}=D_{22}$ $D_{16}=0$ $D_{26}=0$	$D_{16}=0$ $D_{26}=0$	$D_{16}=0$ $D_{26}=0$	$D_{ij}\neq0$	$D_{16}=0$ $D_{26}=0$

5.7 规则层合板的刚度计算

规则层合板是指由材料性能相同的等厚度单层板组成的层合板，它是各类层合板中一种重要的特殊情形。

5.7.1 规则角铺设层合板

这种层合板有 N 层单向增强层，各单向增强层均为正交各向异性，材料弹性主方向轴与层合板坐标轴成 $+\alpha$（偶数层）及 $-\alpha$（奇数层）夹角交叉铺设。各单层板的厚度均为 t，层合板的总厚度为 h，如图 5-11 所示。

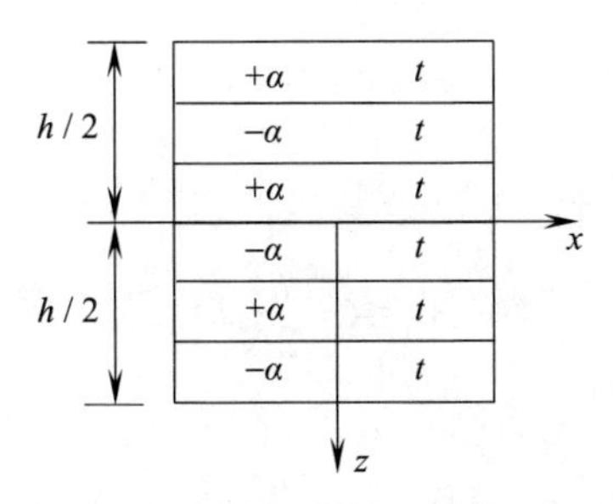

图 5-11 规则角铺设层合板示意图

由于 $\bar{Q}_{16}$、$\bar{Q}_{26}$ 为 α 角的奇函数，其他 $\bar{Q}_{ij}$ 均为 α 角的偶函数，因此有：

$$\left.\begin{array}{lll}(\bar{Q}_{16})_{+\alpha}=-(\bar{Q}_{16})_{-\alpha} & (\bar{Q}_{26})_{+\alpha}=-(\bar{Q}_{26})_{-\alpha} & (\bar{Q}_{11})_{+\alpha}=(\bar{Q}_{11})_{-\alpha}\\ (\bar{Q}_{12})_{+\alpha}=(\bar{Q}_{12})_{-\alpha} & (\bar{Q}_{22})_{+\alpha}=(\bar{Q}_{22})_{-\alpha} & (\bar{Q}_{66})_{+\alpha}=(\bar{Q}_{66})_{-\alpha}\end{array}\right\} \tag{5-63}$$

根据式（5-21）得：

$$\left.\begin{array}{l}A_{ij}=\sum_{k=1}^{N}(\bar{Q}_{ij})_k(z_k-z_{k-1})=\sum_{k=1}^{N}(\bar{Q}_{ij})_k t_k=t\sum_{k=1}^{N}(\bar{Q}_{ij})_k\\ B_{ij}=\frac{1}{2}\sum_{k=1}^{N}(\bar{Q}_{ij})_k(z_k^2-z_{k-1}^2)=\sum_{k=1}^{N}(\bar{Q}_{ij})_k t_k(\bar{z}_k)=t\sum_{k=1}^{N}(\bar{Q}_{ij})_k(\bar{z}_k)\\ D_{ij}=\frac{1}{3}\sum_{k=1}^{N}(\bar{Q}_{ij})_k(z_k^3-z_{k-1}^3)=\sum_{k=1}^{N}(\bar{Q}_{ij})_k\left(t_k\bar{z}_k^2+\frac{t_k^3}{12}\right)=t\sum_{k=1}^{N}(\bar{Q}_{ij})_k\left(\bar{z}_k^2+\frac{t^2}{12}\right)\end{array}\right\} \tag{5-64}$$

1. 规则反对称角铺设层合板

这种层合板的总层数 N 为偶数，由式（5-63）及式（5-64）有：

$$\left.\begin{array}{r}(A_{11},\ A_{12},\ A_{22},\ A_{66})=(\bar{Q}_{11},\ \bar{Q}_{12},\ \bar{Q}_{22},\ \bar{Q}_{66})h\\ A_{16}=A_{26}=0\\ B_{11}=B_{12}=B_{22}=B_{66}=0\end{array}\right\} \tag{5-65}$$

下面推导 B_{16}、B_{26} 的表达式。

当 $N=2$，$t=h/2$ 时，参考图 5-11 得：

$$B_{16}=\bar{Q}_{16}\cdot t\cdot\left(-\frac{t}{2}\right)+(-\bar{Q}_{16})\cdot t\cdot\frac{t}{2}=-\bar{Q}_{16}t^2=-\bar{Q}_{16}\frac{h^2}{2\times2}$$

当 $N=4$，$t=h/4$ 时，参考图 5-11 得：

$$B_{16}=\bar{Q}_{16}\cdot t\cdot\left(-\frac{3t}{2}\right)+(-\bar{Q}_{16})\cdot t\cdot\left(-\frac{t}{2}\right)+(\bar{Q}_{16})\cdot t\cdot\frac{t}{2}+(-\bar{Q}_{16})\cdot t\cdot\left(\frac{3t}{2}\right)=-2\bar{Q}_{16}t^2=-\bar{Q}_{16}\frac{h^2}{2\times4}$$

当 $N=6$，$t=h/6$ 时，参考图 5-11，得：

$$\begin{aligned}B_{16}&=(\bar{Q}_{16})\cdot t\cdot\left(-\frac{5t}{2}\right)+(-\bar{Q}_{16})\cdot t\cdot\left(-\frac{3t}{2}\right)+\bar{Q}_{16}\cdot t\cdot\left(-\frac{t}{2}\right)+(-\bar{Q}_{16})\cdot t\cdot\frac{t}{2}+\\&\quad(\bar{Q}_{16})\cdot t\cdot\left(\frac{3t}{2}\right)+(-\bar{Q}_{16})\cdot t\cdot\left(\frac{5t}{2}\right)\\&=-3\bar{Q}_{16}t^2=-\bar{Q}_{16}\frac{h^2}{2\times6}\end{aligned}$$

归纳起来，当 N 为偶数时：

$$B_{16}=-\frac{h^2}{2N}\bar{Q}_{16} \tag{5-66}$$

同理

$$B_{26}=-\frac{h^2}{2N}\bar{Q}_{26} \tag{5-67}$$

式（5-66）和式（5-67）中，$\bar{Q}_{16}$、$\bar{Q}_{26}$ 按 $+\alpha$ 角计算。

接下来推导 D_{11}、D_{12}、D_{22}、D_{66}、D_{16}、D_{26} 的表达式。

由式（5-63）及式（5-64）有：

$$D_{16}=D_{26}=0 \tag{5-68}$$

当 $N=2$，$t=h/2$ 时，参考图 5-11 得：

$$D_{11}=t\bar{Q}_{11}\left\{\left[\left(\frac{t}{2}\right)^2+\frac{1}{12}t^2\right]+\left[\left(-\frac{t}{2}\right)^2+\frac{1}{12}t^2\right]\right\}=\frac{2}{3}\bar{Q}_{11}t^3=\frac{h^3}{12}\bar{Q}_{11}$$

当 $N=4$，$t=h/4$ 时，参考图 5-11 同理可得：

$$D_{11}=\frac{h^3}{12}\bar{Q}_{11}$$

当 $N=6$，$t=h/6$ 时，参考图 5-11 同理可得：

$$D_{11}=\frac{h^3}{12}\bar{Q}_{11}$$

归纳起来，当 N 为偶数时：

$$D_{11}=\frac{h^3}{12}\bar{Q}_{11}$$

同理，可推导得到 D_{12}、D_{22}、D_{66} 的表达式：

$$(D_{11},\ D_{12},\ D_{22},\ D_{66})=(\bar{Q}_{11},\ \bar{Q}_{12},\ \bar{Q}_{22},\ \bar{Q}_{66})\frac{h^3}{12} \tag{5-69}$$

因此，规则反对称角铺设层合板的内力和内力矩-变形的关系为：

$$\begin{bmatrix} N_x \\ N_y \\ N_{xy} \\ M_x \\ M_y \\ M_{xy} \end{bmatrix}=\begin{bmatrix} A_{11} & A_{12} & 0 & 0 & 0 & B_{16} \\ A_{12} & A_{22} & 0 & 0 & 0 & B_{26} \\ 0 & 0 & A_{66} & B_{16} & B_{26} & 0 \\ 0 & 0 & B_{16} & D_{11} & D_{12} & 0 \\ 0 & 0 & B_{26} & D_{12} & D_{22} & 0 \\ B_{16} & B_{26} & 0 & 0 & 0 & D_{66} \end{bmatrix}\begin{bmatrix} \varepsilon_x^0 \\ \varepsilon_y^0 \\ \gamma_{xy}^0 \\ \kappa_x \\ \kappa_y \\ \kappa_{xy} \end{bmatrix} \tag{5-70}$$

式中的刚度系数分别按式（5-65）～式（5-69）取值。

由于存在 B_{16} 及 B_{26}，由式（5-70）可知，规则反对称角铺设层合板将会产生剪切-弯曲耦合效应及拉压-扭曲耦合效应。这些耦合效应的程度随层数的增加按 $1/N$ 的比例减小。第 7 章将说明，当层数 $N\geqslant 8$ 时，可近似认为这些耦合效应消失，而在最少层数（$N=2$）时，剪切-弯曲耦合效应及拉压-扭曲耦合效应最显著。当利用这种规则反对称角铺设层合板以获得较大的剪切刚度和扭转刚度，而不希望发生耦合效应时，唯一的方法就是增加层数。在可忽略这些耦合效应的情况下，规则反对称角铺设层合板的内力和内力矩-变形关系为：

$$\begin{bmatrix} N_x \\ N_y \\ N_{xy} \\ M_x \\ M_y \\ M_{xy} \end{bmatrix}=\begin{bmatrix} A_{11} & A_{12} & 0 & 0 & 0 & 0 \\ A_{12} & A_{22} & 0 & 0 & 0 & 0 \\ 0 & 0 & A_{66} & 0 & 0 & 0 \\ 0 & 0 & 0 & D_{11} & D_{12} & 0 \\ 0 & 0 & 0 & D_{12} & D_{22} & 0 \\ 0 & 0 & 0 & 0 & 0 & D_{66} \end{bmatrix}\begin{bmatrix} \varepsilon_x^0 \\ \varepsilon_y^0 \\ \gamma_{xy}^0 \\ \kappa_x \\ \kappa_y \\ \kappa_{xy} \end{bmatrix} \tag{5-71}$$

因此，这种层合板在忽略剪切-弯曲耦合效应及拉压-扭曲耦合效应时，可以整体将其视作材料弹性主方向和坐标轴一致的特殊正交各向异性板。

2. 规则对称角铺设层合板

这种层合板的总层数 N 为奇数。

经过同样的推导，得出这种层合板的刚度为：

$$\left.\begin{aligned}(A_{11},\ A_{12},\ A_{22},\ A_{66})&=(\bar{Q}_{11},\ \bar{Q}_{12},\ \bar{Q}_{22},\ \bar{Q}_{66})h\\(A_{16},\ A_{26})&=(\bar{Q}_{16},\ \bar{Q}_{26})\frac{h}{N}\end{aligned}\right\}\tag{5-72}$$

$$B_{ij}=0\tag{5-73}$$

$$\left.\begin{aligned}(D_{11},\ D_{12},\ D_{22},\ D_{66})&=(\bar{Q}_{11},\ \bar{Q}_{12},\ \bar{Q}_{22},\ \bar{Q}_{66})\frac{h^3}{12}\\(D_{16},\ D_{26})&=\left(\frac{3N^2-2}{N^3}\right)(\bar{Q}_{16},\ \bar{Q}_{26})\frac{h^3}{12}\end{aligned}\right\}\tag{5-74}$$

在式（5-72）和式（5-74）中，$\bar{Q}_{16}$、$\bar{Q}_{26}$ 一律按 $+\alpha$ 角计算。

从式（5-72）～式（5-74）可以看出，这种层合板虽然不存在拉弯耦合效应，但存在拉剪耦合效应及弯扭耦合效应。刚度系数 A_{16}、A_{26} 和 D_{16}、D_{26} 随层数 N 的增加按 $1/N$ 的比例减小，并且在最少层数时，拉剪及弯扭耦合效应最显著。当层数很多（例如 $N\geqslant 11$ ）时，可近似认为 $A_{16}=A_{26}=D_{16}=D_{26}=0$，这时可获得较大的剪切刚度和扭转刚度，并且板的内力和内力矩-变形关系可用式（5-71）表示。

综上可知，规则对称角铺设层合板，当层数较少时（拉剪耦合及弯扭耦合刚度不能忽略），可以将其整体视作材料弹性主方向与自然坐标轴不一致的一般正交各向异性板。当层数较多时（拉剪耦合及弯扭耦合刚度可忽略），可以将其整体视作特殊正交各向异性板。

5.7.2 规则正交铺设层合板

在各单层材料性能相同的情况下，奇数层的厚度相等，偶数层的厚度也相等，但奇数层厚度不一定等于偶数层厚度。这种层合板的刚度计算可归纳出简单的算式。

首先规定奇数层 0 铺设，偶数层 90° 铺设，再定义两个参数。

正交铺设比 M（奇数层总厚度与偶数层总厚度之比）：

$$M=\frac{\sum\limits_{k=1,3,5,\cdots}h_k}{\sum\limits_{k=2,2,6,\cdots}h_k}\tag{5-75}$$

例如标记为 [$0t/90°\ 2t/0t/90°\ 2t/0t$] 的 5 层层合板，其正交铺设比为：

$$M=\frac{t+t+t}{2t+2t}=\frac{3}{4}$$

注意，仅当叠层是 0 和 90°方向交错时，正交铺设比才有明确的意义。

单层主刚度比 F：

$$F=\frac{Q_{22}}{Q_{11}}=\frac{E_2/(1-\nu_{12}\nu_{21})}{E_1/(1-\nu_{12}\nu_{21})}=\frac{E_2}{E_1}\tag{5-76}$$

1. N 为奇数（对称）时的正交铺设层合板刚度

$$\left.\begin{aligned}&A_{11}=\frac{1}{1+M}(M+F)hQ_{11}\\&A_{22}=\frac{1}{1+M}(1+MF)hQ_{11}=\frac{1+MF}{M+F}A_{11}\\&A_{12}=hQ_{12}\qquad A_{66}=hQ_{66}\\&A_{16}=A_{26}=0\end{aligned}\right\}\tag{5-77}$$

$$B_{ij}=0\qquad (i,\ j=1,\ 2,\ 6)\tag{5-78}$$

$$\left.\begin{aligned}&D_{11}=\frac{[(F-1)P+1]}{12}h^3Q_{11}=[(F-1)P+1]\frac{1+M}{M+F}\frac{A_{11}}{12}h^2\\&D_{22}=\frac{[(1-F)P+F]}{12}h^3Q_{11}=[(1-F)P+F]\frac{1+M}{M+F}\frac{A_{11}}{12}h^2\\&D_{12}=\frac{1}{12}h^3Q_{12}\qquad D_{66}=\frac{1}{12}h^3Q_{66}\\&D_{16}=D_{26}=0\end{aligned}\right\}\tag{5-79}$$

式中

$$P=\frac{1}{(1+M)^3}+\frac{M(N-3)[M(N-1)+2(N+1)]}{(N^2-1)(1+M)^3}$$

2. N 为偶数（反对称）时的正交铺设层合板刚度

$$\left.\begin{aligned}&A_{11}=\frac{1}{1+M}(M+F)hQ_{11}\\&A_{22}=\frac{1}{1+M}(1+MF)hQ_{11}=\frac{1+MF}{M+F}A_{11}\\&A_{12}=hQ_{12}\qquad A_{66}=hQ_{66}\\&A_{16}=A_{26}=0\end{aligned}\right\}\tag{5-80}$$

$$\left.\begin{aligned}&B_{11}=\frac{M(F-1)}{N(1+M)^2}h^2Q_{11}=\frac{M(F-1)}{N(1+M)(M+F)}hA_{11}\\&B_{22}=-B_{11}\qquad B_{12}=B_{16}=B_{26}=B_{66}=0\end{aligned}\right\}\tag{5-81}$$

$$\left.\begin{aligned}&D_{11}=\frac{[(F-1)R+1]}{12}h^3Q_{11}=[(F-1)R+1]\frac{1+M}{M+F}\frac{A_{11}}{12}h^2\\&D_{22}=\frac{[(1-F)R+F]}{12}h^3Q_{11}=[(1-F)R+F]\frac{1+M}{M+F}\frac{A_{11}}{12}h^2\\&D_{12}=\frac{1}{12}h^3Q_{12}\qquad D_{66}=\frac{1}{12}h^3Q_{66}\\&D_{16}=D_{26}=0\end{aligned}\right\}\tag{5-82}$$

式中

$$R=\frac{1}{1+M}+\frac{8M(M-1)}{N^2(1+M)^3}$$

5.8 MATLAB 程序应用

本节中使用 MATLAB 软件编写了 4 个程序，分别用于计算拉伸刚度矩阵 **A**、耦合刚度矩阵 **B**、弯曲刚度矩阵 **D** 和层合板应变列阵 $\boldsymbol{\varepsilon}$。

5.8.1 数据输入

转换折算刚度矩阵 Qbar；
第 k 层顶面的 z 坐标 z1；
第 k 层底面的 z 坐标 z2；
层合板中面 x 方向线应变 eps_xo；
层合板中面 y 方向线应变 eps_yo；
层合板 x—y 中面内切应变 gam_xyo；
层合板中面曲率 kap_xo；
层合板中面曲率 kap_yo；
层合板中面扭率 kap_xyo；
层合板中一点的 z 坐标 z；
计算前的拉伸刚度零矩阵 A；
计算前的耦合刚度零矩阵 B；
计算前的弯曲刚度零矩阵 D。

5.8.2 计算程序

1. 拉伸刚度矩阵 **A**

```
function y=Amatrix (A, Qbar, z1, z2)
%   Amatrix                     This function returns the [A] matrix after the
%                               layer k with stiffness [Qbar] is assembled.
%                               A- [A] matrix after layer k is assembled.
%                               Qbar- [Qbar] matrix for layer k
%                               z1-z (k-1) for layer k
%                               z2-z (k) for layer k
for i=1 : 3
for j=1 : 3
A (i, j) =A (i, j) + Qbar (i, j) * (z2-z1);
end
end
y=A;
```

2. 耦合刚度矩阵 ***B***

```
function y=Bmatrix (B, Qbar, z1, z2)
%  Bmatrix                    This function returns the [B] matrix after the
%                             layer k with stiffness [Qbar] is assembled.
%                             B- [B] matrix after layer k is assembled.
%                             Qbar- [Qbar] matrix for layer k
%                             z1-z (k-1) for layer k
%                             z2-z (k) for layer k
for i=1 : 3
for j=1 : 3
B (i, j) =B (i, j) + Qbar (i, j) * (z2^2 -z1^2) /2;
end
end
y=B;
```

3. 弯曲刚度矩阵 ***D***

```
function y=Dmatrix (D, Qbar, z1, z2)
%  Dmatrix                    This function returns the [D] matrix after the
%                             layer k with stiffness [Qbar] is assembled.
%                             D- [D] matrix after layer k is assembled.
%                             Qbar- [Qbar] matrix for layer k
%                             z1-z (k-1) for layer k
%                             z2-z (k) for layer k
for i=1 : 3
for j=1 : 3
D (i, j) =D (i, j) + Qbar (i, j) * (z2^3-z1^3) /3;
end
end
y=D;
```

4. 层合板应变

```
function y=Strains (eps_xo, eps_yo, gam_xyo, kap_xo, kap_yo, kap_xyo, z)
%  Strains                    This function returns the strain vector at any
%                             point P along the normal line at distance z
%                             from point Po which lies on the reference
%                             surface. There are seven input arguments for
%                             this function-namely the three strains and
%                             three curvatures at point Po and the distance
%                             z. The size of the strain vector is 3×1.
epsilonx=eps_xo+z* kap_xo;
epsilony=eps_yo+z* kap_yo;
gammaxy=gam_xyo+z* kap_xyo;
y= [epsilonx; epsilony; gammaxy];
```

5.8.3 算例

例题 5-6　$[0/90°]_S$ 石墨纤维增强聚合物复合材料层合板的厚度为 0.50mm，各单层板的厚度相同，材料弹性常数为：$E_1=155.0\text{GPa}$，$E_2=12.10\text{GPa}$，$G_{12}=4.40\text{GPa}$，$\nu_{12}=0.248$。层合板中面一点（x，y）处的应变和扭曲率为：

$$\varepsilon_x^0=400\times10^{-6},\qquad \varepsilon_y^0=\gamma_{xy}^0=\kappa_x=\kappa_y=\kappa_{xy}=0$$

试用 MATLAB 程序计算：

(1) 各单层界面处非弹性主方向上的 3 个应变分量 ε_x、ε_y、γ_{xy}；

(2) 各单层非弹性主方向上 3 个应力分量 σ_x、σ_y、τ_{xy}，并绘制各应力分量沿厚度的分布曲线；

(3) 各单层的内力及内力矩；

(4) 各单层界面处弹性主方向上的 3 个应变分量 ε_1、ε_2、γ_{12}；

(5) 各单层弹性主方向上 3 个应力分量 σ_1、σ_2、τ_{12}。

解：(1) 使用 MATLAB 编写的 Strains 程序计算非弹性主方向上的应变，结果如下：

```
>> epsilon1=Strains (400e-6, 0, 0, 0, 0, 0, -0.250e-3)

epsilon1=

    1.0e-003 *

    0.4000
         0
         0

>> epsilon2=Strains (400e-6, 0, 0, 0, 0, 0, -0.125e-3)

epsilon2=

    1.0e-003 *

    0.4000
         0
         0

>> epsilon3=Strains (400e-6, 0, 0, 0, 0, 0, 0)

epsilon3=

    1.0e-003 *

    0.4000
         0
         0
```

```
>> epsilon4=Strains (400e-6, 0, 0, 0, 0, 0, 0.125e-3)

epsilon4=

   1.0e-003 *

   0.4000
        0
        0

>> epsilon5=Strains (400e-6, 0, 0, 0, 0, 0, 0.250e-3)

epsilon5=

   1.0e-003 *

   0.4000
        0
        0
```

(2) 使用MATLAB编写的Reduced Stiffness和Qbar程序计算折算刚度矩阵和转换折算刚度矩阵，由非弹性主方向上的应力-应变关系得到非主方向应力（单位：MPa）结果如下：

```
>> Q=ReducedStiffness (155.0, 12.10, 0.248, 4.40);
>> Qbar1=Qbar (Q, 0);
>> Qbar2=Qbar (Q, 90);
>> Qbar3=Qbar (Q, 90);
>> Qbar4=Qbar (Q, 0);
>> sigma1a=Qbar1 * epsilon1 * 1e3;
>> sigma1b=Qbar1 * epsilon2 * 1e3;
>> sigma2a=Qbar2 * epsilon2 * 1e3;
>> sigma2b=Qbar2 * epsilon3 * 1e3;
>> sigma3a=Qbar3 * epsilon3 * 1e3;
>> sigma3b=Qbar3 * epsilon4 * 1e3;
>> sigma4a=Qbar4 * epsilon4 * 1e3;
>> sigma4b=Qbar4 * epsilon5 * 1e3;
>> y= [0.250  0.125  0.125  0  0-0.125-0.125-0.250]

y=
```

```
    0.2500    0.1250    0.1250    0    0    -0.1250    -0.1250    -0.2500

>> x= [sigma4b (1) sigma4a (1) sigma3b (1) sigma3a (1) sigma2b (1) sigma2a
(1) sigma1b (1) sigma1a (1) ]

x=

   62.2991    62.2991    4.8634    4.8634    4.8634    4.8634    62.2991
62.2991

>> plot (x, y)
>> xlabel ('\ sigma _x (MPa) ');
>> ylabel ('z (mm) ');
```

各单层应力 σ_x 沿厚度的分布曲线如图 5-12（a）所示。

```
>>  x= [sigma4b (2) sigma4a (2) sigma3b (2) sigma3a (2) sigma2b (2) sigma2a
(2) sigma1b (2) sigma1a (2) ]

x=

   1.2061    1.2061    1.2061    1.2061    1.2061    1.2061    1.2061
1.2061

>> plot (x, y)
>> xlabel ('\ sigma _y (MPa) ');
>> ylabel ('z (mm) ');
```

各单层应力 σ_y 沿厚度的分布曲线如图 5-12（b）所示。

```
>> x= [sigma4b (3) sigma4a (3) sigma3b (3) sigma3a (3) sigma2b (3) sigma2a
(3) sigma1b (3) sigma1a (3) ]

x=

    1.0e-017 *

   0    0    -0.8403    -0.8403    -0.8403    -0.8403    0    0

>> plot (x, y)
>> xlabel ('\ tau _{xy} (MPa) ');
```

```
>> ylabel ('z (mm) ');
```

各单层应力 τ_{xy} 沿厚度的分布曲线如图 5-12（c）所示。

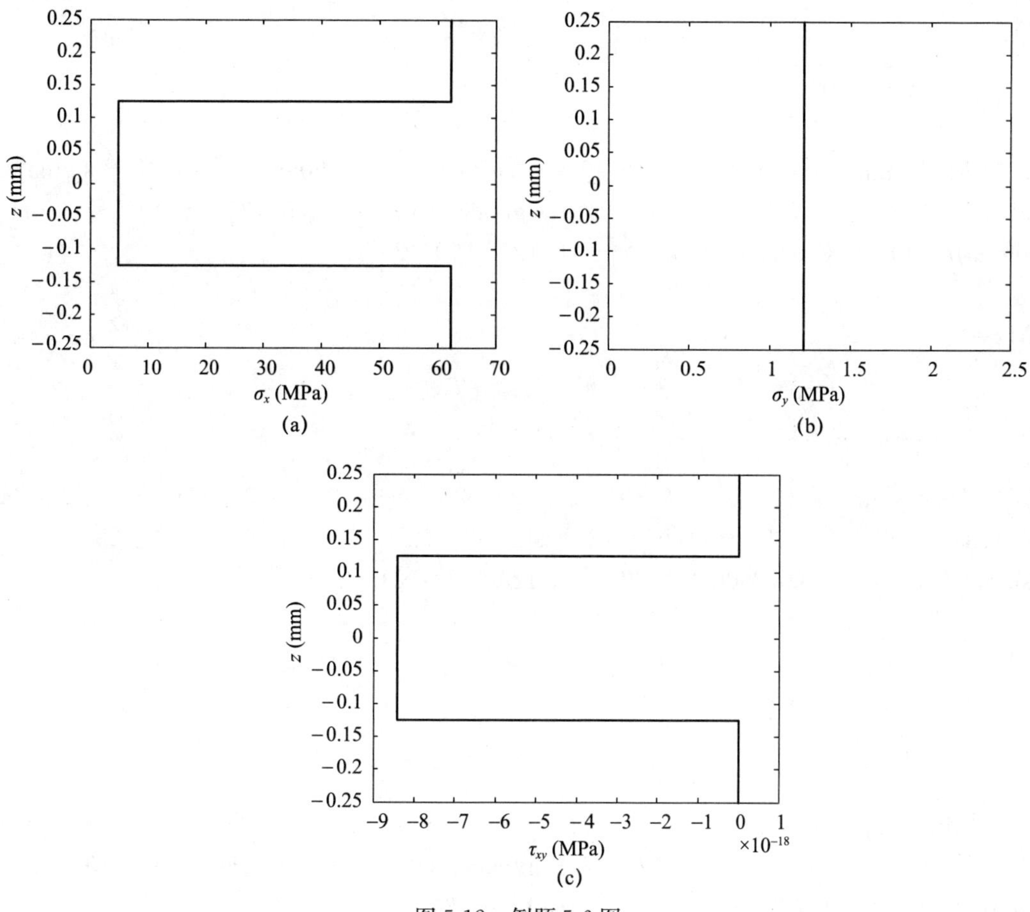

图 5-12 例题 5-6 图

（3）由各单层应力分量计算得到 3 个内力 N_x、N_y、N_{xy}（单位：MN/m）和 3 个内力矩 M_x、M_y、M_{xy}（单位：MN）结果如下：

```
>> Nx=0.125e-3 * (sigma1a (1) + sigma2a (1) + sigma3a (1) + sigma4a (1) )

Nx=

    0.0168

>> Ny=0.125e-3 * (sigma1a (2) + sigma2a (2) + sigma3a (2) + sigma4a (2) )

Ny=

    6.0306e-004
```

```
>> Nxy=0.125e-3 * (sigma1a (3) + sigma2a (3) + sigma3a (3) + sigma4a (3) )

Nxy=

   -2.1009e-021

>> Mx=sigma1a (1) * ( (-0.125e-3) ^2- (-0.250e-3) ^2) /2+ sigma2a (1) * (0- (-0.125e-3) ^2) /2+ sigma3a (1) * ( (0.125e-3) ^2-0) /2+ sigma4a (1) * ( (0.250e-3) ^2- (0.125e-3) ^2) /2

Mx=

   0

>> My=sigma1a (2) * ( (-0.125e-3) ^2- (-0.250e-3) ^2) /2+ sigma2a (2) * (0- (-0.125e-3) ^2) /2+ sigma3a (2) * ( (0.125e-3) ^2-0) /2+ sigma4a (2) * ( (0.250e-3) ^2- (0.125e-3) ^2) /2

My=

   3.3087e-024

>> Mxy=sigma1a (3) * ( (-0.125e-3) ^2- (-0.250e-3) ^2) /2+ sigma2a (3) * (0- (-0.125e-3) ^2) /2+sigma3a (3) * ( (0.125e-3) ^2-0) /2+ sigma4a (3) * ( (0.250e-3) ^2- (0.125e-3) ^2) /2

Mxy=

   0
```

（4）使用 MATLAB 程序计算各单层转换矩阵，利用各单层材料弹性主方向应变分量与非主方向应变分量之间的转换关系，计算得到各单层主方向应变分量的结果如下：

```
>> T1=T (0);
>> T2=T (90);
>> T3=T (90);
>> T4=T (0);
>> eps1a=inv (T1) '* epsilon1

eps1a=
```

```
  1.0e-003 *

  0.4000
       0
       0

>> eps1b=inv (T1) '* epsilon2

eps1b=

  1.0e-003 *

  0.4000
       0
       0

>> eps2a=inv (T2) '* epsilon2

eps2a=

  1.0e-003 *

  0.0000
  0.4000
  -0.0000

>> eps2b=inv (T2) '* epsilon3

eps2b=

  1.0e-003 *

  0.0000
  0.4000
  -0.0000

>> eps3a=inv (T3) '* epsilon3

eps3a=
```

```
    1.0e-003 *

    0.0000
    0.4000
   -0.0000

>> eps3b=inv(T3)'* epsilon4

eps3b=

    1.0e-003 *

    0.0000
    0.4000
   -0.0000

>> eps4a=inv(T4)'* epsilon4

eps4a=

    1.0e-003 *

    0.4000
         0
         0

>> eps4b=inv(T4)'* epsilon5

eps4b=

    1.0e-003 *

    0.4000
         0
         0
```

（5）由各单层材料弹性主方向应力-应变关系，计算得到各单层主方向应力分量（单位：MPa）的结果如下：

```
>> sig1=T1 * sigma1a
```

```
sig1=

    62.2991
    1.2061
         0

>> sig2=T2 * sigma2a

sig2=

    1.2061
    4.8634
    -0.0000

>> sig3=T3 * sigma3a

sig3=

    1.2061
    4.8634
    -0.0000

>> sig4=T4 * sigma4a

sig4=

    62.2991
    1.2061
         0
```

例题 5-7 [±30°/0]$_S$ 石墨纤维增强聚合物复合材料层合板的厚度为 0.90mm，各单层的厚度相同，材料弹性常数为：$E_1=155.0\text{GPa}$，$E_2=12.10\text{GPa}$，$G_{12}=4.40\text{GPa}$，$\nu_{12}=0.248$。层合板中面一点（x，y）处的应变和扭曲率为：

$$\kappa_x=2.5\text{m}^{-1}, \qquad \varepsilon_x^0=\varepsilon_y^0=\gamma_{xy}^0=\kappa_y=\kappa_{xy}=0$$

试用 MATLAB 程序计算：

（1）各单层界面处非弹性主方向上的 3 个应变分量 ε_x、ε_y、γ_{xy}；

（2）各单层非弹性主方向上 3 个应力分量 σ_x、σ_y、τ_{xy}，并绘制各应力分量沿厚度的分布曲线；

（3）各单层的内力及内力矩；

（4）各单层界面处弹性主方向上的 3 个应变分量 ε_1、ε_2、γ_{12}；

（5）各单层弹性主方向上3个应力分量σ_1、σ_2、τ_{12}。

解：（1）使用MATLAB编写的Strains程序计算非弹性主方向上的应变，结果如下：

```
>>epsilon1=Strains (0, 0, 0, 2.5, 0, 0, -0.450e-3)

eps1a=

    1.0e-003 *

    -0.8438
    -0.2812
    0.4871

>> epsilon2=Strains (0, 0, 0, 2.5, 0, 0, -0.300e-3)

eps1b=

    1.0e-003 *

    -0.5625
    -0.1875
    0.3248

>> epsilon3=Strains (0, 0, 0, 2.5, 0, 0, -0.150e-3)

epsilon3=

    1.0e-003 *

    -0.3750
          0
          0

>> epsilon4=Strains (0, 0, 0, 2.5, 0, 0, 0)

epsilon4=

    0
    0
    0
```

```
>> epsilon5=Strains (0, 0, 0, 2.5, 0, 0, 0.150e-3)

epsilon5=

   1.0e-003 *

   0.3750
        0
        0

>> epsilon6=Strains (0, 0, 0, 2.5, 0, 0, 0.300e-3)

epsilon6=

   1.0e-003 *

   0.7500
        0
        0

>> epsilon7=Strains (0, 0, 0, 2.5, 0, 0, 0.450e-3)

epsilon7=

   0.0011
        0
        0
```

（2）使用MATLAB编写的Reduced Stiffness和Qbar程序计算折算刚度矩阵和转换折算刚度矩阵，由非弹性主方向上的应力-应变关系得到非主方向应力（单位：MPa）的结果如下：

```
>> Q=Reduced Stiffness (155.0, 12.10, 0.248, 4.40);
>> Qbar1=Qbar (Q, 30);
>> Qbar2=Qbar (Q, -30);
>> Qbar3=Qbar (Q, 0);
>> Qbar4=Qbar (Q, 0);
>> Qbar5=Qbar (Q, -30);
>> Qbar6=Qbar (Q, 30);
```

```
>> sigma1a=Qbar1 * epsilon1 * 1e3;
>> sigma1b=Qbar1 * epsilon2 * 1e3;
>> sigma2a=Qbar2 * epsilon2 * 1e3;
>> sigma2b=Qbar2 * epsilon3 * 1e3;
>> sigma3a=Qbar3 * epsilon3 * 1e3;
>> sigma3b=Qbar3 * epsilon4 * 1e3;
>> sigma4a=Qbar4 * epsilon4 * 1e3;
>> sigma4b=Qbar4 * epsilon5 * 1e3;
>> sigma5a=Qbar5 * epsilon5 * 1e3;
>> sigma5b=Qbar5 * epsilon6 * 1e3;
>> sigma6a=Qbar6 * epsilon6 * 1e3;
>> sigma6b=Qbar6 * epsilon7 * 1e3;
>> y= [0.450  0.300  0.300  0.150  0.150  0  0 -0.150 -0.150 -0.300 -0.300 -0.450]

y=

  0.4500   0.3000   0.3000   0.1500   0.1500   0   0   -0.1500
-0.1500   -0.3000   -0.3000   -0.4500

>> x= [sigma6b (1) sigma6a (1) sigma5b (1) sigma5a (1) sigma4b (1) sigma4a (1) sigma3b (1) sigma3a (1) sigma2b (1) sigma2a (1) sigma1b (1) sigma1a (1) ]

x=

  104.3986   69.5991   69.5991   34.7995   58.4054   0   0
-58.4054   -34.7995   -69.5991   -69.5991   -104.3986

>> plot (x, y)
>> xlabel ('\ sigma _x (MPa) ');
>> ylabel ('z (mm) ');
```

各单层应力 σ_x 沿厚度的分布曲线如图 5-13（a）所示。

```
>> x= [sigma6b (2) sigma6a (2) sigma5b (2) sigma5a (2) sigma4b (2) sigma4a (2) sigma3b (2) sigma3a (2) sigma2b (2) sigma2a (2) sigma1b (2) sigma1a (2) ]

x=

  33.8253   22.5502   22.5502   11.2751   1.1307   0   0   -1.1307
-11.2751   -22.5502   -22.5502   -33.8253
```

```
>> plot (x, y)
>> xlabel ('\ sigma_y (MPa) ');
>> ylabel ('z (mm) ');
```

各单层应力 σ_y 沿厚度的分布曲线如图 5-13（b）所示。

```
>> x= [sigma6b (3) sigma6a (3) sigma5b (3) sigma5a (3) sigma4b (3) sigma4a (3) sigma3b (3) sigma3a (3) sigma2b (3) sigma2a (3) sigma1b (3) sigma1a (3) ]

x=

    52.5446    35.0297    -35.0297    -17.5149    0    0    0    0
17.5149    35.0297    -35.0297    -52.5446

>> plot (x, y)
>> xlabel ('\ tau_{xy} (MPa) ');
>> ylabel ('z (mm) ');
```

各单层应力 τ_{xy} 沿厚度的分布曲线如图 5-13（c）所示。

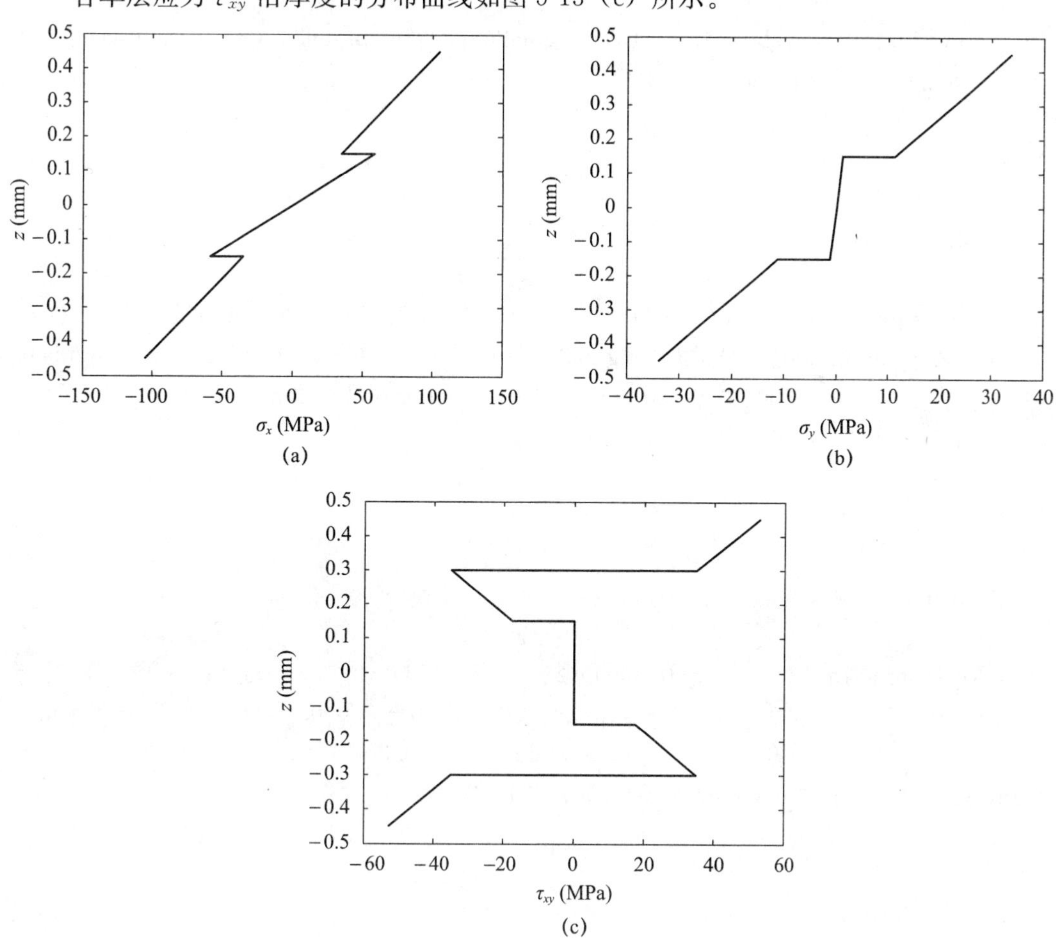

图 5-13　例题 5-7 图

（3）由各单层应力分量计算得到3个内力 N_x、N_y、N_{xy}（单位：MN/m）和3个内力矩 M_x、M_y、M_{xy}（单位：MN）结果如下：

```
>> Nx=0.150 * (sigma1a (1) + sigma2a (1) + sigma3a (1) + sigma4a (1) + sigma5a (1) + sigma6a (1) )

Nx=

    -19.2007

>> Ny=0.150 * (sigma1a (2) + sigma2a (2) + sigma3a (2) + sigma4a (2) + sigma5a (2) + sigma6a (2) )

Ny=

    -3.5521

>> Nxy=0.150 * (sigma1a (3) + sigma2a (3) + sigma3a (3) + sigma4a (3) + sigma5a (3) + sigma6a (3) )

Nxy=

    1.0658e-015

>> Mx=sigma1a (1) * ((-0.300) ^2- (-0.450) ^2) /2+ sigma2a (1) * ((-0.150) ^2- (-0.300) ^2) /2+ sigma3a (1) * (0- (-0.150) ^2) /2+ sigma4a (1) * ( (0.150) ^2-0) /2+ sigma5a (1) * ( (0.300) ^2- (0.150) ^2) /2+ sigma6a (1) * ( (0.450) ^2- (0.300) ^2) /2

Mx=

    13.9679

>> My=sigma1a (2) * ((-0.300) ^2- (-0.450) ^2) /2+ sigma2a (2) * ((-0.150) ^2- (-0.300) ^2) /2+ sigma3a (2) * (0- (-0.150) ^2) /2+ sigma4a (2) * ( (0.150) ^2-0) /2+ sigma5a (2) * ( (0.300) ^2- (0.150) ^2) /2+ sigma6a (2) * ( (0.450) ^2- (0.300) ^2) /2

My=

    4.3254
```

```
>> Mxy=sigma1a (3) * ( (-0.300) ^2- (-0.450) ^2) /2+ sigma2a (3) *
( (-0.150) ^2- (-0.300) ^2) /2+ sigma3a (3) * (0- (-0.150) ^2) /2+
sigma4a (3) * ( (0.150) ^2-0) /2+ sigma5a (3) * ( (0.300) ^2- (0.150) ^2) /2+
sigma6a (3) * ( (0.450) ^2- (0.300) ^2) /2

Mxy=

    3.1527
```

（4）使用MATLAB程序计算各单层转换矩阵，利用各单层材料弹性主方向应变分量与非主方向应变分量之间的转换关系，计算得到各单层主方向应变分量的结果如下：

```
>> T1=T (30);
>> T2=T (-30);
>> T3=T (0);
>> T4=T (0);
>> T5=T (-30);
>> T6=T (30);
>> eps1a=inv ( T1) '* epsilon1

eps1a=

    1.0e-003 *

    -0.8438
    -0.2812
    0.9743

>> eps1b=inv ( T1) '* epsilon2

eps1b=

    1.0e-003 *

    -0.5625
    -0.1875
    0.6495

>> eps2a=T2 * epsilon2
```

```
eps2a＝

    1. 0e－003 *

    －0. 5625
    －0. 1875
    －0. 6495

>> eps2b＝inv（T2）'* epsilon3

eps2b＝

    1. 0e－003 *

    －0. 2813
    －0. 0937
    －0. 3248

>> eps3a＝inv（T3）'* epsilon3

eps3a＝

    1. 0e－003 *

    －0. 3750
            0
            0

>> eps3b＝inv（T3）'* epsilon4

eps3b＝

    0
    0
    0

>> eps4a＝inv（T4）'* epsilon4
```

```
eps4a=

     0
     0
     0

>> eps4b=inv（T4）'* epsilon5

eps4b=

     1.0e-003 *

     0.3750
          0
          0

>> eps5a=inv（T5）'* epsilon5

eps5a=

     1.0e-003 *

     0.2813
     0.0937
     0.3248

>> eps5b=inv（T5）'* epsilon6

eps5b=

     1.0e-003 *

     0.5625
     0.1875
     0.6495

>> eps6a=inv（T6）' * epsilon6
```

```
eps6a=

    1.0e-003 *

    0.5625
    0.1875
   -0.6495

>> eps6b=inv(T6)'* epsilon7

eps6b=

    1.0e-003 *

    0.8438
    0.2812
   -0.9743
```

（5）由各单层材料弹性主方向应力-应变关系，计算得到各单层主方向应力分量（单位：MPa）的结果如下：

```
>> sig1=T1 * sigma1a

sig1=

  -132.2602
    -5.9637
     4.2868

>> sig2=T2 * sigma2a

sig2=

   -88.1735
    -3.9758
    -2.8579

>> sig3=T3 * sigma3a

sig3=
```

```
    -58.4054
    -1.1307
          0

>> sig4=T4 * sigma4a

sig4=

    0
    0
    0

>> sig5=T5 * sigma5a

sig5=

    44.0867
    1.9879
    1.4289

>> sig6=T6 * sigma6a

sig6=

    88.1735
    3.9758
    -2.8579
```

例题 5-8 $[0/90°]_S$ 石墨纤维增强聚合物复合材料层合板的厚度为 0.50mm，各单层板的厚度相同，材料弹性常数为：$E_1=155.0\text{GPa}$，$E_2=12.10\text{GPa}$，$G_{12}=4.40\text{GPa}$，$\nu_{12}=0.248$。试用 MATLAB 程序计算拉伸刚度矩阵 $\boldsymbol{A}$、耦合刚度矩阵 $\boldsymbol{B}$ 和弯曲刚度矩阵 $\boldsymbol{D}$。

解：(1) 使用 MATLAB 编写的 Reduced Stiffness 和 Qbar 程序计算各单层折算刚度矩阵和转换折算刚度矩阵，结果如下：

```
>> Q=Reduced Stiffness (155.0, 12.10, 0.248, 4.40);
>>Qbar1=Qbar (Q, 0);
>> Qbar2=Qbar (Q, 90);
>> Qbar3=Qbar (Q, 90);
>>Qbar4=Qbar (Q, 0);
```

(2) 使用 MATLAB 编写的 Amatrix，Bmatrix 和 Dmatrix 程序计算层合板拉伸刚

度矩阵、耦合刚度矩阵和弯曲刚度矩阵，结果如下：

```
>> z1=-0.250;
>> z2=-0.125;
>> z3=0;
>> z4=0.125;
>> z5=0.250;
>> A=zeros (3, 3);
>> A=Amatrix (A, Qbar1, z1, z2);
>> A=Amatrix (A, Qbar2, z2, z3);
>> A=Amatrix (A, Qbar3, z3, z4);
>> A=Amatrix (A, Qbar4, z4, z5);
>> A

A=

   41.9765    1.5076   -0.0000
    1.5076   41.9765    0.0000
   -0.0000    0.0000    2.2000

>> B=zeros (3, 3);
>> B=Bmatrix (B, Qbar1, z1, z2);
>> B=Bmatrix (B, Qbar2, z2, z3);
>> B=Bmatrix (B, Qbar3, z3, z4);
>> B=Bmatrix (B, Qbar4, z4, z5);
>> B

B=

  1.0e-016 *

  0          0  0
  0    -0.5551  0
  0          0  0
>> D=zeros (3, 3);
>> D=Dmatrix (D, Qbar1, z1, z2);
>> D=Dmatrix (D, Qbar2, z2, z3);
>> D=Dmatrix (D, Qbar3, z3, z4);
>> D=Dmatrix (D, Qbar4, z4, z5);
>> D
```

D=

```
   1.4354   0.0314  -0.0000
   0.0314   0.3136   0.0000
  -0.0000   0.0000   0.0458
```

例题 5-9 $[\pm 30°/0]_S$ 石墨纤维增强聚合物复合材料层合板的厚度为 0.90mm，各单层的厚度相同，材料弹性常数为：$E_1=155.0\text{GPa}$，$E_2=12.10\text{GPa}$，$G_{12}=4.40\text{GPa}$，$\nu_{12}=0.248$。

试用 MATLAB 程序计算拉伸刚度矩阵 **A**、耦合刚度矩阵 **B** 和弯曲刚度矩阵 **D**。

解：(1) 使用 MATLAB 编写的 Reduced Stiffness 和 Qbar 程序计算各单层折算刚度矩阵和转换折算刚度矩阵，结果如下：

```
>> Q=Reduced Stiffness (155.0, 12.10, 0.248, 4.40);
>> Qbar1=Qbar (Q, 30);
>> Qbar2=Qbar (Q, -30);
>> Qbar3=Qbar (Q, 0);
>> Qbar4=Qbar (Q, 0);
>> Qbar5=Qbar (Q, -30);
>> Qbar6=Qbar (Q, 30);
```

(2) 使用 MATLAB 编写的 Amatrix，Bmatrix 和 Dmatrix 程序计算层合板拉伸刚度矩阵、耦合刚度矩阵和弯曲刚度矩阵，结果如下：

```
>> z1=-0.450;
>> z2=-0.300;
>> z3=-0.150;
>> z4=0;
>> z5=0.150;
>> z6=0.300;
>> z7=0.450;
>> A=zeros (3, 3);
>> A=Amatrix (A, Qbar1, z1, z2);
>> A=Amatrix (A, Qbar2, z2, z3);
>> A=Amatrix (A, Qbar3, z3, z4);
>> A=Amatrix (A, Qbar4, z4, z5);
>> A=Amatrix (A, Qbar5, z5, z6);
>> A=Amatrix (A, Qbar6, z6, z7);
>> A
```

A=

```
    102.4036   18.9448    0.0000
     18.9448   16.2499    0.0000
      0.0000    0.0000   20.1910

>> B=zeros (3, 3);
>> B=Bmatrix (B, Qbar1, z1, z2);
>> B=Bmatrix (B, Qbar2, z2, z3);
>> B=Bmatrix (B, Qbar3, z3, z4);
>> B=Bmatrix (B, Qbar4, z4, z5);
>> B=Bmatrix (B, Qbar5, z5, z6);
>> B=Bmatrix (B, Qbar6, z6, z7);
>> B

B=

    1.0e-015 *

    -0.8882   0.2220   0
    -0.2220        0   0
          0        0   0

>> D=zeros (3, 3);
>> D=Dmatrix (D, Qbar1, z1, z2);
>> D=Dmatrix (D, Qbar2, z2, z3);
>> D=Dmatrix (D, Qbar3, z3, z4);
>> D=Dmatrix (D, Qbar4, z4, z5);
>> D=Dmatrix (D, Qbar5, z5, z6);
>> D=Dmatrix (D, Qbar6, z6, z7);
>> D

D=

    5.7792   1.7657   1.2611
    1.7657   1.2561   0.4177
    1.2611   0.4177   1.8498
```

习　题

5.1 证明层合板的拉伸刚度矩阵、耦合刚度矩阵和弯曲刚度矩阵分别为：

$$\boldsymbol{A}=\sum_{i=1}^{N}\overline{\boldsymbol{Q}}_k t_k$$

$$\boldsymbol{B}=\sum_{i=1}^{N}\overline{\boldsymbol{Q}}_k t_k \bar{z}_k$$

$$\boldsymbol{D}=\sum_{i=1}^{N}\overline{\boldsymbol{Q}}_k\left(t_k \bar{z}_k^2+\frac{t_k^3}{12}\right)$$

式中，t_k 为第 k 层的厚度，即 $t_k=z_k-z_{k-1}$（图 5-3），$\bar{z}_k$ 为第 k 层中面的 z 坐标，即 $\bar{z}_k=\frac{1}{2}(z_k+z_{k-1})$。

5.2 确定 $E_1\nu_1$ 和 $E_2\nu_2$ 双金属梁的拉伸刚度矩阵、耦合刚度矩阵和弯曲刚度矩阵。

(1) 设两层金属材料等厚度；

(2) 设两层金属材料厚度不等，分别为 t_1 和 t_2，要求中间层设在金属梁总厚度一半处。

5.3 说明由与作用力成 $+\alpha$ 和 $-\alpha$ 角两块等厚度单层板组成的层合板单位宽度上的力 $N_x=A_{11}\varepsilon_x^0+A_{12}\varepsilon_y^0+B_{16}\kappa_{xy}$，用单层转换折算刚度矩阵 $\overline{\boldsymbol{Q}}$ 和板总厚度 h 表示的 A_{11}、A_{12} 和 B_{16} 各是什么？

5.4 证明等厚 4 层层合板［0/−45°/45°/90°］的拉伸刚度矩阵 **A** 与偏轴角 θ 无关，即为准各向同性层合板。

5.5 已知 HT3/QY8911 复合材料层合板单层材料的折算刚度系数 $Q_{11}=136\text{GPa}$，$Q_{12}=2.92\text{GPa}$，$Q_{22}=8.86\text{GPa}$，$Q_{66}=4.47\text{GPa}$，每层厚度 $t=1\text{mm}$，求［90°/0/0/90°］4 层层合板的所有刚度系数。

5.6 已知 HT3/5224 复合材料层合板单层材料的弹性常数 $E_1=140\text{GPa}$，$E_2=8.6\text{GPa}$，$G_{12}=5.0\text{GPa}$，$\nu_{12}=0.35$，每层厚度 $t=1\text{mm}$，求［0/90°/0/90°/0］5 层对称正交铺设层合板的所有刚度系数。

5.7 已知 HT3/5224 复合材料层合板单层材料的弹性常数 $E_1=140\text{GPa}$，$E_2=8.6\text{GPa}$，$G_{12}=5.0\text{GPa}$，$\nu_{12}=0.35$，每层厚度 $t=1\text{mm}$，求［0/90°/0/90°/0/90°］6 层反对称正交铺设层合板的所有刚度系数。

5.8 已知 HT3/5224 复合材料层合板单层材料的弹性常数 $E_1=140\text{GPa}$，$E_2=8.6\text{GPa}$，$G_{12}=5.0\text{GPa}$，$\nu_{12}=0.35$，每层厚度 $t=1\text{mm}$，求［30°/−30°/30°/−30°/30°］5 层对称角铺设层合板的所有刚度系数。

5.9 已知 HT3/5224 复合材料层合板单层材料的弹性常数 $E_1=140\text{GPa}$，$E_2=8.6\text{GPa}$，$G_{12}=5.0\text{GPa}$，$\nu_{12}=0.35$，每层厚度 $t=1\text{mm}$，求［30°/−30°/30°/−30°/30°/−30°］6 层反对称角铺设层合板的所有刚度系数。

5.10 相同材料制成的层合板 $[0/45°/-45°/90°]_S$ 和 $[0/60°/-60°]_S$ 的面内刚度系数除以板厚度，所得值是否相同？

5.11 已知碳/环氧三层层合板［15°/－15°/15°］单层材料的弹性常数 $E_1=200\text{GPa}$，$E_2=20\text{GPa}$，$G_{12}=10\text{GPa}$，$\nu_{12}=0.30$，每层厚度 $t=1\text{mm}$，试用 MATLAB 程序计算各单层的转换折算刚度矩阵 $\bar{\boldsymbol{Q}}$ 及层合板的刚度矩阵 $\boldsymbol{A}$、$\boldsymbol{B}$、$\boldsymbol{D}$。

5.12 已知 T300/5208 对称角铺设层合板 $[30°/-30°]_S$ 单层弹性常数 $E_1=180\text{GPa}$，$E_2=10\text{GPa}$，$G_{12}=7.2\text{GPa}$，$\nu_{12}=0.28$，每层厚度 $t=1\text{mm}$，试用 MATLAB 程序计算各单层的转换折算刚度矩阵 $\bar{\boldsymbol{Q}}$ 及层合板的刚度矩阵 $\boldsymbol{A}$、$\boldsymbol{B}$、$\boldsymbol{D}$。

5.13 ±15°交替铺设的石墨纤维增强聚合物复合材料规则层合板，总厚度为 1mm，材料弹性常数 $E_1=155.0\text{GPa}$，$E_2=12.10\text{GPa}$，$G_{12}=4.40\text{GPa}$，$\nu_{12}=0.248$，试用 MATLAB 程序计算层数 $N=4$、6、8 时的耦合刚度矩阵 $\boldsymbol{B}$。

5.14 已知 HT3/QY8911 $[45°/-45°/0]_S$ 复合材料层合板受面内荷载 $N_x=100\text{N/mm}$，$N_y=20\text{N/mm}$，$N_{xy}=10\text{N/mm}$ 作用。单层弹性常数 $E_1=135\text{GPa}$，$E_2=8.8\text{GPa}$，$G_{12}=4.47\text{GPa}$，$\nu_{12}=0.33$，每层厚度 $t=0.125\text{mm}$，试用 MATLAB 程序计算：

（1）各单层的转换折算刚度矩阵；

（2）层合板的拉伸刚度矩阵；

（3）层合板中面的应变；

（4）各单层非弹性主方向的应变；

（5）各单层非弹性主方向的应力；

（6）各单层弹性主方向的应变；

（7）各单层弹性主方向的应力。

5.15 已知 HT3/QY8911 $[45°/-45°/0/0]_S$ 复合材料层合板受荷载 $M_x=20\text{N}$，$M_y=M_{xy}=0$ 作用。单层弹性常数 $E_1=135\text{GPa}$，$E_2=8.8\text{GPa}$，$G_{12}=4.47\text{GPa}$，$\nu_{12}=0.33$，每层厚度 $t=0.125\text{mm}$，试用 MATLAB 程序计算：

（1）各单层的转换折算刚度矩阵；

（2）层合板的拉伸刚度矩阵；

（3）层合板中面的曲率；

（4）各单层非弹性主方向的应变；

（5）各单层非弹性主方向的应力；

（6）各单层弹性主方向的应变；

（7）各单层弹性主方向的应力。

6　复合材料层合板强度的宏观力学分析

复合材料层合板的破坏一般是逐层破坏的，因此可以通过单层应力和单层强度来分析层合板的强度。表征层合板强度的典型指标包括第一失效强度和极限强度。本章主要介绍在单层强度分析基础上的层合板强度分析方法。

6.1　层合板强度概述

与刚度分析一样，单层板是构成层合板的基本元件，因此主要通过分析单层板的强度来分析层合板的强度。层合板强度分析的基础是计算每一层单层板的应力状态。由于复合材料层合板的各向异性和不均匀性，层合板的破坏一般是逐层破坏的，某一个或几个单层板的破坏不等同于整个层合板的破坏。虽然由于某一个或几个单层板的破坏会导致层合板的刚度降低，但层合板仍能承受较高的荷载，继续加载直至层合板全部破坏。

6.1.1　层合板强度的指标

图 6-1 为层合板逐层破坏模式下的荷载-变形曲线。图中 N_1、N_2、…、N_{max} 依次为层合板中各单层相继破坏时的荷载，其中 N_1 和 N_{max} 分别对应于层合板破坏过程中的两个典型指标，即第一失效强度（荷载）和极限强度（荷载）。

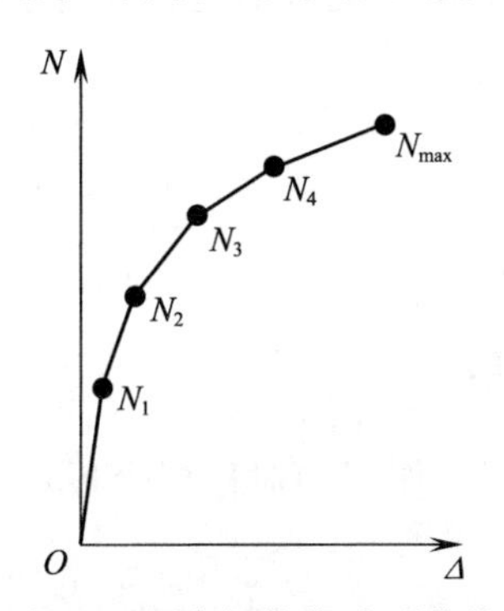

图 6-1　层合板荷载-变形曲线

第一失效强度是指层合板中最先出现单层破坏时，与第一失效荷载对应的层合板的等效应力。只有面内荷载时，表示为平均应力，则有：

$$\begin{bmatrix}\bar{\sigma}_x\\\bar{\sigma}_y\\\bar{\tau}_{xy}\end{bmatrix}=\frac{1}{h}\begin{bmatrix}N_x\\N_y\\N_{xy}\end{bmatrix}\quad(\mathrm{N/m^2})\tag{6-1}$$

式中，h 为层合板厚度。

只有弯矩和扭矩时，表示为弯曲正应力和扭转切应力，则有：

$$\begin{bmatrix} \bar{\sigma}_x \\ \bar{\sigma}_y \\ \bar{\tau}_{xy} \end{bmatrix} = \frac{6}{h^2} \begin{bmatrix} M_x \\ M_y \\ M_{xy} \end{bmatrix} \quad (\mathrm{N/m^2}) \tag{6-2}$$

极限强度是指层合板最终破坏时，与极限荷载对应的层合板等效应力。

层合板强度分析中可根据设计要求确定第一失效强度和极限强度。对于结构中的主承力构件一般采用第一失效强度。

6.1.2 破坏单层的刚度退化准则

层合板逐层破坏时，每一层发生破坏，荷载-变形曲线都会出现一个拐折点(图 6-1)，表明单层破坏后会使层合板刚度有所下降，继续使用层合板原有刚度，计算带有破坏单层的层合板的变形和应力显然是不合理的。因此有必要给出层合板随单层逐步破坏后的刚度退化准则，也就是要确定破坏单层的刚度对层合板刚度的贡献还有多大。蔡根据单层破坏的特点提出了一种破坏单层的刚度下降准则。该准则认为复合材料单层的横向强度和剪切强度是由基体控制的，都比较低，单层的破坏模式主要是基体开裂，纤维一般未断。单层中基体开裂意味着横向刚度和剪切刚度大幅下降。由于层合板中单层破坏后还有相邻层的约束，所以不能认为其横向刚度系数 Q_{22}、剪切刚度系数 Q_{66}、泊松耦合刚度系数 Q_{12} 会降为零。工程中采用近似方法，仍将破坏单层视为连续的，只是基体出现裂纹后刚度下降，导致由基体控制的工程弹性常数均有退化。破坏单层的纵向刚度因纤维未断而没有变化。一般采用同一刚度退化系数，对破坏单层由基体控制的工程弹性常数进行折减，即：

$$E'_2 = D_f E_2 \qquad G'_{12} = D_f G_{12} \qquad \nu'_{12} = D_f \nu_{12} \tag{6-3}$$

刚度折减系数 D_f 建议取 0.3，不过在有些商用有限元分析软件中，会将 D_f 取 0.1 或 0。

6.2 层合板应力分析

6.2.1 对称层合板应力分析

只受面内荷载 N_x、N_x、N_{xy} 作用的对称层合板，因为其耦合刚度矩阵 $\boldsymbol{B}=\mathbf{0}$，则荷载与中面应变的关系为：

$$\mathbf{N} = \begin{bmatrix} N_x \\ N_y \\ N_{xy} \end{bmatrix} = \boldsymbol{A}\boldsymbol{\varepsilon}^0 = \begin{bmatrix} A_{11} & A_{12} & A_{16} \\ A_{12} & A_{22} & A_{26} \\ A_{16} & A_{26} & A_{66} \end{bmatrix} \begin{bmatrix} \varepsilon_x^0 \\ \varepsilon_y^0 \\ \gamma_{xy}^0 \end{bmatrix}$$

逆关系为：

$$\boldsymbol{\varepsilon}^0 = \begin{bmatrix} \varepsilon_x^0 \\ \varepsilon_y^0 \\ \gamma_{xy}^0 \end{bmatrix} = \boldsymbol{A}^{-1}\mathbf{N} = \boldsymbol{A}'\mathbf{N} = \begin{bmatrix} A'_{11} & A'_{12} & A'_{16} \\ A'_{12} & A'_{22} & A'_{26} \\ A'_{16} & A'_{26} & A'_{66} \end{bmatrix} \begin{bmatrix} N_x \\ N_y \\ N_{xy} \end{bmatrix}$$

设N_x、N_x、N_{xy}按比例加载，令$N_x=N$，$N_y=\alpha N$，$N_{xy}=\beta N$，则上式可写为：

$$\boldsymbol{\varepsilon}^0=\begin{bmatrix}\varepsilon_x^0\\\varepsilon_y^0\\\gamma_{xy}^0\end{bmatrix}=\boldsymbol{A}'\begin{bmatrix}N_x\\\alpha N_y\\\beta N_{xy}\end{bmatrix}=\begin{bmatrix}A_x\\A_y\\A_{xy}\end{bmatrix}N \tag{6-4}$$

式中

$$A_x=A'_{11}+\alpha A'_{12}+\beta A'_{16}\quad A_y=A'_{12}+\alpha A'_{22}+\beta A'_{26}\quad A_{xy}=A'_{16}+\alpha A'_{26}+\beta A'_{66}$$

根据单层板应力-应变关系式（3-17）得出每一层应力，则第k层应力为：

$$\begin{bmatrix}\sigma_x\\\sigma_y\\\tau_{xy}\end{bmatrix}_k=\bar{\boldsymbol{Q}}_k\boldsymbol{\varepsilon}^0=\bar{\boldsymbol{Q}}_k\begin{bmatrix}\varepsilon_x^0\\\varepsilon_y^0\\\gamma_{xy}^0\end{bmatrix}=\bar{\boldsymbol{Q}}_k\begin{bmatrix}A_x\\A_y\\A_{xy}\end{bmatrix}N \tag{6-5}$$

根据蔡-希尔破坏理论判断单层板强度时，需已知各单层板材料弹性主方向的应力，可利用式（3-8）求得：

$$\begin{bmatrix}\sigma_1\\\sigma_2\\\tau_{12}\end{bmatrix}_k=\boldsymbol{T}\begin{bmatrix}\sigma_x\\\sigma_y\\\tau_{xy}\end{bmatrix}_k=\boldsymbol{T}\bar{\boldsymbol{Q}}_k\boldsymbol{\varepsilon}^0=\boldsymbol{T}\bar{\boldsymbol{Q}}_k\begin{bmatrix}\varepsilon_x^0\\\varepsilon_y^0\\\gamma_{xy}^0\end{bmatrix}=\boldsymbol{T}\bar{\boldsymbol{Q}}_k\begin{bmatrix}A_x\\A_y\\A_{xy}\end{bmatrix}N \tag{6-6}$$

当$\alpha=\beta=0$时，$N_x=N$，$N_y=N_{xy}=0$，即层合板承受单向荷载，则式（6-4）、式（6-5）和式（6-6）分别简化为

$$\boldsymbol{\varepsilon}^0=\begin{bmatrix}\varepsilon_x^0\\\varepsilon_y^0\\\gamma_{xy}^0\end{bmatrix}=\begin{bmatrix}A'_{11}\\A'_{12}\\A'_{16}\end{bmatrix}N \tag{6-7}$$

$$\begin{bmatrix}\sigma_x\\\sigma_y\\\tau_{xy}\end{bmatrix}_k=\bar{\boldsymbol{Q}}_k\begin{bmatrix}A'_{11}\\A'_{12}\\A'_{16}\end{bmatrix}N \tag{6-8}$$

$$\begin{bmatrix}\sigma_1\\\sigma_2\\\tau_{12}\end{bmatrix}_k=\boldsymbol{T}\bar{\boldsymbol{Q}}_k\begin{bmatrix}A'_{11}\\A'_{12}\\A'_{16}\end{bmatrix}N \tag{6-9}$$

6.2.2 不对称层合板应力分析

不对称层合板受全部内力和内力矩作用，存在拉伸刚度矩阵$\boldsymbol{A}$、耦合刚度矩阵$\boldsymbol{B}$和弯曲刚度矩阵$\boldsymbol{D}$，则根据式（4-27）有：

$$\begin{bmatrix}\boldsymbol{\varepsilon}^0\\\boldsymbol{\kappa}\end{bmatrix}=\begin{bmatrix}\boldsymbol{A}' & \boldsymbol{B}'\\\boldsymbol{B}' & \boldsymbol{D}'\end{bmatrix}\begin{bmatrix}\boldsymbol{N}\\\boldsymbol{M}\end{bmatrix}$$

式中，$\boldsymbol{A}'$、$\boldsymbol{B}'$、$\boldsymbol{D}'$为柔度矩阵。设内力和内力矩均按比例加载，令$N_x=N$，$N_y=\alpha N$，$N_{xy}=\beta N$，$M_x=aN$，$M_y=bN$，$M_{xy}=cN$，由于$\boldsymbol{M}$和$\boldsymbol{N}$量纲不同，因此a、b、c是量纲的系数，则上式可写为：

$$\begin{bmatrix}\varepsilon_x^0\\ \varepsilon_y^0\\ \gamma_{xy}^0\end{bmatrix}=\begin{bmatrix}A'_{11} & A'_{12} & A'_{16}\\ A'_{12} & A'_{22} & A'_{26}\\ A'_{16} & A'_{26} & A'_{66}\end{bmatrix}\begin{bmatrix}N\\ \alpha N\\ \beta N\end{bmatrix}+\begin{bmatrix}B'_{11} & B'_{12} & B'_{16}\\ B'_{12} & B'_{22} & B'_{26}\\ B'_{16} & B'_{26} & B'_{66}\end{bmatrix}\begin{bmatrix}aN\\ bN\\ cN\end{bmatrix}=\begin{bmatrix}A_{N_x}\\ A_{N_y}\\ A_{N_{xy}}\end{bmatrix}N \tag{6-10a}$$

$$\begin{bmatrix}\kappa_x\\ \kappa_y\\ \kappa_{xy}\end{bmatrix}=\begin{bmatrix}B'_{11} & B'_{12} & B'_{16}\\ B'_{12} & B'_{22} & B'_{26}\\ B'_{16} & B'_{26} & B'_{66}\end{bmatrix}\begin{bmatrix}N\\ \alpha N\\ \beta N\end{bmatrix}+\begin{bmatrix}D'_{11} & D'_{12} & D'_{16}\\ D'_{12} & D'_{22} & D'_{26}\\ D'_{16} & D'_{26} & D'_{66}\end{bmatrix}\begin{bmatrix}aN\\ bN\\ cN\end{bmatrix}=\begin{bmatrix}A_{M_x}\\ A_{M_y}\\ A_{M_{xy}}\end{bmatrix}N \tag{6-10b}$$

式中

$$A_{N_x}=A'_{11}+\alpha A'_{12}+\beta A'_{16}+aB'_{11}+bB'_{12}+cB'_{16}$$
$$A_{N_y}=A'_{12}+\alpha A'_{22}+\beta A'_{26}+aB'_{12}+bB'_{22}+cB'_{26}$$
$$A_{N_{xy}}=A'_{16}+\alpha A'_{26}+\beta A'_{66}+aB'_{16}+bB'_{26}+cB'_{66}$$
$$A_{M_x}=B'_{11}+\alpha B'_{12}+\beta B'_{16}+aD'_{11}+bD'_{12}+cD'_{16}$$
$$A_{M_y}=B'_{12}+\alpha B'_{22}+\beta B'_{26}+aD'_{12}+bD'_{22}+cD'_{26}$$
$$A_{M_{xy}}=B'_{16}+\alpha B'_{26}+\beta B'_{66}+aD'_{16}+bD'_{26}+cD'_{66}$$

代入式（6-10a）和式（6-10b）得出第 k 层单层板应力-荷载的关系，同样可求得各单层板材料弹性主方向的应力表达式：

$$\begin{bmatrix}\sigma_1\\ \sigma_2\\ \tau_{12}\end{bmatrix}_k=\boldsymbol{T}\bar{\boldsymbol{Q}}_k\left(\begin{bmatrix}A'_{N_x}\\ A'_{N_y}\\ A'_{N_{xy}}\end{bmatrix}+z\begin{bmatrix}A'_{M_x}\\ A'_{M_y}\\ A'_{M_{xy}}\end{bmatrix}\right)N \tag{6-11}$$

6.3 层合板强度分析

层合板的强度分析分为两类：第一类是确定层合板的第一失效强度和极限强度；第二类是设计层合板受给定荷载必需的层合板特性。

本书只介绍第一类，即以单层板的强度分析为基础，将单层板的强度作为已知因素，确定层合板的第一失效强度和极限强度。

6.3.1 层合板强度分析的基本步骤

层合板强度分析的方法，是将带破坏层的层合板看作新的层合板，加上原有外荷载，计算新层合板何时发生新的单层破坏，计算单层应力时不考虑上一次发生单层破坏时各单层的应力状态。每次计算的单层应力和应变关系是一种全量关系，也称为全量法。这种方法过程简单，计算工作量较小，工程精度较高，因此应用较广。另外，还有一种增量法，该方法是对新的层合板施加荷载增量，得到单层的应变增量和应力增量，然后在前一次单层破坏时各单层应力的基础上，加上应力增量，讨论在该应力状态下各单层的强度增量，层合板的极限强度是第一失效强度与以后各层破坏强度增量的总和。增量法得到的层合板极限强度一般略高于全量法的结果。但无论采用什么方法，层合板强度分析的精度都远低于刚度分析。

层合板强度分析的大致步骤为：

（1）根据已知的单层材料弹性主方向的工程弹性常数、层合板各单层的铺叠方式，包括铺设角度、顺序，计算层合板的刚度和柔度。

（2）根据已知的外荷载计算层合板在整体坐标系中的中面应变和各单层的应力。

（3）把整体坐标系中各单层的应力转换为材料弹性主方向的应力。

（4）根据单层的基本强度和选用的强度破坏理论计算各单层的破坏强度，并由此确定破坏层，得到第一失效强度。

（5）将带有破坏层的层合板看作新的层合板，按刚度退化准则对破坏层的刚度进行折减，重新计算新层合板的刚度和柔度，并在第一失效荷载条件下检查有无连锁破坏的单层。

（6）若有连锁破坏发生，应重复本步骤计算，直至无连锁破坏发生（当然，若全部单层都发生破坏，就可以确定极限荷载了）。若无连锁破坏发生，则采用全量法或增量法按（2）、（3）、（4）步骤确定第二破坏层，计算第二破坏荷载。

（7）将带有第一和第二破坏层的层合板看作新的层合板，按（5）、（6）步骤确定第三破坏层，计算第三破坏荷载。

由此直至层合板全部单层破坏，即可得到层合板的极限强度。

与金属材料不同，层合板的非均匀性和各向异性决定了层合板强度分析是一项复杂的工作，尤其是分析层数较多的层合板极限强度，一般借助计算机完成。

6.3.2 层合板强度分析举例

例题 6-1 ［0/90°/0］正交铺叠层合板（3 层对称正交铺叠层合板）如图 6-2 所示，受面内荷载 $N_x=N$ 作用，其余荷载皆为零。外层厚度为 t_1，内层厚度 $t_2=10t_1$，总厚度为 t，正交铺设比 $M=0.2$，各单层材料均为玻璃/环氧，其性能常数 $E_1=54.00\text{GPa}$，$E_2=18.00\text{GPa}$，$\nu_{12}=0.25$，$G_{12}=8.80\text{GPa}$，$X_t=X_c=1050.00\text{MPa}$，$Y_t=28.00\text{MPa}$，$Y_c=140.00\text{MPa}$，$S=42.00\text{MPa}$。求层合板的极限荷载 N_x。

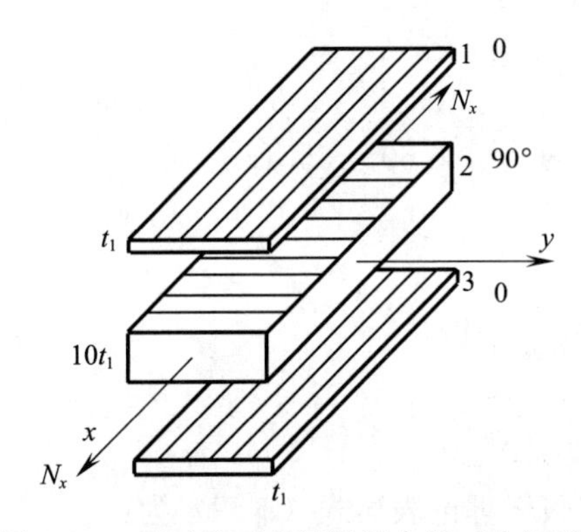

图 6-2 3 层对称正交铺设层合板（分解图）

解：1. 求第一失效强度值 $(N_x/t)_1$

（1）计算单层板刚度矩阵 $\boldsymbol{Q}$

$$\boldsymbol{Q}=\begin{bmatrix} 55.15 & 4.60 & 0 \\ 4.60 & 18.38 & 0 \\ 0 & 0 & 8.80 \end{bmatrix}\times 10^3\text{MPa}$$

(2) 计算单层板转换折算刚度矩阵 $\bar{\boldsymbol{Q}}$

$$\bar{\boldsymbol{Q}}_{1,3}=\boldsymbol{Q}=\begin{bmatrix}55.15 & 4.60 & 0\\ 4.60 & 18.38 & 0\\ 0 & 0 & 8.80\end{bmatrix}\times10^3\text{MPa}\quad \bar{\boldsymbol{Q}}_2=\begin{bmatrix}18.38 & 4.60 & 0\\ 4.60 & 55.15 & 0\\ 0 & 0 & 8.80\end{bmatrix}\times10^3\text{MPa}$$

(3) 计算层合板拉伸刚度矩阵 $\boldsymbol{A}$ 及其逆矩阵 $\boldsymbol{A}'=\boldsymbol{A}^{-1}$

$$\boldsymbol{A}=\sum_{k=1}^{N}(\bar{\boldsymbol{Q}})_k h_k=\bar{\boldsymbol{Q}}_{1,3}2t_1+\bar{\boldsymbol{Q}}_2 10t_1\qquad t=12t_1$$

$$\boldsymbol{A}=\begin{bmatrix}24.51 & 4.60 & 0\\ 4.60 & 49.02 & 0\\ 0 & 0 & 8.80\end{bmatrix}\times10^3 t\text{MPa}$$

$$\boldsymbol{A}'=\begin{bmatrix}A'_{11} & A'_{12} & 0\\ A'_{12} & A'_{22} & 0\\ 0 & 0 & A'_{66}\end{bmatrix}=\begin{bmatrix}4.15 & -0.39 & 0\\ -0.39 & 2.08 & 0\\ 0 & 0 & 11.36\end{bmatrix}\times10^{-5}t^{-1}(\text{MPa})^{-1}$$

(4) 计算层合板中面应变列阵

$$\boldsymbol{\varepsilon}^0=\boldsymbol{A}'\boldsymbol{N}=\begin{bmatrix}4.15 & -0.39 & 0\\ -0.39 & 2.08 & 0\\ 0 & 0 & 11.36\end{bmatrix}\begin{bmatrix}N_x\\ 0\\ 0\end{bmatrix}\times10^{-5}t^{-1}=\begin{bmatrix}4.15\\ -0.39\\ 0\end{bmatrix}\frac{N_x}{t}\times10^{-5}$$

(5) 计算层合板各层应力列阵

$$\begin{bmatrix}\sigma_1\\ \sigma_2\\ \tau_{12}\end{bmatrix}_{1,3}=\begin{bmatrix}\sigma_x\\ \sigma_y\\ \tau_{xy}\end{bmatrix}_{1,3}=\bar{\boldsymbol{Q}}_{1,3}\boldsymbol{\varepsilon}^0=\begin{bmatrix}55.15 & 4.60 & 0\\ 4.60 & 18.38 & 0\\ 0 & 0 & 8.80\end{bmatrix}\times10^3\begin{bmatrix}4.15\\ -0.39\\ 0\end{bmatrix}\frac{N_x}{t}\times10^{-5}\tag{a}$$

$$=\begin{bmatrix}2.272\\ 0.1193\\ 0\end{bmatrix}\frac{N_x}{t}\text{MPa}$$

$$\begin{bmatrix}\sigma_2\\ \sigma_1\\ \tau_{12}\end{bmatrix}_{2}=\begin{bmatrix}\sigma_x\\ \sigma_y\\ \tau_{xy}\end{bmatrix}_{2}=\bar{\boldsymbol{Q}}_{2}\boldsymbol{\varepsilon}^0=\begin{bmatrix}18.38 & 4.60 & 0\\ 4.60 & 55.15 & 0\\ 0 & 0 & 8.80\end{bmatrix}\times10^3\begin{bmatrix}4.15\\ -0.39\\ 0\end{bmatrix}\frac{N_x}{t}\times10^{-5}\tag{b}$$

$$=\begin{bmatrix}0.7452\\ -0.0239\\ 0\end{bmatrix}\frac{N_x}{t}\text{MPa}$$

(6) 计算第一失效强度 $(N_x/t)_1$

当 $\tau_{12}=0$ 时，蔡-希尔破坏理论表达式（3-59）为：

$$\left(\frac{\sigma_1}{X_t}\right)^2-\frac{\sigma_1\sigma_2}{X_t^2}+\left(\frac{\sigma_2}{Y_t}\right)^2=1\tag{c}$$

将求出的各单层材料弹性主方向应力式（a）和式（b）分别代入，求得：

第一层和第三层：$$\frac{N_x}{t}=210.4\text{MPa}$$

第二层：$$\frac{N_x}{t}=37.6\text{MPa}$$

显然层合板的第二层板先破坏，即层合板第一失效强度为$\left(\frac{N_x}{t}\right)_1=37.6\text{MPa}$（角标1表示第一次降级），对应于图6-1中标记的$N_1$值。此时，沿$x$方向层合板中面的应变为：

$$(\varepsilon_x^0)_1=A'_{11}N_x=4.15\times10^{-5}\times37.6=1.56\times10^{-3}$$

由式（a）和式（b）得出的层合板各层材料弹性主方向应力为：

$$\begin{bmatrix}\sigma_1\\\sigma_2\\\tau_{12}\end{bmatrix}_{1,3}=\begin{bmatrix}85.4\\4.49\\0\end{bmatrix}\text{MPa}\qquad\begin{bmatrix}\sigma_2\\\sigma_1\\\tau_{12}\end{bmatrix}_2=\begin{bmatrix}28.2\\-0.90\\0\end{bmatrix}\text{MPa}$$

第二层σ_2即σ_x（x方向垂直纤维）达到了Y_t，所以可断定第二层的破坏为横向破坏，而$\sigma_1\ll X_t$。

2. 进行第二次计算（采用全量法）

（1）计算第一次降级后的层合板刚度

第一、三层未破坏，刚度不变，即

$$\bar{\boldsymbol{Q}}_{1,3}=\boldsymbol{Q}=\begin{bmatrix}55.15&4.60&0\\4.60&18.38&0\\0&0&8.80\end{bmatrix}\times10^3\text{MPa}$$

第二层发生破坏，根据刚度退化准则，为便于计算，将刚度折减系数D_f取0，其退化后的刚度矩阵为

$$\bar{\boldsymbol{Q}}_2=\begin{bmatrix}0&0&0\\0&55.15&0\\0&0&0\end{bmatrix}\times10^3\text{MPa}$$

（2）计算第一次降级后层合板拉伸刚度矩阵$\boldsymbol{A}$及其逆矩阵$\boldsymbol{A}'$

$$\boldsymbol{A}=\begin{bmatrix}9.19&0.77&0\\0.77&49.02&0\\0&0&1.47\end{bmatrix}\times10^3t\,\text{MPa}$$

$$\boldsymbol{A}'=\begin{bmatrix}10.89&-0.17&0\\-0.17&2.04&0\\0&0&68.17\end{bmatrix}\times10^{-5}t^{-1}(\text{MPa})^{-1}$$

（3）计算第一次降级后层合板中面应变列阵

$$\boldsymbol{\varepsilon}^0=\boldsymbol{A}'\boldsymbol{N}=\begin{bmatrix}10.89&-0.17&0\\-0.17&2.04&0\\0&0&68.17\end{bmatrix}\begin{bmatrix}N_x\\0\\0\end{bmatrix}\times10^{-5}t^{-1}=\begin{bmatrix}10.89\\-0.17\\0\end{bmatrix}\frac{N_x}{t}\times10^{-5}$$

（4）计算第一次降级后层合板各层应力列阵

$$\begin{bmatrix}\sigma_1\\\sigma_2\\\tau_{12}\end{bmatrix}_{1,3}=\begin{bmatrix}\sigma_x\\\sigma_y\\\tau_{xy}\end{bmatrix}_{1,3}=\bar{\boldsymbol{Q}}_{1,3}\boldsymbol{\varepsilon}^0=\begin{bmatrix}55.15&4.60&0\\4.60&18.38&0\\0&0&8.80\end{bmatrix}\times10^3\begin{bmatrix}10.89\\-0.17\\0\end{bmatrix}\frac{N_x}{t}\times10^{-5}\tag{d}$$

$$=\begin{bmatrix}5.999\\0.4692\\0\end{bmatrix}\frac{N_x}{t}\text{MPa}$$

$$\begin{bmatrix}\sigma_2\\\sigma_1\\\tau_{12}\end{bmatrix}_2=\begin{bmatrix}\sigma_x\\\sigma_y\\\tau_{xy}\end{bmatrix}_2=\bar{\boldsymbol{Q}}_2\boldsymbol{\varepsilon}^0=\begin{bmatrix}0&0&0\\0&55.15&0\\0&0&0\end{bmatrix}\times10^3\begin{bmatrix}10.89\\-0.17\\0\end{bmatrix}\frac{N_x}{t}\times10^{-5}=\begin{bmatrix}0\\-0.0939\\0\end{bmatrix}\frac{N_x}{t}\text{MPa} \tag{e}$$

(5) 计算第一次降级后的总荷载 $(N_x/t)_2$

将各单层材料弹性主方向应力式 (d) 和式 (e) 分别代入蔡-希尔破坏理论式 (c)，求得：

第一层和第三层：$$\frac{N_x}{t}=56.7\text{MPa}$$

第二层：$$\frac{N_x}{t}=11.18\times10^3\text{MPa}$$

将 $N_x/t=56.7$MPa 代入式 (d)，求得第二次降级时第一、三层材料弹性主方向应力为：

$$\sigma_1=5.999\times56.7=340.1\text{MPa}\ll X_t\quad \sigma_2=0.4692\times56.7=26.6\text{MPa}\approx Y_t \tag{f}$$

即第一层和第三层 2 方向破坏，因此第一层、第三层和第二层剩余纤维方向（1 方向）继续承受荷载，需进一步进行计算。

第二次降级时沿 x 方向层合板中面总应变为：

$$(\varepsilon_x^0)_2=(\varepsilon_x^0)_1+A'_{11}N_x=1.56\times10^{-3}+10.89\times10^{-5}\times56.7=7.735\times10^{-3}$$

相应的总荷载为：

$$\left(\frac{N_x}{t}\right)_2=\left(\frac{N_x}{t}\right)_1+\frac{N_x}{t}=37.6+56.7=94.3\text{MPa}$$

对应于图 6-1 中标记的 N_2 值。

3. 进行第三次计算（采用增量法）

(1) 计算第二次降级后的层合板刚度

此时各层仅有沿 1 方向的刚度 Q_{11}，即：

$$\bar{\boldsymbol{Q}}_{1,3}=\boldsymbol{Q}=\begin{bmatrix}55.15&0&0\\0&0&0\\0&0&0\end{bmatrix}\times10^3\text{MPa}\qquad \bar{\boldsymbol{Q}}_2=\begin{bmatrix}0&0&0\\0&55.15&0\\0&0&0\end{bmatrix}\times10^3\text{MPa}$$

(2) 计算第二次降级后层合板拉伸刚度矩阵 $\boldsymbol{A}$ 及其逆矩阵 $\boldsymbol{A}'=\boldsymbol{A}^{-1}$

$$\boldsymbol{A}=\begin{bmatrix}9.19&0&0\\0&45.96&0\\0&0&0\end{bmatrix}\times10^3t\text{MPa}\qquad \boldsymbol{A}'=\begin{bmatrix}10.88&0&0\\0&2.176&0\\0&0&0\end{bmatrix}\times10^{-5}t^{-1}(\text{MPa})^{-1}$$

(3) 计算第二次降级后层合板中面应变增量列阵

$$\Delta\boldsymbol{\varepsilon}^0=\boldsymbol{A}'\cdot\Delta\boldsymbol{N}=\begin{bmatrix}10.88&0&0\\0&2.176&0\\0&0&0\end{bmatrix}\begin{bmatrix}\Delta N_x\\0\\0\end{bmatrix}\times10^{-5}t^{-1}=\begin{bmatrix}10.88\\0\\0\end{bmatrix}\frac{\Delta N_x}{t}\times10^{-5}$$

（4）计算第二次降级后层合板各层应力增量列阵

$$\begin{bmatrix}\Delta\sigma_1\\ \Delta\sigma_2\\ \Delta\tau_{12}\end{bmatrix}_{1,3}=\begin{bmatrix}\Delta\sigma_x\\ \Delta\sigma_y\\ \Delta\tau_{xy}\end{bmatrix}_{1,3}=\bar{\boldsymbol{Q}}_{1,3}\Delta\boldsymbol{\varepsilon}^0=\begin{bmatrix}55.15&0&0\\0&0&0\\0&0&0\end{bmatrix}\times10^3\begin{bmatrix}10.88\\0\\0\end{bmatrix}\frac{\Delta N_x}{t}\times10^{-5}$$

$$=\begin{bmatrix}6.00\\0\\0\end{bmatrix}\frac{\Delta N_x}{t}\text{MPa} \tag{g}$$

$$\begin{bmatrix}\Delta\sigma_2\\ \Delta\sigma_1\\ \Delta\tau_{12}\end{bmatrix}_{2}=\begin{bmatrix}\Delta\sigma_x\\ \Delta\sigma_y\\ \Delta\tau_{xy}\end{bmatrix}_{2}=\bar{\boldsymbol{Q}}_{2}\Delta\boldsymbol{\varepsilon}^0=\begin{bmatrix}0&0&0\\0&55.15&0\\0&0&0\end{bmatrix}\times10^3\begin{bmatrix}10.88\\0\\0\end{bmatrix}\frac{\Delta N_x}{t}\times10^{-5}=\begin{bmatrix}0\\0\\0\end{bmatrix}$$

（5）计算第二次降级后的 $\Delta N_x/t$ 和 $(N_x/t)_L$

因为第一层和第三层 2 方向已破坏，不能承受荷载，所以令 $\sigma_2=0$，第一层和第三层为单向应力，其纵向应力 $\sigma_1=340.1+6.00(\Delta N_x/t)$ MPa。根据最大拉应力破坏理论求得：

$$\frac{\Delta N_x}{t}=118.3\text{MPa}$$

此时，第一层和第三层纵向发生破坏，即整个层合板破坏。相应的沿 x 方向的应变增量为：

$$\Delta\varepsilon_x^0=A'_{11}\Delta N_x=10.88\times10^{-5}\times118.3=12.871\times10^{-3}$$

层合板的极限强度为：

$$\left(\frac{N_x}{t}\right)_L=\left(\frac{N_x}{t}\right)_2+\frac{\Delta N_x}{t}=94.3+118.3=212.6\text{MPa}$$

$\left(\frac{N_x}{t}\right)_L$ 对应于图 6-1 中标记的 $N_{\max}$ 值。

层合板破坏时 x 方向的总应变为：

$$\varepsilon_x^0=(\varepsilon_x^0)_2+\Delta\varepsilon_x^0=7.735\times10^{-3}+12.871\times10^{-3}=2.061\%$$

现将主要结果列入表 6-1 中，$N_x/t-\varepsilon$ 曲线如图 6-3 所示。

表 6-1　三层对称正交铺叠层合板 $N_x/t-\varepsilon$ 计算结果

计算结果	第一次降级时	第二次降级时	第三次降级时
N_x/t（MPa）	37.6	94.3	212.6
ε（%）	0.156	0.774	2.061

例题 6-2　如图 6-4 所示，[−15°/+15°/−15°] 三层等厚度层合板，总厚度为 t，承受面膜拉力 N_x。各单层材料为玻璃/环氧，其性能常数同例题 6-1。求 N_x 的极限值。

解：1. 计算初始层合板的刚度和应力

（1）计算单层板的转换折算刚度矩阵

由例题 6-1 可知：

$$\boldsymbol{Q}=\begin{bmatrix}55.15&4.60&0\\4.60&18.38&0\\0&0&8.80\end{bmatrix}\times10^3\text{MPa}$$

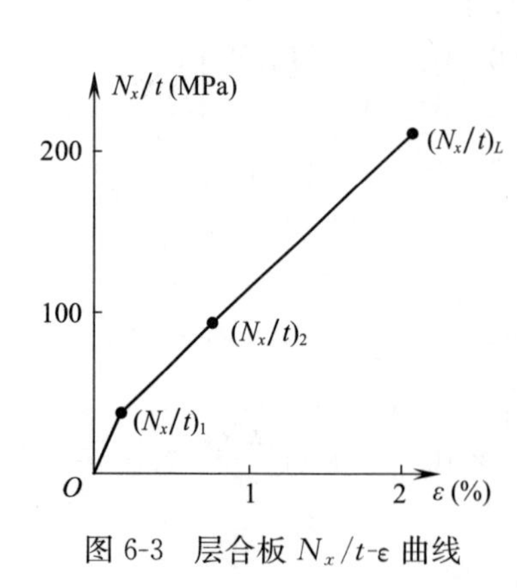

图 6-3 层合板 N_x/t-ε 曲线

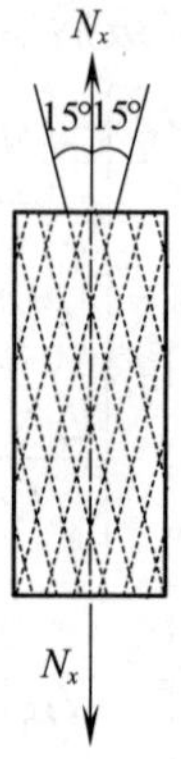

图 6-4 三层角铺设层合板示意图

代入式（3-19）并分别令 $\theta=15°$ 和 $\theta=-15°$，可得：

$$\bar{\boldsymbol{Q}}_{-15°}^{(1,3)}=\begin{bmatrix}50.86 & 6.417 & -7.749\\ 6.417 & 19.02 & -1.442\\ -7.749 & -1.442 & 10.62\end{bmatrix}\times 10^3\,\text{MPa}$$

$$\bar{\boldsymbol{Q}}_{15°}^{(2)}=\begin{bmatrix}50.86 & 6.417 & 7.749\\ 6.417 & 19.02 & 1.442\\ 7.749 & 1.442 & 10.62\end{bmatrix}\times 10^3\,\text{MPa}$$

（2）计算拉伸刚度矩阵 **A** 及其逆矩阵 **A′**

$$\mathbf{A}=\begin{bmatrix}50.86 & 6.417 & -2.583\\ 6.417 & 19.02 & -0.48\\ -2.583 & -0.48 & 10.62\end{bmatrix}\times 10^3 t\,\text{MPa}$$

$$\mathbf{A}'=\begin{bmatrix}2.077 & -0.689 & 0.474\\ -0.689 & 5.491 & 0.081\\ 0.474 & 0.081 & 9.533\end{bmatrix}\times 10^{-5} t^{-1}(\text{MPa})^{-1}$$

（3）计算层合板中面应变和各层应力

$$\boldsymbol{\varepsilon}^0=\begin{bmatrix}\varepsilon_x^0\\ \varepsilon_y^0\\ \gamma_{xy}^0\end{bmatrix}=\mathbf{A}'\mathbf{N}=\mathbf{A}'\begin{bmatrix}N_x\\ 0\\ 0\end{bmatrix}=\begin{bmatrix}2.077\\ -0.689\\ 0.474\end{bmatrix}\frac{N_x}{t}\times 10^{-5}$$

$$\boldsymbol{\sigma}^{(1,3)}=\begin{bmatrix}\sigma_x\\ \sigma_y\\ \tau_{xy}\end{bmatrix}_{1,3}=\bar{\boldsymbol{Q}}_{-15°}^{(1,3)}\boldsymbol{\varepsilon}^0=\begin{bmatrix}0.9754\\ -0.0046\\ -0.1205\end{bmatrix}\frac{N_x}{t}\text{MPa}$$

$$\boldsymbol{\sigma}^{(2)}=\begin{bmatrix}\sigma_x\\ \sigma_y\\ \tau_{xy}\end{bmatrix}_{2}=\bar{\boldsymbol{Q}}_{15°}^{(2)}\boldsymbol{\varepsilon}^0=\begin{bmatrix}1.049\\ 0.0091\\ 0.2014\end{bmatrix}\frac{N_x}{t}\text{MPa}$$

2. 根据蔡-希尔破坏理论求各层破坏荷载

首先将上述应力转换为材料弹性主方向的应力，由于上述应力中 σ_y 很小，可忽略不计，由式（3-8）可得：

$$\begin{bmatrix}\sigma_1\\\sigma_2\\\tau_{12}\end{bmatrix}=\begin{bmatrix}\cos^2\theta & \sin^2\theta & 2\sin\theta\cos\theta\\\sin^2\theta & \cos^2\theta & -2\sin\theta\cos\theta\\-\sin\theta\cos\theta & \sin\theta\cos\theta & \cos^2\theta-\sin^2\theta\end{bmatrix}\begin{bmatrix}\sigma_x\\0\\\tau_{xy}\end{bmatrix}$$

将其代入蔡-希尔破坏理论表达式（3-59），可得 $x-y$ 坐标中的形式为：

$$K_1\sigma_x^2+K_2\sigma_x\tau_{xy}+K_3\tau_{xy}^2=X^2 \tag{6-12}$$

式中

$$\left.\begin{aligned}K_1&=\cos^4\theta+\left(\frac{X^2}{S^2}-1\right)\sin^2\theta\cos^2\theta+\frac{X^2}{Y^2}\sin^4\theta\\K_2&=\left(6-\frac{2X^2}{S^2}\right)\sin\theta\cos^3\theta+\left(2-4\frac{X^2}{Y^2}+2\frac{X^2}{S^2}\right)\sin^3\theta\cos\theta\\K_3&=\frac{X^2}{S^2}(\cos^4\theta+\sin^4\theta)+\left(8+4\frac{X^2}{Y^2}-2\frac{X^2}{S^2}\right)\sin^2\theta\cos^2\theta\end{aligned}\right\} \tag{6-13}$$

将 X、Y、S 代入，由 $\theta=-15°$，$K_1=46.2$，$K_2=363.4$，$K_3=820.8$，得：

$$46.2\sigma_x^2+363.4\sigma_x\tau_{xy}+820.8\tau_{xy}^2=1050^2$$

第一层和第三层：$\sigma_x=0.9754\dfrac{N_x}{t}$，$\tau_{xy}=-0.1205\dfrac{N_x}{t}$，代入解得：

$$\frac{N_x}{t}=289.6\text{MPa}$$

对 $\theta=15°$，$K_1=46.2$，$K_2=-363.4$，$K_3=820.8$，得：

$$46.2\sigma_x^2-363.4\sigma_x\tau_{xy}+820.8\tau_{xy}^2=1050^2$$

第二层：$\sigma_x=1.049\dfrac{N_x}{t}$，$\tau_{xy}=0.2014\dfrac{N_x}{t}$，代入解得：

$$\frac{N_x}{t}=387.7\text{MPa}$$

比较可知，第一层和第三层先破坏。此时其材料主方向平面内的切应力 τ_{12} 为：

$$\tau_{12}=-\sin\theta\cos\theta\sigma_x+(\cos^2\theta-\sin^2\theta)\tau_{xy}=40.39\text{MPa}\approx42\text{MPa}$$

切应力接近面内剪切强度，说明第一层和第三层因剪切而破坏，因此其刚度退化为 $Q_{66}=0$。

3. 进行第二次计算

（1）计算一次降级后第一层和第三层的转换折算刚度矩阵，第二层刚度不变

$$\bar{\boldsymbol{Q}}_{-15°}^{(1,3)}=\begin{bmatrix}48.67 & 8.617 & -11.56\\8.617 & 16.82 & 2.368\\-11.56 & 2.368 & 4.021\end{bmatrix}\times10^3\text{MPa}$$

$$\bar{\boldsymbol{Q}}_{15°}^{(2)}=\begin{bmatrix}50.86 & 6.417 & 7.749\\6.417 & 19.02 & 1.442\\7.749 & 1.442 & 10.62\end{bmatrix}\times10^3\text{MPa}$$

（2）计算一次降级后的拉伸刚度矩阵 $\boldsymbol{A}$ 及其逆矩阵 $\boldsymbol{A}'$

$$\boldsymbol{A}=\begin{bmatrix}49.40 & 7.884 & -5.124\\7.884 & 17.55 & 2.059\\-5.124 & 2.059 & 6.221\end{bmatrix}\times10^3t\text{MPa}$$

$$\boldsymbol{A}'=\begin{bmatrix}2.518 & -1.43 & 2.547\\ -1.43 & 6.74 & -3.41\\ 2.547 & 0.081 & 19.30\end{bmatrix}\times 10^{-5}t^{-1}(\text{MPa})^{-1}$$

（3）计算一次降级后的层合板中面应变和各层应力

$$\boldsymbol{\varepsilon}^0=\begin{bmatrix}\varepsilon_x^0\\ \varepsilon_y^0\\ \gamma_{xy}^0\end{bmatrix}=\boldsymbol{A}'\begin{bmatrix}N_x\\ 0\\ 0\end{bmatrix}=\begin{bmatrix}2.518\\ -4.43\\ 2.547\end{bmatrix}\frac{N_x}{t}\times 10^{-5}$$

$$\boldsymbol{\sigma}^{(1,3)}=\begin{bmatrix}\sigma_x\\ \sigma_y\\ \tau_{xy}\end{bmatrix}_{1,3}=\overline{\boldsymbol{Q}}_{-15^\circ}^{(1,3)}\boldsymbol{\varepsilon}^0=\begin{bmatrix}0.808\\ 0.037\\ -0.222\end{bmatrix}\frac{N_x}{t}\text{MPa},$$

$$\boldsymbol{\sigma}^{(2)}=\begin{bmatrix}\sigma_x\\ \sigma_y\\ \tau_{xy}\end{bmatrix}_{2}=\overline{\boldsymbol{Q}}_{15^\circ}^{(2)}\boldsymbol{\varepsilon}^0=\begin{bmatrix}1.386\\ -0.074\\ 0.445\end{bmatrix}\frac{N_x}{t}\text{MPa}$$

（4）计算一次降级后的各单层破坏荷载

仿照本题用蔡-希尔破坏理论求各层破坏荷载的方法，求得第一层和第三层的破坏荷载均为：

$$\frac{N_x}{t}=449.6\text{MPa}$$

第二层的破坏荷载为：

$$\frac{N_x}{t}=201.6\text{MPa}$$

一次降级后第一层和第三层的破坏荷载均为 $N_x/t=289.6\text{MPa}$，此时第二层的破坏荷载为 $N_x/t=201.6\text{MPa}$，说明当 $N_x/t=289.6\text{MPa}$ 时，第一层和第三层首先破坏，紧接着第二层也破坏，该层合板整体破坏。极限强度和相应的面内应变分别为：

$$\left(\frac{N_x}{t}\right)_L=289.6\text{MPa}\qquad \boldsymbol{\varepsilon}^0=\begin{bmatrix}\varepsilon_x^0\\ \varepsilon_y^0\\ \gamma_{xy}^0\end{bmatrix}=\begin{bmatrix}60.15\\ -19.95\\ 13.73\end{bmatrix}\times 10^{-4}$$

在角铺设层合板的强度分析中，遇到了复杂的坐标变换，但在单向荷载作用下，角铺设层合板的荷载-应变曲线没有出现拐点，这与正交铺设层合板不同。

习　题

6.1　三层正交铺设层合板如图 6-2 所示，总厚度为 h，外层厚 $h/12$，内层厚 $5h/6$，受轴向拉力 N_x 作用，材料为硼/环氧，已知材料性能 $E_1=200.0$GPa，$E_2=20.0$GPa，$\nu_{12}=0.3$，$G_{12}=6.0$GPa，$X_t=1000.0$MPa，$X_c=2000.0$MPa，$Y_t=600.0$MPa，$Y_c=200.0$MPa，$S=60.0$MPa。试求层合板的极限荷载（N_x/h）。

6.2　试求碳/环氧等厚度对称层合板 $[0/90°]_S$ 在荷载 M_x 作用下的极限强度。已知材料性能 $E_1=200.0$GPa，$E_2=10.0$GPa，$\nu_{12}=0.25$，$G_{12}=5.0$GPa，$X_t=X_c=1000.0$MPa，$Y_t=80.0$MPa，$Y_c=200.0$MPa，$S=160.0$MPa。

6.3　试用蔡-希尔破坏理论计算 HT3/5224 复合材料层合板 $[0/0/90°]_S$ 在荷载 $N_x=100$N/m，$N_y=20$N/m 作用下的第一失效强度，单层厚度为 0.125mm。已知材料性能 $E_1=140.0$GPa，$E_2=8.6$GPa，$\nu_{12}=0.35$，$G_{12}=5.0$GPa，$X_t=1400.0$MPa，$X_c=1100.0$MPa，$Y_t=50.0$MPa，$Y_c=180.0$MPa，$S=99.0$MPa。

6.4　试用蔡-胡张量理论计算 HT3/QY8911 复合材料层合板 $[45°/-45°]_S$ 在轴向拉伸荷载 N_x 作用下的第一失效强度，单层厚度为 0.125mm。已知材料性能 $E_1=135.0$GPa，$E_2=8.8$GPa，$\nu_{12}=0.33$，$G_{12}=4.47$GPa，$X_t=1548.0$MPa，$X_c=1426.0$MPa，$Y_t=55.5$MPa，$Y_c=218.0$MPa，$S=89.9$MPa。

6.5　一单向碳纤维增强复合材料 HT3/QY8911 薄壁圆管，平均直径 $D_0=50$mm，管壁厚度 $t=2$mm，铺层方向与轴线夹角为 30°。试用蔡-希尔破坏理论确定受扭和受拉时的极限荷载。HT3/QY8911 的材料性能常数同习题 6.4。

6.6　求以 HT3/5224 复合材料层合板 $[0/90°]_{4S}$ 制成的梁在弯矩 M_x 作用下的极限强度，单层厚度为 0.125mm。HT3/5224 的材料性能常数同习题 6.3。

7 复合材料层合板的弯曲、屈曲和振动

复合材料层合板受横向荷载作用时会发生弯曲变形，受纵向荷载作用时可能产生屈曲。本章主要介绍复合材料层合板弯曲、屈曲和振动的基本方程和边界条件，并应用基本方程和边界条件对一些四边简支复合材料层合板弯曲、屈曲和振动问题进行了求解。

7.1 引言

本章是在复合材料层合板理论基础上，研究各种复合材料层合板中既简单又应用广泛的一种层合板，其限制条件如下。

（1）构成复合材料层合板的各单层板均是正交各向异性的，但材料弹性主方向不一定与层合板坐标轴一致；材料是线弹性的，且层合板是等厚度的。

（2）层合板的厚度（z 方向）与长度和宽度相比较小，即层合板为薄板。

（3）层合板的体力不计。

与第五章层合板经典理论依据的假设相同，对薄层合板进行下列基本假设。

（1）应力分量 $\sigma_z=\tau_{yz}=\tau_{zx}=0$，即层合板近似为平面应力状态。

（2）采用直法线假设，横向切应变 γ_{yz}、γ_{zx} 及 ε_z 近似为零，这与 $\sigma_z=0$ 矛盾，但通常忽略不计。位移分量 u、v 及应变分量 ε_x、ε_y、γ_{xy} 是坐标 z 的线性函数。

（3）位移分量 u、v、w 远小于复合材料层合板的厚度（小挠度假设），应变分量 ε_x、ε_y、γ_{xy} 远小于 1（小应变假设），且略去转动惯量。

这些假设限于正交各向异性材料，只分析经典层合板理论而不考虑层间应力和横向剪切的影响。

7.2 层合板的弯曲

当薄板承受一般荷载时，可以把每一个荷载分解为两个分荷载，一个是平行于中面的纵向荷载，另一个是垂直于中面的横向荷载。弯曲问题是指在横向荷载 $q(x, y)$ 作用下求解层合板的挠度、变形和应力。薄板弯曲时，中面所弯成的曲面称为薄板的弹性曲面，而中面内各点垂直于中面方向的位移，即横向位移，称为挠度。

7.2.1 层合板的基本方程

设层合板长度为 a，宽度为 b，厚度为 h，选 z 轴垂直于板面，坐标平面 Oxy 与层合板的中面重合，位移分量为 u、v、w，如图 7-1 所示。

层合板受到的荷载，如横向荷载 $q(x, y)$，以及内力、内力矩如图 7-2 所示，图

中 Q_x、Q_y 为单位宽度上的剪力，其表达式为：

$$Q_x = \int_{-\frac{h}{2}}^{\frac{h}{2}} \tau_{zx} \mathrm{d}z \qquad Q_y = \int_{-\frac{h}{2}}^{\frac{h}{2}} \tau_{yz} \mathrm{d}z \tag{7-1}$$

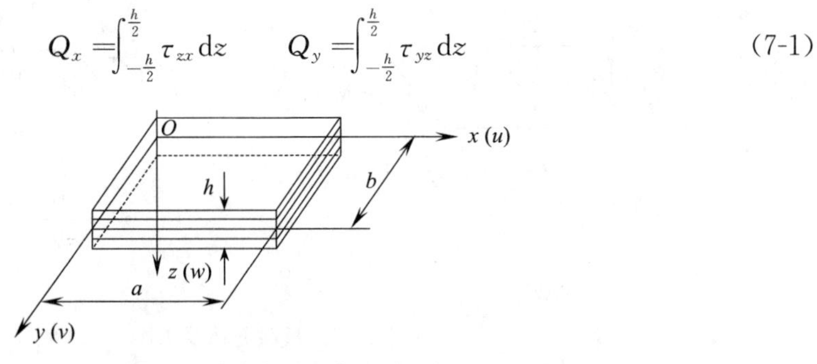

图 7-1　层合板的几何尺寸

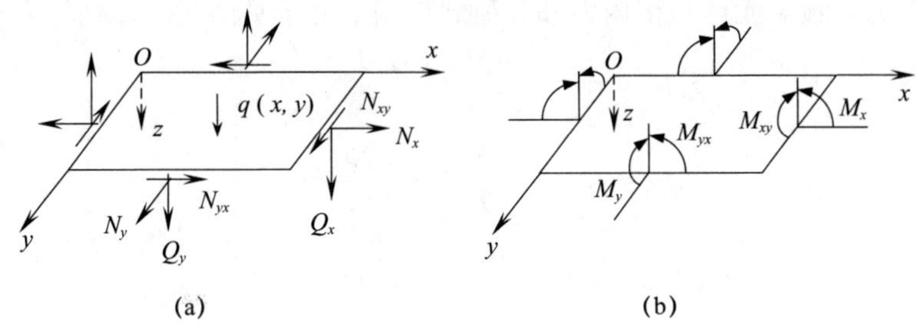

图 7-2　作用于板上的荷载、内力及力矩

由式（5-19）和式（5-20）可知，层合板的物理方程为：

$$\begin{bmatrix} N_x \\ N_y \\ N_{xy} \end{bmatrix} = \boldsymbol{A} \begin{bmatrix} \varepsilon_x^0 \\ \varepsilon_y^0 \\ \gamma_{xy}^0 \end{bmatrix} + \boldsymbol{B} \begin{bmatrix} \kappa_x \\ \kappa_y \\ \kappa_{xy} \end{bmatrix} \qquad \begin{bmatrix} M_x \\ M_y \\ M_{xy} \end{bmatrix} = \boldsymbol{B} \begin{bmatrix} \varepsilon_x^0 \\ \varepsilon_y^0 \\ \gamma_{xy}^0 \end{bmatrix} + \boldsymbol{D} \begin{bmatrix} \kappa_x \\ \kappa_y \\ \kappa_{xy} \end{bmatrix} \tag{7-2a}$$

由式（5-10）和式（5-11）可知，层合板的几何方程为：

$$\begin{bmatrix} \varepsilon_x^0 \\ \varepsilon_y^0 \\ \gamma_{xy}^0 \end{bmatrix} = \begin{bmatrix} \dfrac{\partial u_0}{\partial x} \\ \dfrac{\partial v_0}{\partial y} \\ \dfrac{\partial x_0}{\partial x} + \dfrac{\partial u_0}{\partial y} \end{bmatrix} \qquad \begin{bmatrix} \kappa_x \\ \kappa_y \\ \kappa_{xy} \end{bmatrix} = -\begin{bmatrix} \dfrac{\partial^2 w}{\partial x^2} \\ \dfrac{\partial^2 w}{\partial y^2} \\ 2\dfrac{\partial^2 w}{\partial x \partial y} \end{bmatrix} \tag{7-2b}$$

从层合板（x，y）处取出一板微元体（图 7-3），它在 x、y 和 z 方向的尺寸分别为 $\mathrm{d}x$、$\mathrm{d}y$ 和 h。一般而言，内力、横向剪力和内力矩均为位置坐标 x 和 y 的函数，因此左右两个面或前后两个面的内力、横向剪力和内力矩不完全相同，具有微小的差量。例如，设左侧面上的内力为 N_x，则右侧面上的内力由于 x 坐标的改变，可按泰勒级数展开，在略去二阶及更高阶的微量后表示为：

$$N_x + \frac{\partial N_x}{\partial x} \mathrm{d}x$$

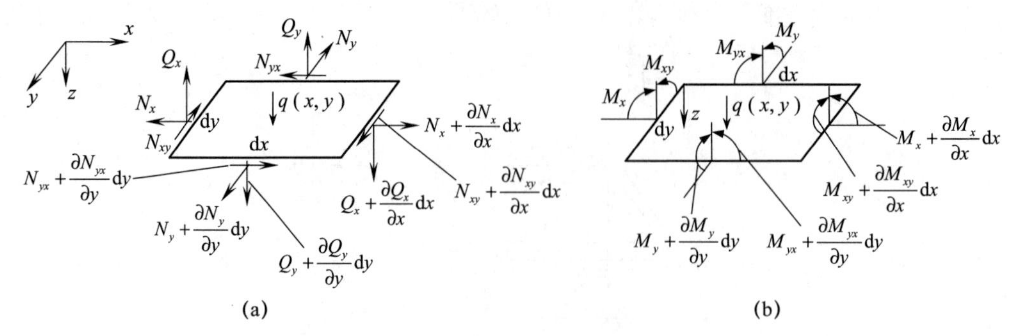

图 7-3　板微元体受力图

同理可得，由于坐标的改变，其余的内力、横向剪力和内力矩如图 7-3（a）和（b）所示。不计体力，板微元体在诸内力和外荷载作用下处于平衡状态，列静力平衡方程：

$$\left.\begin{aligned}
&\sum F_x=0 &&\frac{\partial N_x}{\partial x}+\frac{\partial N_{yx}}{\partial y}=0\\
&\sum F_y=0 &&\frac{\partial N_{xy}}{\partial x}+\frac{\partial N_y}{\partial y}=0\\
&\sum F_z=0 &&\frac{\partial Q_x}{\partial x}+\frac{\partial Q_y}{\partial y}+q=0\\
&\sum M_x=0 &&\frac{\partial M_{xy}}{\partial x}+\frac{\partial M_y}{\partial y}=Q_y\\
&\sum M_y=0 &&\frac{\partial M_x}{\partial x}+\frac{\partial M_{yx}}{\partial y}=Q_x
\end{aligned}\right\}\tag{7-3}$$

式中，内力 $N_{xy}=N_{yx}$，内力矩 $M_{xy}=M_{yx}$。将式（7-3）中第四、五式代入第三式，式（7-3）可简化为：

$$\left.\begin{aligned}
&\frac{\partial N_x}{\partial x}+\frac{\partial N_{xy}}{\partial y}=0\\
&\frac{\partial N_{xy}}{\partial x}+\frac{\partial N_y}{\partial y}=0\\
&\frac{\partial^2 M_x}{\partial x^2}+2\frac{\partial^2 M_{xy}}{\partial x\,\partial y}+\frac{\partial^2 M_y}{\partial y^2}+q=0
\end{aligned}\right\}\tag{7-4a}$$

若记：

$$\frac{\partial(\ )}{\partial x}=(\ )_{,x}；\quad \frac{\partial(\ )}{\partial y}=(\ )_{,y}；\quad \frac{\partial^2(\ )}{\partial x^2}=(\ )_{,xx}；\quad \frac{\partial^2(\ )}{\partial y^2}=(\ )_{,yy}；\quad \frac{\partial^2(\ )}{\partial x\,\partial y}=(\ )_{,xy}$$

则（7-4a）式可简写为：

$$\left.\begin{aligned}
&N_{x,x}+N_{xy,y}=0\\
&N_{xy,x}+N_{y,y}=0\\
&M_{x,xx}+2M_{xy,xy}+M_{y,yy}+q=0
\end{aligned}\right\}\tag{7-4b}$$

式（7-4a）或式（7-4b）称为用中面内力 N_x、N_y、N_{xy}，内力矩 M_x、M_y、M_{xy} 和荷载 q 表示的层合板弯曲平衡方程。

将式（5-19）、式（5-20）和式（7-1）代入式（7-4b）可得出用中面位移分量 u_0、

v_0、w 表示的层合板弯曲平衡方程，为书写方便，将中面位移分量 u_0、v_0 下标省略，可得：

$$A_{11}u_{,xx}+2A_{16}u_{,xy}+A_{66}u_{,yy}+A_{16}v_{,xx}+(A_{66}+A_{12})v_{,xy}+A_{26}v_{,yy}-B_{11}w_{,xxx}-3B_{16}w_{,xxy}-(2B_{66}+B_{12})w_{,xyy}-B_{26}w_{,yyy}=0 \tag{7-5a}$$

$$A_{16}u_{,xx}+(A_{66}+A_{12})u_{,xy}+A_{26}u_{,yy}+A_{66}v_{,xx}+2A_{26}v_{,xy}+A_{22}v_{,yy}-B_{16}w_{,xxx}-(2B_{66}+B_{12})w_{,xxy}-3B_{26}w_{,xyy}-B_{22}w_{,yyy}=0 \tag{7-5b}$$

$$\begin{aligned}&D_{11}w_{,xxxx}+4D_{16}w_{,xxxy}+2(D_{12}+2D_{66})w_{,xxyy}+4D_{26}w_{,xyyy}+D_{22}w_{,yyyy}-\\&B_{11}u_{,xxx}-3B_{16}u_{,xxy}-(B_{12}+2B_{66})u_{,xyy}-B_{26}u_{,yyy}-\\&B_{16}v_{,xxx}-(B_{12}+2B_{66})v_{,xxy}-3B_{26}v_{,xyy}-B_{22}v_{,yyy}=q(x,y)\end{aligned} \tag{7-5c}$$

式（7-5a）、式（7-5b）和式（7-5c）相互耦合，必须联立求解 u、v、w。

引入下列算子：

$$L_{11}=A_{11}\frac{\partial^2(\ )}{\partial x^2}+2A_{16}\frac{\partial^2(\ )}{\partial x\partial y}+A_{66}\frac{\partial^2(\ )}{\partial y^2}=A_{11}(\ )_{,xx}+2A_{16}(\ )_{,xy}+A_{66}(\ )_{,yy}$$

$$\begin{aligned}L_{12}&=A_{16}\frac{\partial^2(\ )}{\partial x^2}+(A_{12}+A_{66})\frac{\partial^2(\ )}{\partial x\partial y}+A_{26}\frac{\partial^2(\ )}{\partial y^2}\\&=A_{16}(\ )_{,xx}+(A_{12}+A_{66})(\ )_{,xy}+A_{26}(\ )_{,yy}\end{aligned}$$

$$L_{22}=A_{66}\frac{\partial^2(\ )}{\partial x^2}+2A_{26}\frac{\partial^2(\ )}{\partial x\partial y}+A_{22}\frac{\partial^2(\ )}{\partial y^2}=A_{66}(\ )_{,xx}+2A_{26}(\ )_{,xy}+A_{22}(\ )_{,yy}$$

$$\begin{aligned}L_{33}&=D_{11}\frac{\partial^4}{\partial x^4}+4D_{16}\frac{\partial^4(\ )}{\partial x^3\partial y}+2(D_{12}+2D_{66})\frac{\partial^4(\ )}{\partial x^2\partial y^2}+4D_{26}\frac{\partial^4(\ )}{\partial x\partial y^3}+D_{22}\frac{\partial^4(\ )}{\partial y^4}\\&=D_{11}(\ )_{,xxxx}+4D_{16}(\ )_{,xxxy}+2(D_{12}+2D_{66})(\ )_{,xxyy}+4D_{26}(\ )_{,xyyy}+D_{22}(\ )_{,yyyy}\end{aligned}$$

$$\begin{aligned}L_{13}&=-B_{11}\frac{\partial^3(\ )}{\partial x^3}-3B_{16}\frac{\partial^3(\ )}{\partial x^2\partial y}-(B_{12}+2B_{66})\frac{\partial^3(\ )}{\partial x\partial y^2}-B_{26}\frac{\partial^3(\ )}{\partial y^3}\\&=-B_{11}(\ )_{,xxx}-3B_{16}(\ )_{,xxy}-(B_{12}+2B_{66})(\ )_{,xyy}-B_{26}(\ )_{,yyy}\end{aligned}$$

$$\begin{aligned}L_{23}&=-B_{16}\frac{\partial^3(\ )}{\partial x^3}-(B_{12}+2B_{66})\frac{\partial^3(\ )}{\partial x^2\partial y}-3B_{26}\frac{\partial^3(\ )}{\partial x\partial y^2}-B_{22}\frac{\partial^3(\ )}{\partial y^3}\\&=-B_{16}(\ )_{,xxx}-(B_{12}+2B_{66})(\ )_{,xxy}-3B_{26}(\ )_{,xyy}-B_{22}(\ )_{,yyy}\end{aligned}$$

其中：算子 L_{11}、L_{12}、L_{22}，只包含 A_{11}、A_{12}、A_{22}、A_{16}、A_{26}、A_{66}；L_{33} 只包含 D_{11}、D_{12}、D_{22}、D_{16}、D_{26}、D_{66}；L_{13}、L_{23} 只包含 B_{11}、B_{12}、B_{22}、B_{16}、B_{26}、B_{66}。显然算子 L_{13}、L_{23} 反映了层合板拉伸（压缩）与弯曲变形之间的耦合效应。当层合板拉伸（压缩）与弯曲变形之间无耦合效应时，$L_{13}=L_{23}=0$。

层合板弯曲平衡方程式（7-5a）、式（7-5b）、式（7-5c）用上述算子可表示为：

$$\left.\begin{aligned}L_{11}u+L_{12}v+L_{13}w=0\\L_{12}u+L_{22}v+L_{23}w=0\\L_{13}u+L_{23}v+L_{33}w=q\end{aligned}\right\}\quad\text{或}\quad\begin{bmatrix}L_{11}&L_{12}&L_{13}\\L_{12}&L_{22}&L_{23}\\L_{13}&L_{23}&L_{33}\end{bmatrix}\begin{bmatrix}u\\v\\w\end{bmatrix}=\begin{bmatrix}0\\0\\q\end{bmatrix} \tag{7-6}$$

下面给出几种典型对称层合板的弯曲平衡方程：

1. 各向异性对称层合板

由于对称层合板的耦合刚度矩阵 $\boldsymbol{B}\equiv 0$，因而其平衡方程可简化为：

$$\left.\begin{array}{l}L_{11}u+L_{12}v=0\\L_{12}u+L_{22}v=0\\L_{33}w=q\end{array}\right\}\quad 或 \quad \begin{bmatrix}L_{11}&L_{12}&0\\L_{12}&L_{22}&0\\0&0&L_{33}\end{bmatrix}\begin{bmatrix}u\\v\\w\end{bmatrix}=\begin{bmatrix}0\\0\\q\end{bmatrix} \tag{7-7}$$

显然位移分量中 u、v 之间仍然相互关联，但 w 与 u、v 相互不关联，层合板的挠度（中面位移）w 可通过式（7-7）第三式得出：

$$D_{11}w_{,xxxx}+4D_{16}w_{,xxxy}+2(D_{12}+2D_{66})w_{,xxyy}+4D_{26}w_{,xyyy}+D_{22}w_{,yyyy}=q \tag{7-8}$$

2. 特殊正交各向异性对称层合板

特殊正交各向异性对称层合板，除耦合刚度矩阵 $\boldsymbol{B}\equiv 0$ 外，其弯曲刚度系数 $D_{16}=D_{26}=0$，式（7-8）可简化为：

$$D_{11}w_{,xxxx}+2(D_{12}+2D_{66})w_{,xxyy}+D_{22}w_{,yyyy}=q \tag{7-9}$$

3. 各向同性对称层合板

各向同性对称层合板，除耦合刚度矩阵 $\boldsymbol{B}\equiv 0$ 外，其弯曲刚度系数 $D_{16}=D_{26}=0$，$D_{11}=D_{22}=(D_{12}+2D_{66})=D$，式（7-8）可简化为：

$$w_{,xxxx}+2w_{,xxyy}+w_{,yyyy}=\frac{q}{D} \tag{7-10}$$

7.2.2 层合板弯曲的边界条件

层合板的弯曲问题本质上是四阶微分方程的边值问题，因此若要求解层合板的弯曲问题，还必须给出具体问题对应的边界条件。矩形层合板每个边需要四个边界条件。八种可能类型的简支和固支边界条件一般分类如下。

1. 简支边界条件（用 s 表示）

$$\left.\begin{array}{ll}s_1: & w=0;\ M_n=0;\ u_n=\bar{u}_n;\ u_t=\bar{u}_t\\ s_2: & w=0;\ M_n=0;\ N_n=\bar{N}_n;\ u_t=\bar{u}_t\\ s_3: & w=0;\ M_n=0;\ u_n=\bar{u}_n;\ N_{nt}=\bar{N}_{nt}\\ s_4: & w=0;\ M_n=0;\ N_n=\bar{N}_n;\ N_{nt}=\bar{N}_{nt}\end{array}\right\} \tag{7-11}$$

式中，各符号意义如图 7-4 所示。n，t 分别表示边界的法线方向和切线方向。

2. 固支边界条件（用 c 表示）

$$\left.\begin{array}{ll}c_1: & w=0;\ w_{,n}=0;\ u_n=\bar{u}_n;\ u_t=\bar{u}_t\\ c_2: & w=0;\ w_{,n}=0;\ N_n=\bar{N}_n;\ u_t=\bar{u}_t\\ c_3: & w=0;\ w_{,n}=0;\ u_n=\bar{u}_n;\ N_{nt}=\bar{N}_{nt}\\ c_4: & w=0;\ w_{,n}=0;\ N_n=\bar{N}_n;\ N_{nt}=\bar{N}_{nt}\end{array}\right\} \tag{7-12}$$

7.2.3 四边简支层合板的弯曲

如图 7-5 所示，四边简支矩形层合板在横向荷载 $q(x, y)$ 作用下发生弯曲变形。将横向荷载 $q(x, y)$ 展开为双三角（正弦）函数：

$$q(x, y)=\sum_{m=1}^{\infty}\sum_{n=1}^{\infty}b_{mn}\sin\frac{m\pi x}{a}\sin\frac{n\pi y}{b} \tag{7-13}$$

式中，m，n 一般取任意正整数，系数 b_{mn} 可由下式求出：

$$b_{mn}=\frac{4}{ab}\int_{0}^{a}\int_{0}^{b}q(x,\ y)\sin\frac{m\pi x}{a}\sin\frac{n\pi y}{b}\mathrm{d}x\,\mathrm{d}y \tag{7-14}$$

对于均布荷载 $q(x,\ y)=q_0$，可得出：

$$q(x,\ y)=q_0=\sum_{m=1,\ 3,\ 5}^{\infty}\ \sum_{n=1,\ 3,\ 5}^{\infty}\frac{16q_0}{\pi^2 mn}\sin\frac{m\pi x}{a}\sin\frac{n\pi y}{b} \tag{7-15}$$

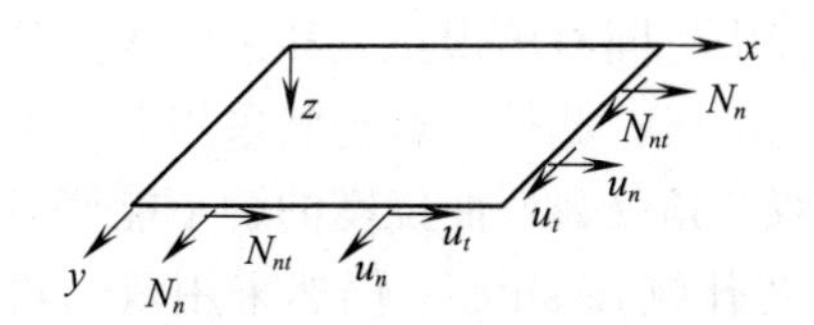

图 7-4　边界条件符号的意义

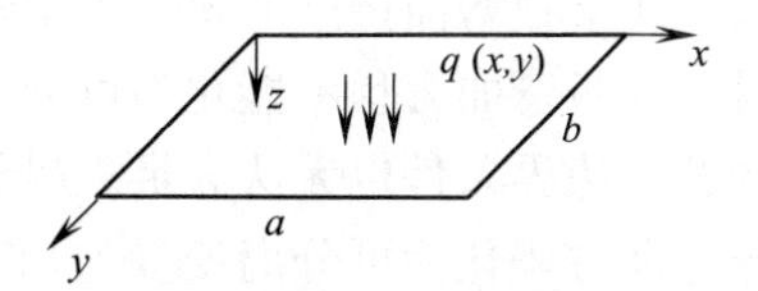

图 7-5　四边简支矩形层合板

下面讨论几种典型层合板情形下的解。

1. 四边简支特殊正交各向异性对称层合板

由式(7-9) 可知弯曲平衡方程为：

$$D_{11}w_{,xxxx}+2(D_{12}+2D_{66})w_{,xxyy}+D_{22}w_{,yyyy}=q(x,\ y)$$

由式(7-11) 可知边界条件为：

$$\left.\begin{aligned}&x=0,\ a:\quad w=0\qquad M_x=-D_{11}w_{,xx}-D_{12}w_{,yy}=0\\&y=0,\ b:\quad w=0\qquad M_y=-D_{12}w_{,xx}-D_{22}w_{,yy}=0\end{aligned}\right\} \tag{7-16}$$

取挠度 w 为双三角正弦函数，即：

$$w(x,\ y)=\sum_{m=1}^{\infty}\sum_{n=1}^{\infty}a_{mn}\sin\frac{m\pi x}{a}\sin\frac{n\pi y}{b} \tag{7-17}$$

显然，式(7-17) 满足式(7-16) 的所有边界条件。将式(7-17) 代入式(7-9) 有：

$$\sum_{m=1}^{\infty}\sum_{n=1}^{\infty}\left\{a_{mn}\left[D_{11}\frac{m^4\pi^4}{a^4}+2(D_{12}+2D_{66})\frac{m^2n^2\pi^4}{a^2b^2}+D_{22}\frac{n^4\pi^4}{b^4}\right]-\right.$$
$$\left.\left[\frac{4}{ab}\int_{0}^{a}\int_{0}^{b}q(x,\ y)\sin\frac{m\pi x}{a}\sin\frac{n\pi y}{b}\mathrm{d}x\,\mathrm{d}y\right]\right\}\sin\frac{m\pi x}{a}\sin\frac{n\pi y}{b}=0$$

可得：

$$a_{mn}=\frac{b_{mn}/\pi^4}{D_{11}\left(\frac{m}{a}\right)^4+2(D_{12}+2D_{66})\left(\frac{m}{a}\right)^2\left(\frac{n}{b}\right)^2+D_{22}\left(\frac{n}{b}\right)^4}$$

代入式(7-17) 可得四边简支正交各向异性层合板弯曲问题的精确解。对于均布荷载 q_0 有解：

$$w=\frac{16q_0}{\pi^6}\frac{\sum\limits_{m=1,\ 3,\ 5}^{\infty}\ \sum\limits_{n=1,\ 3,\ 5}^{\infty}\frac{1}{mn}\sin\frac{m\pi x}{a}\sin\frac{n\pi y}{b}}{D_{11}\left(\frac{m}{a}\right)^4+2(D_{12}+2D_{66})\left(\frac{m}{a}\right)^2\left(\frac{n}{b}\right)^2+D_{22}\left(\frac{n}{b}\right)^4} \tag{7-18}$$

由 w 可求得应变和应力。

2. 四边简支对称角铺设层合板

对称角铺设层合板的耦合刚度矩阵 $\boldsymbol{B}=0$，但弯曲刚度系数 D_{16}、D_{26} 不为零，其基本方程为式(7-8)：

$$D_{11}w_{,xxxx}+4D_{16}w_{,xxxy}+2(D_{12}+2D_{66})w_{,xxyy}+4D_{26}w_{,xyyy}+D_{22}w_{,yyyy}=q(x,y)$$

由式(7-11) 可得边界条件为：

$$\left.\begin{aligned}x=0,a:\quad & w=0 \quad M_x=-D_{11}w_{,xx}-D_{12}w_{,yy}-2D_{16}w_{,xy}=0\\ y=0,b:\quad & w=0 \quad M_y=-D_{12}w_{,xx}-D_{22}w_{,yy}-2D_{26}w_{,xy}=0\end{aligned}\right\}\tag{7-19}$$

由于在对称角铺设层合板弯曲方程中出现了刚度交叉项($D_{16}\neq 0$，$D_{26}\neq 0$)，若仍然采用双三角级数弯曲挠度的解，基本弯曲方程中将同时出现正弦和余弦函数项，即对称角铺设层合板弯曲方程不能化为可分离变量的形式；此外，若仍然采用双三角级数弯曲挠度的解，边界条件也无法满足。尽管采用双三角级数弯曲挠度的解不能使对称角铺设层合板弯曲方程化为可分离变量的形式，但艾什顿(Ashton) 仍然采用双三角正弦级数弯曲挠度，通过能量原理对对称角铺设层合板弯曲方程进行求解，并给出了对称角铺设层合板弯曲问题的近似解(边界条件仍未被满足)。

艾什顿采用式(7-17) 的有限项

$$w(x,y)=\sum_{m=1}^{i}\sum_{n=1}^{j}a_{mn}\sin\frac{m\pi x}{a}\sin\frac{n\pi y}{b}\tag{7-20}$$

来计算对称角铺设层合板的总势能，并应用瑞利-里茨法（Rayleigh-Ritz Method）得到对称角铺设层合板挠度的近似解。

弹性体总势能为：

$$\Pi=\frac{1}{2}\iiint_V(\sigma_x\varepsilon_x+\sigma_y\varepsilon_y+\sigma_z\varepsilon_z+\tau_{xy}\gamma_{xy}+\tau_{yz}\gamma_{yz}+\tau_{zx}\gamma_{zx})\mathrm{d}x\,\mathrm{d}y\,\mathrm{d}z-\iint_A q_0 w\,\mathrm{d}x\,\mathrm{d}y$$

由层合板的近似平面应力状态假设有：

$$\Pi=\frac{1}{2}\iiint_V(\sigma_x\varepsilon_x+\sigma_y\varepsilon_y+\tau_{xy}\gamma_{xy})\mathrm{d}x\,\mathrm{d}y\,\mathrm{d}z-\iint_A q_0 w\,\mathrm{d}x\,\mathrm{d}y$$

将式（7-2b）代入上式得：

$$\begin{aligned}\Pi&=\frac{1}{2}\iiint_V[\sigma_x(\varepsilon_x^0+z\kappa_x)+\sigma_y(\varepsilon_y^0+z\kappa_y)+\tau_{xy}(\gamma_{xy}^0+z\kappa_{xy})]\mathrm{d}x\,\mathrm{d}y\,\mathrm{d}z-\iint_A q_0 w\,\mathrm{d}x\,\mathrm{d}y\\&=\frac{1}{2}\iint_A\left\{\left[\int_{-\frac{h}{2}}^{\frac{h}{2}}\sigma_x(\varepsilon_x^0+z\kappa_x)\,\mathrm{d}z+\int_{-\frac{h}{2}}^{\frac{h}{2}}\sigma_y(\varepsilon_y^0+z\kappa_y)\,\mathrm{d}z+\right.\right.\\&\qquad\left.\left.\int_{-\frac{h}{2}}^{\frac{h}{2}}\tau_{xy}(\gamma_{xy}^0+z\kappa_{xy})\,\mathrm{d}z\right]\right\}\mathrm{d}x\,\mathrm{d}y\iint_A q_0 w\,\mathrm{d}x\,\mathrm{d}y\\&=\frac{1}{2}\iint_A(N_x\varepsilon_x^0+M_x\kappa_x+N_y\varepsilon_y^0+M_y\kappa_y+N_{xy}\gamma_{xy}^0+M_{xy}\kappa_{xy}-2q_0w)\,\mathrm{d}x\,\mathrm{d}y\end{aligned}$$

式中，h 为复合材料层合板厚度。

若不计对称角铺设层合板中面位移（即 $u_0=0$，$v_0=0$），则层合板中面应变为零，层合板的内力及内力矩为：

$$\begin{bmatrix}N_x\\N_y\\N_{xy}\end{bmatrix}=\begin{bmatrix}0\\0\\0\end{bmatrix}\quad\begin{bmatrix}M_x\\M_y\\M_{xy}\end{bmatrix}=\begin{bmatrix}D_{11}&D_{12}&D_{16}\\D_{12}&D_{22}&D_{26}\\D_{16}&D_{26}&D_{66}\end{bmatrix}\begin{bmatrix}\kappa_x\\\kappa_y\\\kappa_{xy}\end{bmatrix}$$

层合板的总势能为：

$$\begin{aligned}\Pi &= \frac{1}{2}\iint_A (M_x\kappa_x + M_y\kappa_y + M_{xy}\kappa_{xy} - 2q_0 w)\,\mathrm{d}x\,\mathrm{d}y \\ &= \frac{1}{2}\int_0^a\int_0^b [D_{11}(w_{,xx})^2 + 2D_{12}w_{,xx}w_{,yy} + D_{22}(w_{,yy})^2 + 4D_{16}w_{,xy}w_{,xx} + \\ &\quad 4D_{26}w_{,xy}w_{,yy} + 4D_{66}(w_{,xy})^2 - 2q_0 w]\,\mathrm{d}x\,\mathrm{d}y\end{aligned} \tag{7-21}$$

将式（7-20）代入式（7-21）并由最小势能原理得：

$$\frac{\partial \Pi}{\partial a_{mn}} = 0 \qquad \begin{pmatrix} m=1, 2, \cdots, i \\ n=1, 2, \cdots, j \end{pmatrix}$$

这是关于 a_{mn} 的线性代数方程组。求解该方程组确定 a_{mn}，将其代回式（7-20）即可得到对称角铺设层合板弯曲问题挠度的近似解。

艾什顿计算了受均布荷载 q_0 作用的边长为 a 的正方形对称角铺设层合板，层合板的刚度取为：$D_{22}/D_{11}=1$，$(D_{12}+2D_{66})/D_{11}=1.5$，$D_{16}/D_{11}=D_{26}/D_{11}=-0.5$。当弯曲挠度函数式（7-20）中取 $i=7$，$j=7$ 时，得出正方形对称角铺设层合板的最大挠度为：

$$w_{\max} = \frac{0.00425a^4 q_0}{D_{11}} \tag{7-22}$$

3. 四边简支反对称正交铺设层合板

对于反对称正交铺设层合板不为零的拉伸刚度系数有 $A_{11}=A_{22}$，A_{12}，A_{66}；不为零的耦合刚度系数有 B_{11}，$B_{22}=-B_{11}$；不为零的弯曲刚度系数有 $D_{11}=D_{22}$，D_{12}，D_{66}。与特殊正交各向异性层合板相比，出现了 B_{11}、B_{22}，因此引入算子：

$$L_{11}=A_{11}(\ )_{,xx}+A_{66}(\ )_{,yy} \quad L_{12}=(A_{12}+A_{66})(\ )_{,xy} \quad L_{22}=A_{66}(\ )_{,xx}+A_{11}(\ )_{,yy}$$
$$L_{13}=-B_{11}(\ )_{,xxx} \quad L_{23}=B_{11}(\ )_{,yyy}$$
$$L_{33}=D_{11}(\ )_{,xxxx}+2(D_{12}+2D_{66})(\ )_{,xxyy}+D_{11}(\ )_{,yyyy}$$

由弯曲平衡方程式（7-6）可得：

$$\left.\begin{aligned} &A_{11}u_{,xx}+A_{66}u_{,yy}+(A_{12}+A_{66})v_{,xy}-B_{11}w_{,xxx}=0 \\ &(A_{12}+A_{66})u_{,xy}+A_{66}v_{,xx}+A_{11}v_{,yy}+B_{11}w_{,yyy}=0 \\ &D_{11}(w_{,xxxx}+w_{,yyyy})-B_{11}(u_{,xxx}-v_{,yyy})+2(D_{12}+2D_{66})w_{,xxyy}=q(x, y) \end{aligned}\right\} \tag{7-23}$$

取 s_2 简支边界条件，即式（7-11）中的第二式：

$$\left.\begin{aligned} x=0, a: \quad & w=0 \quad M_x=B_{11}u_{,x}-D_{11}w_{,xx}-D_{12}w_{,yy}=0 \\ & v=0 \quad N_x=A_{11}u_{,x}+A_{12}v_{,y}-B_{11}w_{,xx}=0 \\ y=0, b: \quad & w=0 \quad M_y=-B_{11}v_{,y}-D_{12}w_{,xx}-D_{22}w_{,yy}=0 \\ & u=0 \quad N_y=A_{12}u_{,x}+A_{11}v_{,y}+B_{11}w_{,yy}=0 \end{aligned}\right\} \tag{7-24}$$

选取下列位移函数：

$$
\left.\begin{aligned}
u(x,\ y)&=\sum_{m=1}^{\infty}\sum_{n=1}^{\infty}a_{mn}\cos\frac{m\pi x}{a}\sin\frac{n\pi y}{b}\\
v(x,\ y)&=\sum_{m=1}^{\infty}\sum_{n=1}^{\infty}b_{mn}\sin\frac{m\pi x}{a}\cos\frac{n\pi y}{b}\\
w(x,\ y)&=\sum_{m=1}^{\infty}\sum_{n=1}^{\infty}c_{mn}\sin\frac{m\pi x}{a}\sin\frac{n\pi y}{b}
\end{aligned}\right\}\tag{7-25}
$$

显然，它们满足弯曲平衡方程式（7-23）和边界条件式（7-24）。

横向荷载 q（x，y）同样可以采用双正弦三角级数：

$$
q(x,\ y)=\sum_{m=1}^{\infty}\sum_{n=1}^{\infty}\bar{b}_{mn}\sin\frac{m\pi x}{a}\sin\frac{n\pi y}{b}\tag{7-26}
$$

式中系数：

$$
\bar{b}_{mn}=\frac{4}{ab}\int_0^a\int_0^b q(x,\ y)\sin\frac{m\pi x}{a}\sin\frac{n\pi y}{b}\mathrm{d}x\,\mathrm{d}y\tag{7-27}
$$

针对 s_2 边界条件，双正弦三角级数挠度可给出问题的精确解。

如果横向荷载 q（x，y）取双三角级数第一项，即：

$$
q=q_0\sin\frac{\pi x}{a}\sin\frac{\pi y}{b}
$$

2、4、6 层和无限多层的反对称正交铺设石墨/环氧矩形层合板（$E_1/E_2=40$，$G_{12}/E_2=0.5$，$\nu_{12}=0.25$）的最大挠度值如图 7-6 所示。无限多层层合板的情形相当于忽略拉伸-弯曲耦合的特殊正交各向异性层合板的解。二层层合板忽略耦合影响的结果误差很大，即实际挠度近似为特殊正交各向异性层合板的 3 倍。显然随着层数的增加，拉伸-弯曲耦合效应对挠度的影响衰减很快，而且与层合板的长宽比 a/b 无关，当层数多于 6 层时，忽略耦合效应影响而误差很小。另外耦合效应的影响还取决于 E_1/E_2 的值，E_1/E_2 的值越大，耦合效应的影响也增大。

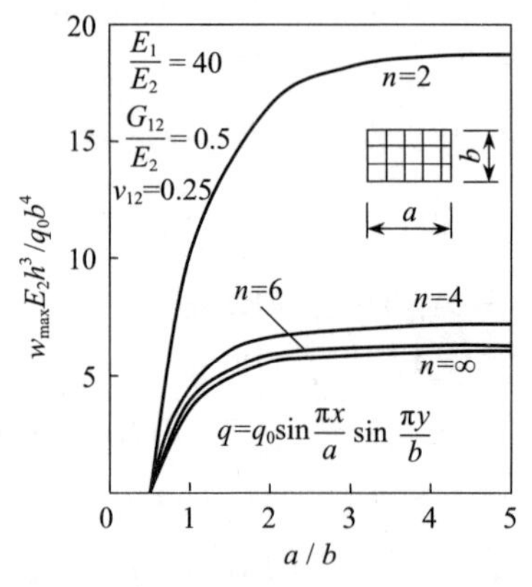

图 7-6　反对称正交铺设石墨/环氧矩形层合板横向正弦荷载下的最大挠度

4. 四边简支反对称角铺设层合板

对于反对称角铺设层合板，刚度系数有 $A_{16}=A_{26}=D_{16}=D_{26}=0$；耦合刚度系数有 B_{16}、B_{26}，因此引入算子：

$L_{11}=A_{11}(\ )_{,xx}+A_{66}(\ )_{,yy}\quad L_{12}=(A_{12}+A_{66})(\ )_{,xy}\quad L_{22}=A_{66}(\ )_{,xx}+A_{22}(\ )_{,yy}$

$L_{13}=-3B_{16}(\ )_{,xxx}-B_{26}(\ )_{,yyy}\quad L_{23}=-B_{16}(\ )_{,xxx}-3B_{26}(\ )_{,yyy}$

$L_{33}=D_{11}(\ )_{,xxxx}+2(D_{12}+2D_{66})(\ )_{,xxyy}+D_{22}(\ )_{,yyyy}$

由弯曲平衡方程式（7-6）可得：

$$\left.\begin{aligned}&A_{11}u_{,xx}+A_{66}u_{,yy}+(A_{12}+A_{66})v_{,xy}-3B_{16}w_{,xxy}-B_{26}w_{,yyy}=0\\&(A_{12}+A_{66})u_{,xy}+A_{66}v_{,xx}+A_{22}v_{,yy}-B_{16}w_{,xxx}-3B_{26}w_{,xyy}=0\\&D_{11}w_{,xxxx}+2(D_{12}+2D_{66})w_{,xxyy}+D_{22}w_{,yyyy}-B_{16}(3u_{,xxy}+v_{,xxx})-\\&\quad B_{26}(u_{,yyy}+3v_{,xyy})=q(x,\ y)\end{aligned}\right\}\tag{7-28}$$

取 s_3 简支边界条件，即式（7-11）中的第三式：

$$\left.\begin{aligned}x=0,\ a:\quad&w=0;\ M_x=B_{16}(u_{,y}+v_{,x})-D_{11}w_{,xx}-D_{12}w_{,yy}=0\\&v=0;\ N_{xy}=A_{66}(u_{,y}+v_{,x})-B_{16}w_{,xx}-B_{26}w_{,yy}=0\\y=0,\ b:\quad&w=0;\ M_y=B_{26}(u_{,y}+v_{,x})-D_{12}w_{,xx}-D_{22}w_{,yy}=0\\&u=0;\ N_{xy}=A_{66}(u_{,y}+v_{,x})-B_{16}w_{,xx}-B_{26}w_{,yy}=0\end{aligned}\right\}\tag{7-29}$$

选取下列位移函数：

$$\left.\begin{aligned}u(x,\ y)&=\sum_{m=1}^{\infty}\sum_{n=1}^{\infty}a_{mn}\sin\frac{m\pi x}{a}\cos\frac{n\pi y}{b}\\v(x,\ y)&=\sum_{m=1}^{\infty}\sum_{n=1}^{\infty}b_{mn}\cos\frac{m\pi x}{a}\sin\frac{n\pi y}{b}\\w(x,\ y)&=\sum_{m=1}^{\infty}\sum_{n=1}^{\infty}c_{mn}\sin\frac{m\pi x}{a}\sin\frac{n\pi y}{b}\end{aligned}\right\}\tag{7-30}$$

显然，它们满足弯曲平衡方程式（7-23）和边界条件式（7-24）。

横向荷载 q（x，y）仍采用式（7-26）和式（7-27），针对 s_3 边界条件，双正弦三角级数挠度可给出问题的精确解。

对于 $E_1/E_2=40$，$G_{12}/E_2=0.5$，$\nu_{12}=0.25$ 的反对称角铺设石墨/环氧正方形层合板，如果横向荷载 q（x，y）取双三角级数第一项，即

$$q=q_0\sin\frac{\pi x}{a}\sin\frac{\pi y}{b}$$

作用下，最大挠度与铺设角 θ 的关系曲线如图 7-7 所示。显然二层层合板耦合效应的影响较大，但随着层数的增加迅速减小。当 $n>8$ 时，反对称角铺设正方形层合板的挠度接近于 $n\to\infty$ 时的弯曲挠度。因此，当反对称角铺设层合板的层数 $n\geqslant8$ 时，可将层合板整体视为自然坐标轴与弹性主轴一致的正交各向异性板。

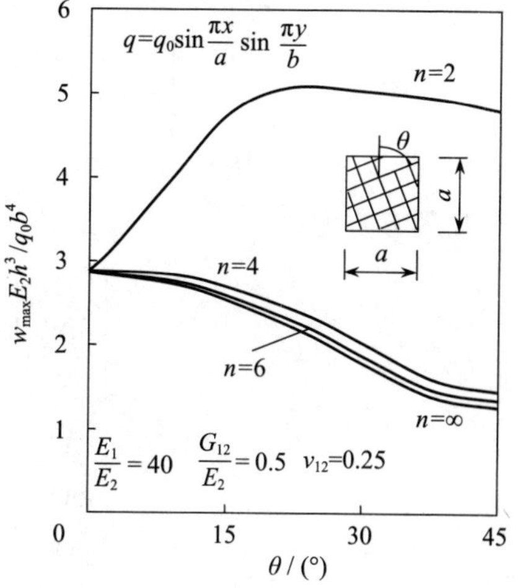

图 7-7　石墨/环氧反对称角铺设正方形层合板横向正弦荷载下的最大挠度

7.3 层合板的屈曲

假设复合材料层合板承受中面内压缩荷载 N_x、N_y 和剪切荷载 N_{xy}，当荷载达到一定数值时，复合材料层合板中面在小干扰下将偏离原有平衡状态（中面为平面的平衡状态）而发生屈曲。若复合材料层合板的耦合刚度矩阵 $\boldsymbol{B}\neq 0$，由于耦合效应，复合材料层合板承受中面内压缩荷载和剪切荷载，其稳定平衡状态也不再为原有中面为平面的平衡状态（即中面将发生弯曲变形而出现挠度 w）。这种情况也称为具有初始挠度的屈曲问题。为了简单起见，以下分析中不考虑具有初始挠度的屈曲问题。产生屈曲时的荷载值称为临界荷载。从理论上讲，板的屈曲形式和相应的临界荷载值无穷多个，但实际应用只需求得最小的一个临界荷载值，称为屈曲荷载。

7.3.1 层合板屈曲方程

图 7-8 所示为承受中面内压缩荷载和剪切荷载的层合板。当复合材料层合板处于中面为平面的临界平衡状态时，给中面位移分量一组虚位移（位移变分）δu、δv、δw；给中面内压缩荷载和剪切荷载一组内力和内力矩变分 δN_x、δN_y、δN_{xy}、δM_x、δM_y、δM_{xy}，则复合材料层合板屈曲问题的几何方程为：

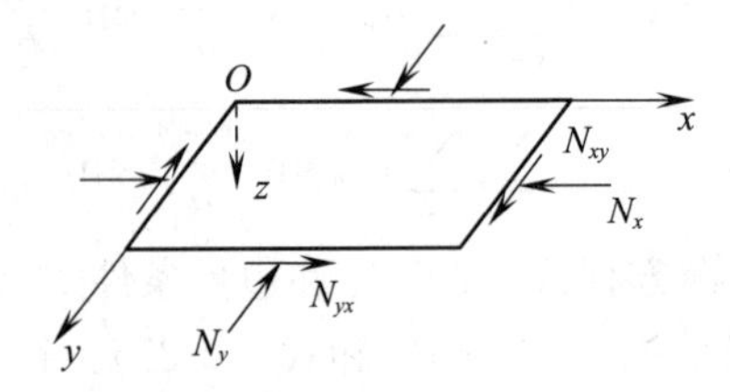

图 7-8 作用于板上的压缩荷载和剪切荷载

$$\begin{bmatrix}\delta\varepsilon_x^0\\ \delta\varepsilon_y^0\\ \delta\gamma_{xy}^0\end{bmatrix}=\begin{bmatrix}\delta u_{,x}\\ \delta v_{,y}\\ \delta u_{,y}+\delta v_{,x}\end{bmatrix}\qquad \begin{bmatrix}\delta\kappa_x\\ \delta\kappa_y\\ \delta\kappa_{xy}\end{bmatrix}=\begin{bmatrix}-\delta w_{,xx}\\ -\delta w_{,yy}\\ -2\delta w_{,xy}\end{bmatrix} \tag{7-31}$$

物理方程为：

$$\begin{bmatrix}\delta N_x\\ \delta N_y\\ \delta N_{xy}\end{bmatrix}=\boldsymbol{A}\begin{bmatrix}\delta\varepsilon_x^0\\ \delta\varepsilon_y^0\\ \delta\gamma_{xy}^0\end{bmatrix}+\boldsymbol{B}\begin{bmatrix}\delta\kappa_x\\ \delta\kappa_y\\ \delta\kappa_{xy}\end{bmatrix} \tag{7-32}$$

$$\begin{bmatrix}\delta M_x\\ \delta M_y\\ \delta M_{xy}\end{bmatrix}=\boldsymbol{B}\begin{bmatrix}\delta\varepsilon_x^0\\ \delta\varepsilon_y^0\\ \delta\gamma_{xy}^0\end{bmatrix}+\boldsymbol{D}\begin{bmatrix}\delta\kappa_x\\ \delta\kappa_y\\ \delta\kappa_{xy}\end{bmatrix} \tag{7-33}$$

图 7-9 给出了复合材料层合板处于临界（受到小干扰后）平衡状态时，中面内压缩荷载 $\overline{N}_x$、$\overline{N}_y$ 和剪切荷载 $\overline{N}_{xy}$、$\overline{N}_{yx}$ 在发生位移变分 δw 情况下的示意图。荷载 $\overline{N}_x$、$\overline{N}_y$、$\overline{N}_{xy}$、$\overline{N}_{yx}$ 在 z 轴方向的投影分别为：

y-z 平面内：$-\overline{N}_y \dfrac{\partial(\delta w)}{\partial y} = -\overline{N}_y \delta w_{,y}$ $\qquad \overline{N}_{yx} \dfrac{\partial(\delta w)}{\partial x} = \overline{N}_{yx} \delta w_{,x}$

x-z 平面内：$-\overline{N}_x \dfrac{\partial(\delta w)}{\partial x} = -\overline{N}_x \delta w_{,x}$ $\qquad \overline{N}_{xy} \dfrac{\partial(\delta w)}{\partial y} = \overline{N}_{xy} \delta w_{,y}$

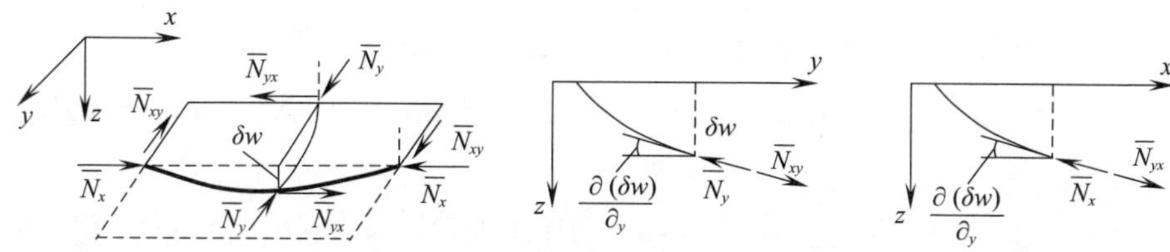

图 7-9　临界平衡状态板上荷载示意图

层合板处于临界（受到小干扰后）平衡状态时，中面内压缩荷载和剪切荷载一组内力和内力矩变分 δN_x、δN_y、δN_{xy}、δM_x、δM_y、δM_{xy} 满足式（7-3），即：

$$\left.\begin{aligned}
&\delta N_{x,x} + \delta N_{xy,y} = 0\\
&\delta N_{xy,x} + \delta N_{y,y} = 0\\
&\delta Q_{x,x} + \delta Q_{y,y} = 0\\
&\delta M_{xy,x} + \delta M_{y,y} = \delta Q_y\\
&\delta M_{x,x} + \delta M_{xy,y} = \delta Q_x
\end{aligned}\right\} \tag{a}$$

且在图 7-3 层合板所取的板微元体横截面上，除作用中面内压缩荷载和剪切荷载一组内力和内力矩变分 δN_x、δN_y、δN_{xy}、δM_x、δM_y、δM_{xy} 外，还存在由中面内压缩荷载和剪切荷载 $\overline{N}_x$、$\overline{N}_y$、$\overline{N}_{xy}$、$\overline{N}_{yx}$ 在发生位移变分 δw 时，分别在 $x-z$ 面、$y-z$ 面内 z 方向的作用，因此在式（a）第四、第五个方程中还应存在由这些作用产生的力矩项。即：

$$\left.\begin{aligned}
&\delta N_{x,x} + \delta N_{xy,y} = 0\\
&\delta N_{xy,x} + \delta N_{y,y} = 0\\
&\delta Q_{x,x} + \delta Q_{y,y} = 0\\
&\delta M_{xy,x} + \delta M_{y,y} + \overline{N}_{xy}\delta w_{,y} - \overline{N}_y \delta w_{,y} = \delta Q_y\\
&\delta M_{x,x} + \delta M_{xy,y} + \overline{N}_{yx}\delta w_{,x} - \overline{N}_x \delta w_{,x} = \delta Q_x
\end{aligned}\right\} \tag{b}$$

将式（b）中第四、五式代入第三式中得：

$$\left.\begin{aligned}
&\delta N_{x,x} + \delta N_{xy,y} = 0\\
&\delta N_{xy,x} + \delta N_{y,y} = 0\\
&\delta M_{x,xx} + 2\delta M_{xy,x} + \delta M_{y,yy} + 2\overline{N}_{xy}\delta w_{,xy} - \overline{N}_x \delta w_{,xx} - \overline{N}_y \delta w_{,yy} = 0
\end{aligned}\right\} \tag{7-34}$$

式（7-34）称为用一组内力和内力矩变分 δN_x、δN_y、δN_{xy}、δM_x、δM_y、δM_{xy} 和中面内压缩荷载和剪切荷载 $\overline{N}_x$、$\overline{N}_y$、$\overline{N}_{xy}$、$\overline{N}_{yx}$ 表示的层合板屈曲方程。式（7-34）运算后可得：

$$\begin{aligned}
&A_{11}\delta u_{,xx} + 2A_{16}\delta u_{,xy} + A_{66}\delta u_{,yy} + A_{16}\delta v_{,xx} + (A_{66} + A_{12})\delta v_{,xy} +\\
&\quad A_{26}\delta v_{,yy} - B_{11}\delta w_{,xxx} - 3B_{16}\delta w_{,xxy} - (2B_{66} + B_{12})\delta w_{,xyy} - B_{26}\delta w_{,yyy} = 0
\end{aligned} \tag{7-35a}$$

$$A_{16}\delta u_{,xx}+(A_{66}+A_{12})\delta u_{,xy}+A_{26}\delta u_{,yy}+A_{66}\delta v_{,xx}+2A_{26}\delta v_{,xy}+A_{22}\delta v_{,yy}-B_{16}\delta w_{,xxx}-(2B_{66}+B_{12})\delta w_{,xxy}-3B_{26}\delta w_{,xyy}-B_{22}\delta w_{,yyy}=0 \tag{7-35b}$$

$$D_{11}\delta w_{,xxxx}+4D_{16}\delta w_{,xxxy}+2(D_{12}+2D_{66})\delta w_{,xxyy}+4D_{26}\delta w_{,xyyy}+D_{22}\delta w_{,yyyy}-B_{11}\delta u_{,xxx}-3B_{16}\delta u_{,xxy}-(B_{12}+2B_{66})\delta u_{,xyy}-B_{26}\delta u_{,yyy}-B_{16}\delta v_{,xxx}-(B_{12}+2B_{66})\delta v_{,xxy}-3B_{26}\delta v_{,xyy}-B_{22}\delta v_{,yyy}=\overline{N}_x\delta w_{,xx}+2\overline{N}_{xy}\delta w_{,xy}+\overline{N}_y\delta w_{,yy} \tag{7-35c}$$

式（7-35a）、式（7-35b）、式（7-35c）为用中面位移变分 δu、δv、δw 和中面内压缩荷载和剪切荷载 $\overline{N}_x$、$\overline{N}_y$、$\overline{N}_{xy}$、$\overline{N}_{yx}$ 表示的层合板屈曲方程。

引入算子后层合板屈曲方程式（7-35a）、式（7-35b）、式（7-35c）可表示为

$$\begin{bmatrix} L_{11} & L_{12} & L_{13} \\ L_{12} & L_{22} & L_{23} \\ L_{13} & L_{23} & L_{33} \end{bmatrix}\begin{bmatrix} \delta u \\ \delta v \\ \delta w \end{bmatrix}=\begin{bmatrix} 0 \\ 0 \\ \overline{N}_x\delta w_{,xx}+2\overline{N}_{xy}\delta w_{,xy}+\overline{N}_y\delta w_{,yy} \end{bmatrix} \tag{7-36}$$

从层合板屈曲方程可以看出：

（1）层合板屈曲方程出现拉伸（压缩）和弯曲之间的耦合效应。只有在特定情况下，拉伸（压缩）和弯曲之间的耦合效应才会消失。

（2）与层合板的弯曲问题相比较，尽管在形式上层合板弯曲平衡方程和层合板屈曲方程相似，但实质上层合板弯曲平衡方程和层合板屈曲方程在数学上属于两类不同的问题。在层合板弯曲问题中，横向荷载 q 是坐标 x、y 的函数，在数学上属于边值问题；在层合板屈曲问题中，中面内力 $\overline{N}_x$、$\overline{N}_y$、$\overline{N}_{xy}$ 作为曲率和扭率变分 $\delta w_{,xx}$、$\delta w_{,xy}$、$\delta w_{,yy}$ 的系数出现在方程中，在数学上属于特征值问题。

式（7-36）中第三等式右边是包含未知函数 δw 偏导数的项，因此式（7-36）实质上是齐次变分方程组，其有非零解的条件是方程组的系数行列式值为零。

下面给出几种典型的对称层合板的屈曲方程。

1. 各向异性对称层合板

由于对称层合板的耦合刚度矩阵 $\boldsymbol{B}=0$，因而其屈曲方程可简化为：

$$\left.\begin{aligned} &L_{11}\delta u+L_{12}\delta v=0 \\ &L_{12}\delta u+L_{22}\delta v=0 \\ &L_{33}\delta w=\overline{N}_x\delta w_{,xx}+2\overline{N}_{xy}\delta w_{,xy}+\overline{N}_y\delta w_{,yy} \end{aligned}\right\} \tag{7-37}$$

显然位移变分分量 δu、δv 之间仍然相互关联，但 δw 与 δu、δv 互不关联。层合板的挠度变分 δw 可通过式（7-37）的第三式得出：

$$D_{11}\delta w_{,xxxx}+4D_{16}\delta w_{,xxxy}+2(D_{12}+2D_{66})\delta w_{,xxyy}+4D_{26}\delta w_{,xyyy}+D_{22}\delta w_{,yyyy}=\overline{N}_x\delta w_{,xx}+2\overline{N}_{xy}\delta w_{,xy}+\overline{N}_y\delta w_{,yy} \tag{7-38}$$

2. 特殊正交各向异性对称层合板

特殊正交各向异性对称层合板，除其耦合刚度矩阵 $\boldsymbol{B}=0$ 外，其弯曲刚度系数 $D_{16}=D_{26}=0$，式（7-38）可简化为：

$$D_{11}\delta w_{,xxxx}+2(D_{12}+2D_{66})\delta w_{,xxyy}+D_{22}\delta w_{,yyyy}=\overline{N}_x\delta w_{,xx}+2\overline{N}_{xy}\delta w_{,xy}+\overline{N}_y\delta w_{,yy} \tag{7-39}$$

3. 各向同性对称层合板

各向同性对称层合板，除耦合刚度矩阵 $\boldsymbol{B}\equiv 0$ 外，其弯曲刚度系数 $D_{16}=D_{26}=0$，$D_{11}=D_{22}=(D_{12}+2D_{66})=D$，式（7-38）可简化为：

$$\delta w_{,xxxx}+2\delta w_{,xxyy}+\delta w_{,yyyy}=\frac{\overline{N}_x\delta w_{,xx}+2\overline{N}_{xy}\delta w_{,xy}+\overline{N}_y\delta w_{,yy}}{D} \tag{7-40}$$

7.3.2 层合板的屈曲边界条件

屈曲问题的所有边界条件都是齐次的，即皆为零，这样简支边界条件为：

$$\left.\begin{array}{ll} s_1: & \delta w=0;\ \delta M_n=0;\ \delta u_n=0;\ \delta u_t=0 \\ s_2: & \delta w=0;\ \delta M_n=0;\ \delta N_n=0;\ \delta u_t=0 \\ s_3: & \delta w=0;\ \delta M_n=0;\ \delta u_n=0;\ \delta N_{nt}=0 \\ s_4: & \delta w=0;\ \delta M_n=0;\ \delta N_n=0;\ \delta N_{nt}=0 \end{array}\right\} \tag{7-41}$$

固支边界条件为：

$$\left.\begin{array}{ll} c_1: & \delta w=0;\ \delta w_{,n}=0;\ \delta u_n=0;\ \delta u_t=0 \\ c_2: & \delta w=0;\ \delta w_{,n}=0;\ \delta N_n=0;\ \delta u_t=0 \\ c_3: & \delta w=0;\ \delta w_{,n}=0;\ \delta u_n=0;\ \delta N_{nt}=0 \\ c_4: & \delta w=0;\ \delta w_{,n}=0;\ \delta N_n=0;\ \delta N_{nt}=0 \end{array}\right\} \tag{7-42}$$

7.3.3 四边简支复合材料层合板的屈曲

图 7-10 所示的四边简支矩形复合材料层合板，中面内沿 x 方向作用均匀压力 $\overline{N}_x$，现在分别讨论以下几种情形下层合板的屈曲变形。

1. 四边简支特殊正交各向异性层合板

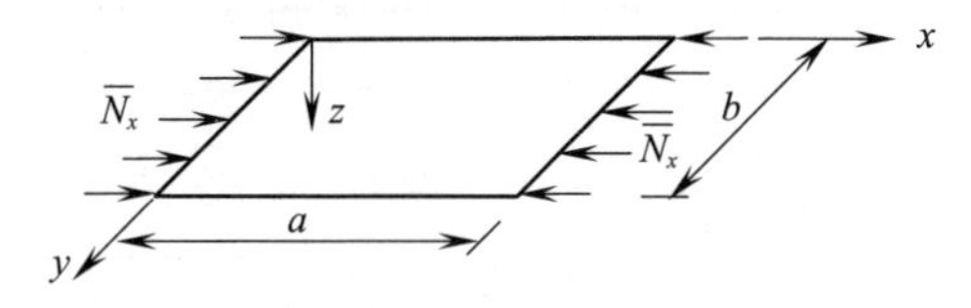

图 7-10 均布单向压力下的简支矩形层合板

对于四边简支特殊正交各向异性层合板，屈曲方程只有一个，将 $\overline{N}_y=\overline{N}_{xy}=0$ 代入式（7-39）可得：

$$D_{11}\delta w_{,xxxx}+2(D_{12}+2D_{66})\delta w_{,xxyy}+D_{22}\delta w_{,yyyy}=\overline{N}_x\delta w_{,xx} \tag{7-43}$$

四边简支边界条件取 s_1，即

$$\left\{\begin{array}{ll} x=0,\ a: & \delta w=0;\ \delta M_x=-D_{11}\delta w_{,xx}-D_{12}\delta w_{,yy}=0 \\ y=0,\ b: & \delta w=0;\ \delta M_y=-D_{12}\delta w_{,xx}-D_{22}\delta w_{,yy}=0 \end{array}\right\} \tag{7-44}$$

上述四阶微分方程和相应的齐次边界条件的解与前面的弯曲问题一样，屈曲形状函数仍取双三角正弦函数，即：

$$\delta w\ (x,\ y)\ =a_{mn}\sin\frac{m\pi x}{a}\sin\frac{n\pi y}{b} \tag{7-45}$$

显然式（7-45）满足所有的边界条件式（7-44）。将式（7-45）代入式（7-43）得：

$$a_{mn}\left[D_{11}\frac{m^4\pi^4}{a^4}+2(D_{12}+2D_{66})\frac{m^2n^2\pi^4}{a^2b^2}+D_{22}\frac{n^4\pi^4}{b^4}-\overline{N}_x\frac{m^2\pi^2}{a^2}\right]=0$$

这是关于 a_{mn}（$m=1$，2，…，i；$n=1$，2，…，j）的齐次线性代数方程组。该方程组有非零解的必要、充分条件是：

$$D_{11}\frac{m^4\pi^4}{a^4}+2(D_{12}+2D_{66})\frac{m^2n^2\pi^4}{a^2b^2}+D_{22}\frac{n^4\pi^4}{b^4}-\overline{N}_x\frac{m^2\pi^2}{a^2}=0$$

即

$$\overline{N}_x=D_{11}\frac{m^2\pi^2}{a^2}+2(D_{12}+2D_{66})\frac{n^2\pi^2}{b^2}+D_{22}\frac{n^4\pi^2}{b^4}\frac{a^2}{m^2} \tag{7-46}$$

当 $n=1$ 时，式（7-46）有最小值，所以临界屈曲荷载为：

$$\overline{N}_x=D_{11}\frac{m^2\pi^2}{a^2}+2(D_{12}+2D_{66})\frac{\pi^2}{b^2}+D_{22}\frac{\pi^2}{b^4}\frac{a^2}{m^2} \tag{7-47}$$

表 7-1 给出了 m 分别取 1、2、3，且 $D_{11}/D_{22}=10$，$(D_{12}+2D_{66})/D_{22}=1$ 时不同板长宽比 a/b 的临界屈曲荷载 $\overline{N}_x$ 的值，并描绘了它随 a/b 而变化的曲线，如图 7-11 所示。从表 7-1 和图 7-11 中可以看出：不同 m 值下的临界屈曲荷载最小值并不明显。x 方向半波数 m 的每一个取值都对应一个 a/b 的区间。在 x 方向以一个半波屈曲（$m=1$）的层合板，板长宽比 $a/b<2.515$。随着 a/b 的增加，在 x 方向板屈曲成更多的半波，且 $\overline{N}_x$ 对 a/b 的曲线不断趋于平坦，接近于：

$$\overline{N}_x=\frac{8.32456\pi^2}{b^2}D_{22}$$

表 7-1　不同的板长宽比 a/b 的临界屈曲荷载 $\overline{N}_x$ 值 [$D_{11}/D_{22}=10$，$(D_{12}+2D_{66})/D_{22}=1$]

长宽比 a/b			$\overline{N}_x$
	取值范围	取值	
$m=1$	$0<a/b<2.515$	0.8	18.625
		1.0	13
		1.5	8.694
		2.0	8.5
		2.515	9.906
$m=2$	$2.515<a/b<4.336$	3.0	8.694
		3.5	8.329
		4.0	8.5
		4.336	8.828
$m=3$	$4.336<a/b<6.160$	4.5	8.694
		5.0	8.378
		5.5	8.336
		6.0	8.5
		6.160	8.593

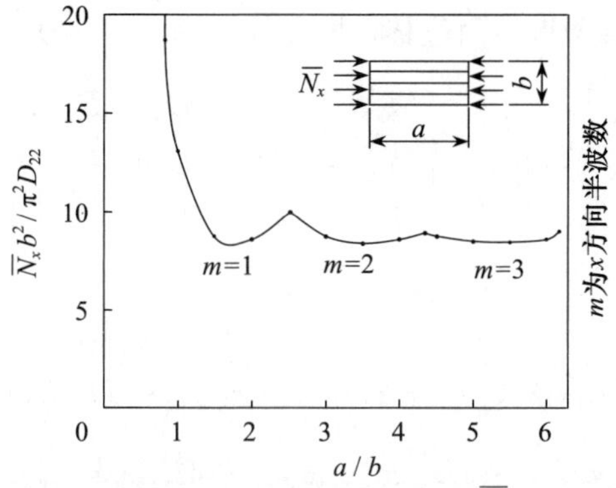

图 7-11　特殊正交各向异性层合矩形板 $\overline{N}_x - a/b$ 关系

2. 四边简支对称角铺设层合板

对于对称角铺设层合板耦合刚度系数 $B_{ij}=0$，由式（7-35c）和式（7-41）得层合板屈曲方程为：

$$D_{11}\delta w_{,xxxx}+4D_{16}\delta w_{,xxxy}+2(D_{12}+2D_{66})\delta w_{,xxyy}+$$
$$4D_{26}\delta w_{,xyyy}+D_{22}\delta w_{,yyyy}-\overline{N}_x\delta w_{,xx}=0$$

边界条件采用式（7-41）中的 s_3：

$$\left.\begin{aligned} x=0,\ a:\quad &\delta w=0;\ \delta M_x=-D_{11}\delta w_{,xx}-D_{12}\delta w_{,yy}-2D_{16}\delta w_{,xy}=0\\ y=0,\ b:\quad &\delta w=0;\ \delta M_y=-D_{12}\delta w_{,xx}-D_{22}\delta w_{,yy}-2D_{26}\delta w_{,xy}=0 \end{aligned}\right\}$$

与讨论对称角铺设层合板弯曲问题类似，由于屈曲方程中同样出现了 D_{16}、D_{26}，不能得到封闭解，可得到一个近似的瑞利-里茨解。取：

$$\delta w(x,\ y)=\sum_{m=1}^{\infty}\sum_{n=1}^{\infty}a_{mn}\sin\frac{m\pi x}{a}\sin\frac{n\pi y}{b}$$

取有限项双三角正弦级数：

$$w(x,\ y)=\sum_{m=1}^{i}\sum_{n=1}^{j}a_{mn}\sin\frac{m\pi x}{a}\sin\frac{n\pi y}{b} \tag{7-48}$$

则对称角铺设层合板的总势能为：

$$\Pi=\frac{1}{2}\int_V(\sigma_x\varepsilon_x+\sigma_y\varepsilon_y+\sigma_z\varepsilon_z+\tau_{xy}\gamma_{xy}+\tau_{yz}\gamma_{yz}+\tau_{zx}\gamma_{zx})\mathrm{d}V-W$$

式中，W 为外力功，$-W$ 为外力势能。

由层合板的近似平面应力状态假设有：

$$\Pi=\frac{1}{2}\int_V(\sigma_x\varepsilon_x+\sigma_y\varepsilon_y+\sigma_z\varepsilon_z+\tau_{xy}\gamma_{xy}+\tau_{yz}\gamma_{yz}+\tau_{zx}\gamma_{zx})\mathrm{d}V-W$$
$$=\frac{1}{2}\iiint_V(\sigma_x\varepsilon_x+\sigma_y\varepsilon_y+\tau_{xy}\gamma_{xy})\mathrm{d}x\mathrm{d}y\mathrm{d}z-W$$

将式（7-2b）代入上式得：

$$\Pi=\frac{1}{2}\iiint_V[\sigma_x(\varepsilon_x^0+z\kappa_x)+\sigma_y(\varepsilon_y^0+z\kappa_y)+\tau_{xy}(\gamma_{xy}^0+z\kappa_{xy})]\mathrm{d}x\mathrm{d}y\mathrm{d}z-W$$
$$=\frac{1}{2}\iint_A[N_x u_{0,x}+N_y v_{0,y}+N_{xy}(u_{0,y}+v_{0,x})-M_x w_{,xx}-$$
$$M_y w_{,yy}-2M_{xy}w_{,xy}]\mathrm{d}x\mathrm{d}y-W$$

若不计对称角铺设层合板中面位移（即取 $u_0=0$、$v_0=0$），则有：

$$\begin{bmatrix} N_x \\ N_y \\ N_{xy} \end{bmatrix} = \begin{bmatrix} 0 \\ 0 \\ 0 \end{bmatrix} \quad \begin{bmatrix} M_x \\ M_y \\ M_{xy} \end{bmatrix} = \begin{bmatrix} D_{11} & D_{12} & D_{16} \\ D_{12} & D_{22} & D_{26} \\ D_{16} & D_{26} & D_{66} \end{bmatrix} \begin{bmatrix} \kappa_x \\ \kappa_y \\ \kappa_{xy} \end{bmatrix}$$

于是有：

$$\begin{aligned} \Pi =& \frac{1}{2}\int_0^a\int_0^b [D_{11}(w,_{xx})^2 + 2D_{12}w,_{xx}w,_{yy} + D_{22}(w,_{yy})^2 + \\ & 4D_{16}w,_{xx}w,_{xy} + 4D_{26}w,_{xy}w,_{yy} + 4D_{66}(w,_{xy})^2]\mathrm{d}x\mathrm{d}y - W \end{aligned}$$

总势能中的外力势能 $-W$ 可通过外力功的计算确定。根据冯·卡门（Von Kármán）薄板理论，矩形薄板在中面荷载 $\overline{N}_x$、$\overline{N}_y$、$\overline{N}_{xy}$ 的外力功为：

$$W = \frac{1}{2}\iint_A [\overline{N}_x(w,_x)^2 + 2\overline{N}_{xy}(w,_x)(w,_y) + \overline{N}_y(w,_y)^2]\mathrm{d}x\mathrm{d}y$$

图 7-10 所示中面荷载 $\overline{N}_x$ 作用下四边简支矩形层合板屈曲的弹性体总势能为：

$$\begin{aligned} \Pi =& \frac{1}{2}\int_0^a\int_0^b [D_{11}(w,_{xx})^2 + 2D_{12}w,_{xx}w,_{yy} + D_{22}(w,_{yy})^2 + \\ & 4D_{16}w,_{xx}w,_{xy} + 4D_{26}w,_{xy}w,_{yy} + 4D_{66}(w,_{xy})^2 - \overline{N}_x(w,_x)^2]\mathrm{d}x\mathrm{d}y \end{aligned} \tag{7-49}$$

将式（7-48）代入式（7-49）并由最小势能原理得：

$$\frac{\partial \Pi}{\partial a_{mn}} = 0 \qquad (m=1,\ 2,\ \cdots,\ i;\ n=1,\ 2,\ \cdots,\ j)$$

这是关于 a_{mn} 的齐次线性代数方程组，由该方程组的非零解条件可以确定临界力。

3. 四边简支反对称正交铺设层合板

对于反对称正交铺设层合板，其拉伸刚度矩阵 **A**、耦合刚度矩阵 ***B*** 和弯曲刚度矩阵 **D** 中存在不为零的刚度系数：

$$A_{11},\ A_{22}=A_{11},\ A_{12},\ A_{66};\quad B_{11},\ B_{22}=-B_{11};\quad D_{11},\ D_{22}=D_{11},\ D_{12},\ D_{66}$$

由于存在拉弯耦合，屈曲方程是联立的，即：

$$\left.\begin{aligned} & A_{11}\delta u,_{xx} + A_{66}\delta u,_{yy} + (A_{12}+A_{66})\delta v,_{xy} - B_{11}\delta w,_{xxx} = 0 \\ & (A_{12}+A_{66})\delta u,_{xy} + A_{66}\delta v,_{xx} + A_{11}\delta v,_{yy} + B_{11}\delta w,_{yyy} = 0 \\ & D_{11}(\delta w,_{xxxx} + \delta w,_{yyyy}) - B_{11}(\delta u,_{xxx} - \delta v,_{yyy}) + 2(D_{12}+2D_{66})\delta w,_{xxyy} = \overline{N}_x\delta w,_{xx} \end{aligned}\right\} \tag{7-50}$$

边界条件采用式（7-41）中的 s_2：

$$\left.\begin{aligned} x=0,\ a:\quad & \delta w=0;\ \delta M_x = B_{11}\delta u,_x - D_{11}\delta w,_{xx} - D_{12}\delta w,_{yy} = 0 \\ & \delta v=0;\ \delta N_x = A_{11}\delta u,_x + A_{12}\delta v,_y - B_{11}\delta w,_{xx} = 0 \\ y=0,\ b:\quad & \delta w=0;\ \delta M_y = -B_{11}\delta v,_y - D_{12}\delta w,_{xx} - D_{11}\delta w,_{yy} = 0 \\ & \delta u=0;\ \delta N_y = A_{12}\delta u,_x + A_{11}\delta v,_y + B_{11}\delta w,_{yy} = 0 \end{aligned}\right\} \tag{7-51}$$

选取偏离状态位移变分函数为：

$$\left.\begin{aligned}\delta u\ (x,\ y)\ &=a_{mn}\cos\frac{m\pi x}{a}\sin\frac{n\pi y}{b}\\ \delta v\ (x,\ y)\ &=b_{mn}\sin\frac{m\pi x}{a}\cos\frac{n\pi y}{b}\\ \delta w\ (x,\ y)\ &=c_{mn}\sin\frac{m\pi x}{a}\sin\frac{n\pi y}{b}\end{aligned}\right\}\tag{7-52}$$

满足全部边界条件，将式（7-52）代入式（7-50）可得关于待定系数 a_{mn}、b_{mn}、c_{mn} 的线性代数方程组：

$$\begin{bmatrix}T_{11} & T_{12} & T_{13}\\ T_{12} & T_{22} & T_{23}\\ T_{13} & T_{23} & T_{33}\end{bmatrix}\begin{bmatrix}a_{mn}\\ b_{mn}\\ c_{mn}\end{bmatrix}=\begin{bmatrix}0\\ 0\\ 0\end{bmatrix}\tag{7-53}$$

式中，

$$T_{11}=A_{11}\left(\frac{m\pi}{a}\right)^2+A_{66}\left(\frac{n\pi}{b}\right)^2 \qquad T_{12}=(A_{12}+A_{66})\frac{m\pi}{a}\left(\frac{n\pi}{b}\right)$$

$$T_{13}=-B_{11}\left(\frac{m\pi}{a}\right)^3 \qquad T_{22}=A_{66}\left(\frac{m\pi}{a}\right)^2+A_{11}\left(\frac{n\pi}{b}\right)^2$$

$$T_{23}=B_{11}\left(\frac{n\pi}{b}\right)^3 \qquad T_{33}=\overline{T}_{33}-\overline{N}_x\frac{m^2\pi^2}{a^2}$$

$$\overline{T}_{33}=D_{11}\left[\left(\frac{m\pi}{a}\right)^4+\left(\frac{n\pi}{b}\right)^4\right]+2(D_{12}+2D_{66})\left(\frac{m\pi}{a}\right)^2\left(\frac{n\pi}{b}\right)^2$$

关于待定系数 a_{mn}、b_{mn}、c_{mn} 的线性代数方程组式（7-53），有非零解的必要充分条件为：

$$\Delta=\begin{vmatrix}T_{11} & T_{12} & T_{13}\\ T_{12} & T_{22} & T_{23}\\ T_{13} & T_{23} & T_{33}\end{vmatrix}=0$$

由此可得：

$$\overline{N}_x=\frac{a^2}{m^2\pi^2}\left(\overline{T}_{33}+\frac{2T_{23}T_{13}T_{12}-T_{13}^2T_{22}-T_{23}^2T_{11}}{T_{11}T_{22}-T_{12}^2}\right)\tag{7-54}$$

式中，取 $m=1$，$n=1$，2，…；或 $m=2$，$n=1$，2，…；……得到一系列 $\overline{N}_x$，其中最小的为反对称正交铺设层合板屈曲问题的临界力，而不是由 $\overline{N}_x$ 对 m 和 n 的一阶偏导数等于零的方法求得。

注意，若 $B_{11}=0$，则 $T_{13}=T_{23}=0$，若 $D_{11}=D_{22}$，则式（7-54）可化为特殊正交各向异性层合板的解式（7-46）。

对于 $E_1/E_2=40$，$G_{12}/E_2=0.5$，$\nu_{12}=0.25$ 的反对称正交铺设石墨/环氧层合板，图 7-12 给出了 $\overline{N}_x-a/b$ 关系曲线。从图中可以看出，对于层数较少的层合板，耦合效应的影响显著，随着层数的增加，这种影响迅速衰减，但在少于 6 层时，耦合效应的影响不能忽略。

对于其他复合材料来说，耦合效应对屈曲荷载的影响主要与模量比 E_1/E_2 有关。图 7-13 给出了正交各向异性（$B_{11}=0$）正方形层合板的屈曲荷载 $\overline{N}_{x0}$ 正化的相对屈曲

荷载值与 E_1/E_2 的关系曲线，其中 $G_{12}/E_2=0.5$，$\nu_{12}=0.25$。

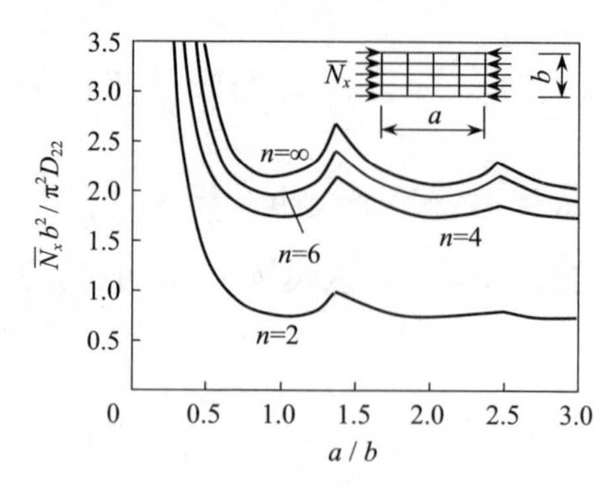

图 7-12　石墨/环氧反对称正交铺设矩形层合板 $\overline{N}_x-a/b$ 关系曲线

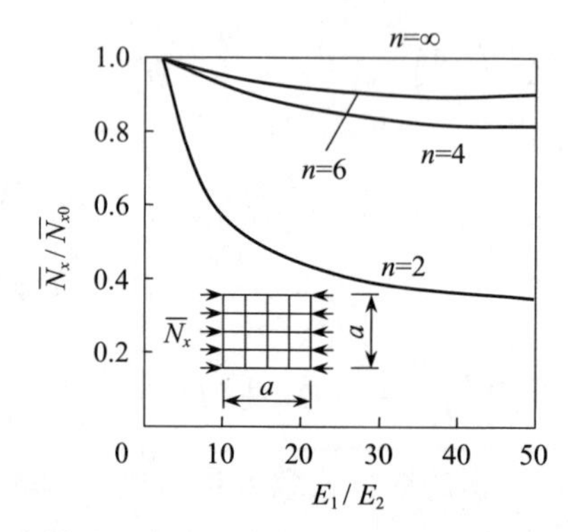

图 7-13　反对称正交铺设正方形层合板的相对屈曲荷载值与 E_1/E_2 间的关系

4. 四边简支反对称角铺设层合板

对于反对称角铺设层合板，不为零的刚度系数包括：

$$A_{11},\ A_{22},\ A_{12},\ A_{66};\quad B_{16},\ B_{26};\quad D_{11},\ D_{22},\ D_{12},\ D_{66}$$

层合板存在拉弯耦合刚度。在中面荷载 $\overline{N}_x$ 作用下，由式（7-35a）、式（7-35b）和式（7-35c）可得层合板的屈曲方程为：

$$\left.\begin{aligned}&A_{11}\delta u_{,xx}+A_{66}\delta u_{,yy}+(A_{66}+A_{12})\delta v_{,xy}-3B_{16}\delta w_{,xxy}-B_{26}\delta w_{,yyy}=0\\&(A_{66}+A_{12})\delta u_{,xy}+A_{66}\delta v_{,xx}+A_{22}\delta v_{,yy}-B_{16}\delta w_{,xxx}-3B_{26}\delta w_{,xyy}=0\\&D_{11}\delta w_{,xxxx}+2(D_{12}+2D_{66})\delta w_{,xxyy}+D_{22}\delta w_{,yyyy}-B_{16}(3\delta u_{,xxy}+\delta v_{,xxx})\\&-B_{26}(\delta u_{,yyy}+3\delta v_{,xyy})=\overline{N}_x\delta w_{,xx}\end{aligned}\right\}\quad(7\text{-}55)$$

边界条件采用式（7-41）中的 s_3，即：

$$\left.\begin{aligned}x=0,\ a:\quad&\delta w=0;\ \delta M_x=B_{16}(\delta u_{,y}+\delta v_{,x})-D_{11}\delta w_{,xx}-D_{12}\delta w_{,yy}=0\\&\delta u=0;\ \delta N_{xy}=A_{66}(\delta u_{,y}+\delta v_{,x})-B_{16}\delta w_{,xx}-B_{26}\delta w_{,yy}=0\\y=0,\ b:\quad&\delta w=0;\ \delta M_y=B_{26}(\delta u_{,y}+\delta v_{,x})-D_{12}\delta w_{,xx}-D_{22}\delta w_{,yy}=0\\&\delta v=0;\ \delta N_{xy}=A_{66}(\delta u_{,y}+\delta v_{,x})-B_{16}\delta w_{,xx}-B_{26}\delta w_{,yy}=0\end{aligned}\right\}$$

（7-56）

选取位移变分函数：

$$\left.\begin{aligned}\delta u\,(x,\ y) &= a_{mn}\sin\frac{m\pi x}{a}\cos\frac{n\pi y}{b}\\ \delta v\,(x,\ y) &= b_{mn}\cos\frac{m\pi x}{a}\sin\frac{n\pi y}{b}\\ \delta w\,(x,\ y) &= c_{mn}\sin\frac{m\pi x}{a}\sin\frac{n\pi y}{b}\end{aligned}\right\} \tag{7-57}$$

将式（7-57）代入式（7-56），可容易地验证其满足全部边界条件。因此可选取偏离状态位移变分函数式（7-57）给出反对称正交铺设层合板屈曲问题的精确解。

将式（7-57）代入式（7-55）可得关于待定系数 a_{mn}、b_{mn}、c_{mn} 的线性代数方程组：

$$\begin{bmatrix} T_{11} & T_{12} & T_{13}\\ T_{12} & T_{22} & T_{23}\\ T_{13} & T_{23} & T_{33}\end{bmatrix}\begin{bmatrix} a_{mn}\\ b_{mn}\\ c_{mn}\end{bmatrix}=\begin{bmatrix}0\\0\\0\end{bmatrix} \tag{7-58}$$

式中

$$T_{11}=A_{11}\left(\frac{m\pi}{a}\right)^2+A_{66}\left(\frac{n\pi}{b}\right)^2$$

$$T_{12}=(A_{12}+A_{66})\left(\frac{m\pi}{a}\right)\left(\frac{n\pi}{b}\right)$$

$$T_{22}=A_{66}\left(\frac{m\pi}{a}\right)^2+A_{22}\left(\frac{n\pi}{b}\right)^2$$

$$T_{13}=-\left[3B_{16}\left(\frac{m\pi}{a}\right)^2+B_{26}\left(\frac{n\pi}{b}\right)^2\right]\left(\frac{n\pi}{b}\right)$$

$$T_{23}=-\left[B_{16}\left(\frac{m\pi}{a}\right)^2+3B_{26}\left(\frac{n\pi}{b}\right)^2\right]\left(\frac{m\pi}{a}\right)$$

$$\overline{T}_{33}=D_{11}\left(\frac{m\pi}{a}\right)^4+2(D_{12}+2D_{66})\left(\frac{m\pi}{a}\right)^2\left(\frac{n\pi}{b}\right)^2+D_{22}\left(\frac{n\pi}{b}\right)^4$$

$$T_{33}=\overline{T}_{33}-\overline{N}_x\frac{m^2\pi^2}{a^2}$$

关于待定系数 a_{mn}、b_{mn}、c_{mn} 的线性代数方程组式（7-58）有非零解的必要充分条件为：

$$\Delta=\begin{vmatrix} T_{11} & T_{12} & T_{13}\\ T_{12} & T_{22} & T_{23}\\ T_{13} & T_{23} & T_{33}\end{vmatrix}=0$$

由此可得：

$$\overline{N}_x=\frac{a^2}{m^2\pi^2}\left(\overline{T}_{33}+\frac{2T_{23}T_{13}T_{12}-T_{13}^2T_{22}-T_{23}^2T_{11}}{T_{11}T_{22}-T_{12}^2}\right) \tag{7-59}$$

式中，取 $m=1$，$n=1$，2，…；或 $m=2$，$n=1$，2，…；……得到一系列 $\overline{N}_x$，其中最小的为反对称角铺设层合板屈曲问题的临界力，而不是由 $\overline{N}_x$ 对 m 和 n 的一阶偏导数等于零的方法求得。

对于 $E_1/E_2=40$，$G_{12}/E_2=0.5$，$\nu_{12}=0.25$ 的反对称角铺设石墨/环氧层合板，图 7-14 给出了 $\overline{N}_x-\theta$ 关系曲线，图 7-15 给出了正交各向异性正方形板的相对屈曲荷载

值与 E_1/E_2 的关系曲线。

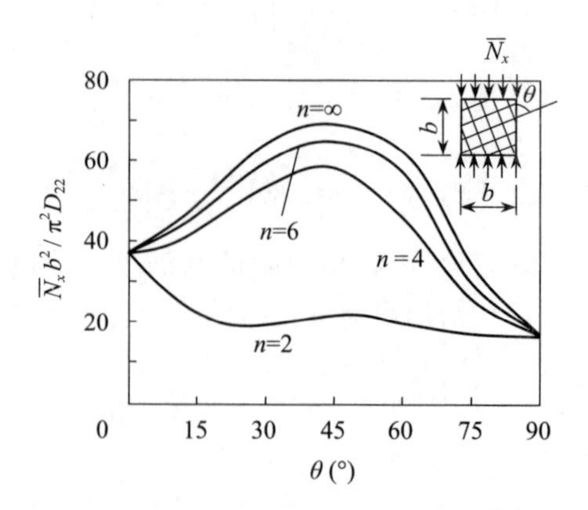

图 7-14　石墨/环氧反对称角铺设正方形层合板 $\overline{N}_x-\theta$ 关系曲线

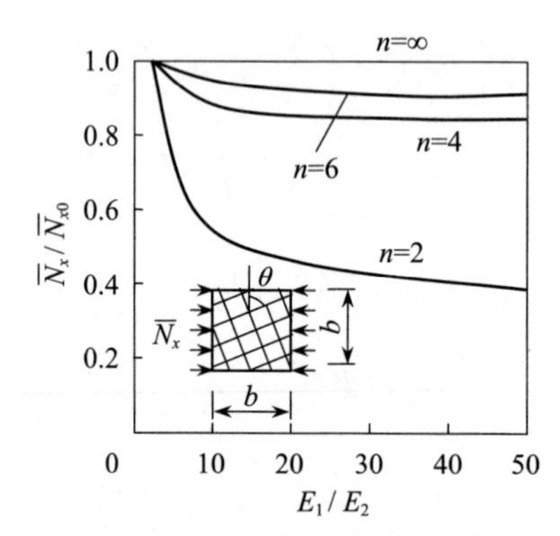

图 7-15　反对称角铺设正方形层合板的相对屈曲荷载值与 E_1/E_2 的关系

7.4　层合板的振动

层合板在某一静止平衡状态下，受外力干扰产生垂直于中面的挠度（z 方向位移），当外力干扰移除后，层合板在平衡位置进行微幅振动。这里只讨论层合板横向微幅自由振动的固有频率和振型。与屈曲问题类似，层合板的固有频率理论上有无穷多个（其中最低频率称为层合板的基频）；与屈曲问题不同的是，工程应用中除了求解基频外，有时也需要求解更高阶频率值。另外，往往需要了解与各阶频率对应的振型。

7.4.1　层合板振动方程

层合板在横向微幅自由振动时，其挠度不仅是坐标的函数，还与时间相关联，若考虑复合材料层合板在平衡位置上的变分：

$$\delta N_x,\ \delta N_y,\ \delta N_{xy}=\delta N_{yx},\ \delta M_x,\ \delta M_y,\ \delta M_{xy}=\delta M_{yx},\ \delta u,\ \delta v,\ \delta w$$

则层合板振动问题的几何方程和物理方程分别同式（7-31）、式（7-32）和式（7-33）。

如图 7-16 所示，层合板横向微幅自由振动，发生位移变分 δw 时，由达朗伯原理可知，层合板在平衡位置上的变分 δN_x、δN_y、δN_{xy}、δM_x、δM_y、δM_{xy} 和惯性力

$\rho\delta w_{,tt}$（ρ 为层合板单位面积质量，$\delta w_{,tt}$ 为加速度）构成平衡力系。其平衡方程为：

$$\left.\begin{aligned}&\delta N_{x,x}+\delta N_{xy,y}=0\\&\delta N_{xy,x}+\delta N_{y,y}=0\\&\delta Q_{x,x}+\delta Q_{y,y}-\rho\delta w_{,tt}=0\\&\delta M_{xy,x}+\delta M_{y,y}=\delta Q_{y}\\&\delta M_{x,x}+\delta M_{xy,y}=\delta Q_{x}\end{aligned}\right\}$$

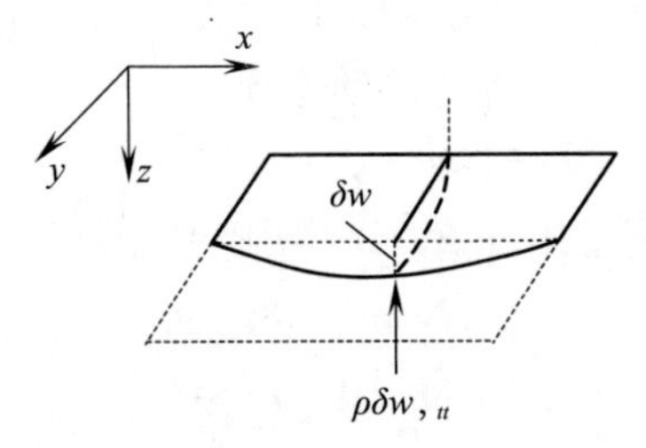

图 7-16　层合板振动惯性力示意图

将上式中的第四、第五式代入第三式中得：

$$\left.\begin{aligned}&\delta N_{x,x}+\delta N_{xy,y}=0\\&\delta N_{xy,x}+\delta N_{y,y}=0\\&\delta M_{x,xx}+2\delta M_{xy,x}+\delta M_{y,yy}=-\rho\delta w_{,tt}\end{aligned}\right\}\tag{7-60}$$

式（7-60）称为层合板横向微幅自由振动方程。式（7-60）运算后可得：

$$\begin{aligned}&A_{11}\delta u_{,xx}+2A_{16}\delta u_{,xy}+A_{66}\delta u_{,yy}+A_{16}\delta v_{,xx}+(A_{66}+A_{12})\delta v_{,xy}+A_{26}\delta v_{,yy}-\\&\quad B_{11}\delta w_{,xxx}-3B_{16}\delta w_{,xxy}-(2B_{66}+B_{12})\delta w_{,xyy}-B_{26}\delta w_{,yyy}=0\end{aligned}\tag{7-61a}$$

$$\begin{aligned}&A_{16}\delta u_{,xx}+(A_{66}+A_{12})\delta u_{,xy}+A_{26}\delta u_{,yy}+A_{66}\delta v_{,xx}+2A_{26}\delta v_{,xy}+A_{22}\delta v_{,yy}-\\&\quad B_{16}\delta w_{,xxx}-(2B_{66}+B_{12})\delta w_{,xxy}-3B_{26}\delta w_{,xyy}-B_{22}\delta w_{,yyy}=0\end{aligned}\tag{7-61b}$$

$$\begin{aligned}&D_{11}\delta w_{,xxxx}+4D_{16}\delta w_{,xxxy}+2(D_{12}+2D_{66})\delta w_{,xxyy}+4D_{26}\delta w_{,xyyy}+D_{22}\delta w_{,yyyy}-\\&\quad B_{11}\delta u_{,xxx}-3B_{16}\delta u_{,xxy}-(B_{12}+2B_{66})\delta u_{,xyy}-B_{26}\delta u_{,yyy}-B_{16}\delta v_{,xxx}-\\&\quad(B_{12}+2B_{66})\delta v_{,xxy}-3B_{26}\delta v_{,xyy}-B_{22}\delta v_{,yyy}=-\rho\delta w_{,tt}\end{aligned}\tag{7-61c}$$

式（7-61a）、式（7-61b）和式（7-61c）称为用中面位移变分 δu、δv、δw 和惯性力 $\rho\delta w_{,tt}$ 表示的层合板自由振动方程。

引入算子后层合板振动方程可表示为：

$$\begin{bmatrix}L_{11}&L_{12}&L_{13}\\L_{12}&L_{22}&L_{23}\\L_{13}&L_{23}&L_{33}\end{bmatrix}\begin{bmatrix}\delta u\\\delta v\\\delta w\end{bmatrix}=\begin{bmatrix}0\\0\\-\rho\delta w_{,tt}\end{bmatrix}\tag{7-62}$$

从层合板振动方程可以看出：

(1) 层合板振动方程出现拉伸（压缩）和弯曲之间的耦合效应。只有在特定情况下，拉伸（压缩）和弯曲之间的耦合效应消失。

（2）与层合板的弯曲问题相比，层合板弯曲方程和层合板振动方程尽管在形式上相似，但实质上层合板弯曲平衡方程和层合板振动方程在数学上属于两类不同的问题。在层合板弯曲问题中，横向荷载 q 是坐标 x，y 的函数，在数学上属于边值问题；在层合板振动问题中，惯性力 ρ 作为位移 δw 对时间偏导数的系数出现在方程中，在数学上属于特征值问题。

式（7-62）中第三式等式右边是包含未知函数 δw 对时间偏导数的项，因此式（7-62）实质上是齐次变分方程组，其有非零解的条件是方程组的系数行列式值为零。

下面给出几种典型的对称层合板的振动方程。

1. 各向异性对称层合板

由于对称层合板的耦合刚度矩阵 $\boldsymbol{B}\equiv 0$，所以其振动方程可简化为：

$$\left.\begin{aligned}L_{11}\delta u+L_{12}\delta v=0\\L_{12}\delta u+L_{22}\delta v=0\\L_{33}\delta w=-\rho\delta w_{,tt}\end{aligned}\right\}\tag{7-63}$$

显然位移变分分量 δu、δv 之间仍然相互关联，但 δw 与 δu、δv 互不关联。层合板挠度（中面位移）变分 δw 可通过式（7-63）中的第三式得出：

$$D_{11}\delta w_{,xxxx}+4D_{16}\delta w_{,xxxy}+2(D_{12}+2D_{66})\delta w_{,xxyy}+4D_{26}\delta w_{,xyyy}+D_{22}\delta w_{,yyyy}=-\rho\delta w_{,tt}\tag{7-64}$$

2. 特殊正交各向异性对称层合板

特殊正交各向异性对称层合板，除其耦合刚度矩阵 $\boldsymbol{B}\equiv 0$ 外，其弯曲刚度系数 $D_{16}=D_{26}=0$，式（7-64）可简化为：

$$D_{11}\delta w_{,xxxx}+2(D_{12}+2D_{66})\delta w_{,xxyy}+D_{22}\delta w_{,yyyy}=-\rho\delta w_{,tt}\tag{7-65}$$

3. 各向同性对称层合板

各向同性对称层合板，除其耦合刚度矩阵 $\boldsymbol{B}\equiv 0$ 外，其弯曲刚度系数 $D_{16}=D_{26}=0$，$D_{11}=D_{22}=(D_{12}+2D_{66})=D$，式（7-65）可简化为：

$$\delta w_{,xxxx}+\delta w_{,xxyy}+\delta w_{,yyyy}=-\frac{\rho\delta w_{,tt}}{D}\tag{7-66}$$

7.4.2 四边简支层合板的自由振动

复合材料层合板的振动问题主要是求解其固有频率和振型。与屈曲问题类似，层合板的固有频率理论上有无穷多个（其中最低频率称为层合板的基频）；与屈曲问题不同的是，在复合材料层合板的振动分析中，除了需要求解基频外，常常还需要求解高阶频率值。另外，往往需要了解与各阶频率对应的振型。

考虑四边简支复合材料层合板在惯性力作用下的自由振动，层合板的自由振动方程同式（7-62），简支边界条件同式（7-41）。

1. 四边简支特殊正交各向异性层合板

由式（7-65）和式（7-41）可得特殊正交各向异性层合板横向微幅自由振动的振动方程和边界条件分别为：

$$D_{11}\delta w_{,xxxx}+2(D_{12}+2D_{66})\delta w_{,xxyy}+D_{22}\delta w_{,yyyy}+\rho\delta w_{,tt}=0\tag{7-67}$$

$$\left.\begin{array}{ll} x=0,\ a: & \delta w=0;\ \delta M_x=-D_{11}\delta w_{,xx}-D_{12}\delta w_{,yy}=0 \\ y=0,\ b: & \delta w=0;\ \delta M_y=-D_{12}\delta w_{,xx}-D_{22}\delta w_{,yy}=0 \end{array}\right\} \tag{7-68}$$

取满足全部边界条件的横向微幅自由振动调和函数为：

$$\delta w\ (x,\ y,\ t)\ =\delta w(x,\ y)(A\cos\omega t+B\sin\omega t) \tag{7-69}$$

该横向微幅自由振动调和函数将时间变量 t 与坐标变量 x、y 分离开来（分离变量）。式中，$\delta w\ (x,\ y)$ 称为振型函数，ω 称为固有圆频率（或固有频率）。

将式（7-69）代入式（7-67），消去时间变量 t，便得到振型偏微分方程：

$$D_{11}\delta w_{,xxxx}+2(D_{12}+2D_{66})\delta w_{,xxyy}+D_{22}\delta w_{,yyyy}+\omega^2\rho\delta w=0 \tag{7-70}$$

可见，特殊正交各向异性层合板的横向微幅自由振动问题的求解转化为：在给定边界条件下求解偏微分方程式（7-70），或者说，在给定边界条件下求方程式（7-70）的非零解，进而得到固有圆频率 ω 和振型函数 $\delta w\ (x,\ y)$。

取振型函数为：

$$\delta w(x,\ y)=a_{mn}\sin\frac{m\pi x}{a}\sin\frac{n\pi y}{b} \tag{7-71}$$

容易验证该振型函数满足式（7-68）的全部边界条件。

将式（7-71）代入式（7-70）得：

$$a_{mn}\left[D_{11}\frac{m^4\pi^4}{a^4}+2(D_{12}+2D_{66})\frac{m^2n^2\pi^4}{a^2b^2}+D_{22}\frac{n^4\pi^4}{b^4}-\omega^2\rho\right]=0$$

该式是关于 a_{mn}（$m=1,\ 2,\ \cdots,\ i$；$n=1,\ 2,\ \cdots,\ j$）的齐次线性代数方程组，该方程组有非零解的必要充分条件是：

$$D_{11}\frac{m^4\pi^4}{a^4}+2(D_{12}+2D_{66})\frac{m^2n^2\pi^4}{a^2b^2}+D_{22}\frac{n^4\pi^4}{b^4}-\omega^2\rho=0$$

$$(m=1,\ 2,\ \cdots,\ i;\ n=1,\ 2,\ \cdots,\ j)$$

所以

$$\omega^2=\frac{\pi^4}{\rho}\left[D_{11}\frac{m^4}{a^4}+2(D_{12}+2D_{66})\frac{m^2n^2}{a^2b^2}+D_{22}\frac{n^4}{b^4}\right]$$

$$(m=1,\ 2,\ \cdots,\ i;\ n=1,\ 2,\ \cdots,\ j) \tag{7-72}$$

不同的 m、n 可确定不同的振型和固有频率。当 $m=1$，$n=1$ 时得到基频。

图 7-17 给出了 $m=1$，$n=1$；$m=1$，$n=2$；$m=2$，$n=1$；$m=2$，$n=2$ 时的固有频率和振型。表 7-2 给出了 $D_{11}/D_{22}=10$，$(D_{12}+2D_{66})\ /D_{22}=1$ 时，四边简支特殊正交各向异性正方形层合板横向微幅自由振动的 4 个较低的固有频率及振型，为了方便比较，表中也列出了 $D_{11}=D_{22}=\ (D_{12}+2D_{66})\ =D$ 时的四边简支各向同性正方形板横向微幅自由振动的固有频率及振型。表中系数 K 定义如下：

特殊正交各向异性板：

$$\omega_{mn}=\frac{K\pi^2}{a^2}\sqrt{\frac{D_{22}}{\rho}}\quad K=\sqrt{10m^4+2m^2n^2+n^4}\ (m=1,\ 2,\ \cdots,\ i;\ n=1,\ 2,\ \cdots,\ j)$$

各向同性：

$$\omega_{mn}=\frac{K\pi^2}{a^2}\sqrt{\frac{D}{\rho}}\quad K=\sqrt{m^4+2m^2n^2+n^4}\ (m=1,\ 2,\ \cdots,\ i;\ n=1,\ 2,\ \cdots,\ j)$$

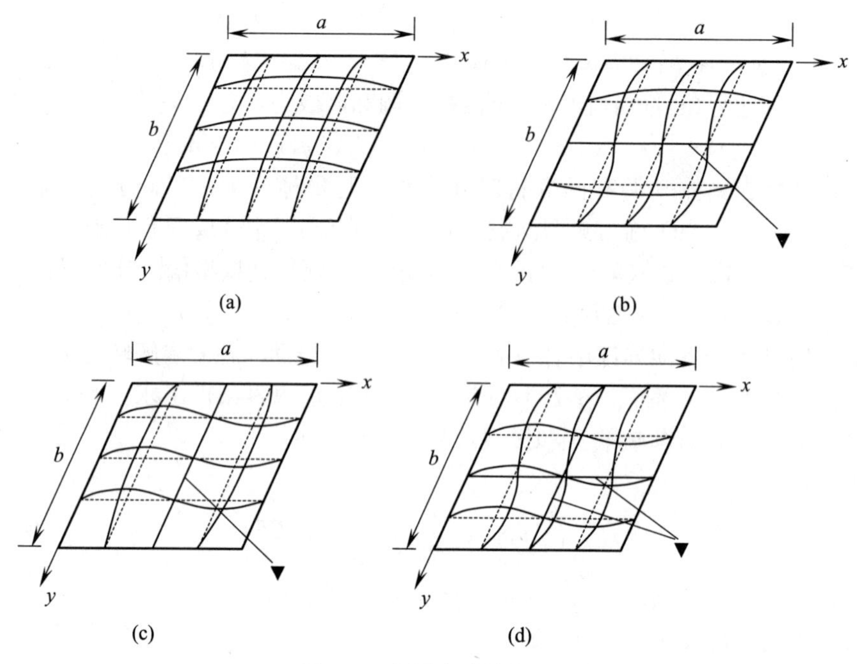

图 7-17 固有频率和振型

(a) ω_{11}，$\delta w_{11}=\sin\frac{\pi x}{a}\sin\frac{\pi y}{b}$ (b) ω_{12}，$\delta w_{12}=\sin\frac{\pi x}{a}\sin\frac{2\pi y}{b}$

(c) ω_{21}，$\delta w_{21}=\sin\frac{2\pi x}{a}\sin\frac{\pi y}{b}$ (d) ω_{22}，$\delta w_{22}=\sin\frac{2\pi x}{a}\sin\frac{2\pi y}{b}$

图中▼为节线-横向微幅自由振动过程中挠度始终为零的点集

表 7-2 两种四边简支正方形板较低的振动频率及振型

m，n 取值		特殊正交各向异性板		各向同性板	
		系数 K	振型 δw_{mn}	系数 K	振型 δw_{mn}
$m=1$	$n=1$	3.60555	$\delta w_{11}=\sin\frac{\pi x}{a}\sin\frac{\pi y}{a}$	2.0	$\delta w_{11}=\sin\frac{\pi x}{a}\sin\frac{\pi y}{a}$
$m=1$	$n=2$	5.83095	$\delta w_{12}=\sin\frac{\pi x}{a}\sin\frac{2\pi y}{a}$	5.0	$\delta w_{12}=\sin\frac{\pi x}{a}\sin\frac{2\pi y}{a}$
$m=1$	$n=3$	10.44031	$\delta w_{13}=\sin\frac{\pi x}{a}\sin\frac{3\pi y}{a}$	10.0	$\delta w_{13}=\sin\frac{\pi x}{a}\sin\frac{3\pi y}{a}$
$m=2$	$n=1$	13.0	$\delta w_{21}=\sin\frac{2\pi x}{a}\sin\frac{\pi y}{a}$	5.0	$\delta w_{21}=\sin\frac{2\pi x}{a}\sin\frac{\pi y}{a}$

2. 四边简支对称角铺设层合板

由式（7-64）和式（7-41）可得对称角铺设层合板横向微幅自由振动方程和边界条件分别为：

$$\begin{aligned}&D_{11}\delta w_{,xxxx}+4D_{16}\delta w_{,xxxy}+2(D_{12}+2D_{66})\delta w_{,xxyy}+\\&\quad 4D_{26}\delta w_{,xyyy}+D_{22}\delta w_{,yyyy}+\rho\delta w_{,tt}=0\end{aligned} \tag{7-73}$$

$$\left.\begin{aligned}x=0,\ a:\quad &\delta w=0;\ \delta M_x=-D_{11}\delta w_{,xx}-D_{12}\delta w_{,yy}-2D_{16}\delta w_{,xy}=0\\ y=0,\ b:\quad &\delta w=0;\ \delta M_y=-D_{12}\delta w_{,xx}-D_{22}\delta w_{,yy}-2D_{26}\delta w_{,xy}=0\end{aligned}\right\}\tag{7-74}$$

振动方程和边界条件中存在刚度系数 D_{16} 和 D_{26}，因此取横向微幅自由振动函数为：

$$\delta w(x,\ y,\ t)=\sum_{m=1}^{\infty}\sum_{n=1}^{\infty}a_{mn}(t)\sin\frac{m\pi x}{a}\sin\frac{n\pi y}{b}\tag{7-75}$$

它只满足层合板横向微幅自由振动位移的边界条件，但力的边界条件无法满足。与对称角铺设层合板的弯曲、屈曲问题类似，仍然可应用瑞利-里茨法求得振动固有频率和振型的近似解。

对称角铺设层合板横向微幅自由振动瑞利-里茨法近似解建立在哈密尔顿（Hamilton）原理基础上。哈密尔顿原理为：

在系统初始和结束的所有运动学可能（容许）的运动过程中，系统真实运动可求得哈密尔顿作用量 H：

$$H=\int_{t_1}^{t_2}(T-U)\,\mathrm{d}t$$

取极值，即哈密尔顿作用量 H 的变分等于零：

$$\delta H=\delta\int_{t_1}^{t_2}(T-U)\,\mathrm{d}t=0\tag{7-76}$$

令式（7-75）中的 $a_{mn}(t)=A\cos\omega t+B\sin\omega t$，则：

$$\left.\begin{aligned}\delta w(x,\ y,\ t)&=\sum_{m=1}^{i}\sum_{n=1}^{j}A_{mn}(A\cos\omega t+B\sin\omega t)\,\delta w(x,\ y)\\ \delta w(x,\ y)&=\sum_{m=1}^{i}\sum_{n=1}^{j}A_{mn}\sin\frac{m\pi x}{a}\sin\frac{n\pi y}{b}\end{aligned}\right\}$$

设经过板平衡位置的瞬时为初始瞬时（$t_1=0$），则：

$$\delta w(x,\ y,\ t)\big|_{t=0}=A\delta w(x,\ y)=0$$

可得：

$$A=0$$

于是有：

$$\left.\begin{aligned}\delta w(x,\ y,\ t)&=\sum_{m=1}^{i}\sum_{n=1}^{j}A_{mn}B\sin\omega t\,\delta w(x,\ y)=\delta w(x,\ y)\sin\omega t\\ \delta w(x,\ y)&=\sum_{m=1}^{i}\sum_{n=1}^{j}A_{mn}\sin\frac{m\pi x}{a}\sin\frac{n\pi y}{b}\end{aligned}\right\}\tag{7-77}$$

横向微幅自由振动函数取式（7-77）时，层合板的动能表示为：

$$\left.\begin{aligned}T&=\frac{1}{2}\int_0^a\int_0^b\rho\omega^2[\delta w(x,\ y)\cos\omega t]^2\,\mathrm{d}x\,\mathrm{d}y=T_{\max}\cos^2\omega t\\ T_{\max}&=\frac{\rho\omega^2}{2}\int_0^a\int_0^b[\delta w(x,\ y)]^2\,\mathrm{d}x\,\mathrm{d}y\end{aligned}\right\}$$

层合板变形势能为：

$$\left.\begin{aligned}U=&\frac{1}{2}\int_0^a\int_0^b[D_{11}(w,_{xx})^2+2D_{12}(w,_{xx})(w,_{yy})+D_{22}(w,_{yy})^2+\\&4D_{16}(w,_{xx})(w,_{xy})+4D_{26}(w,_{xy})(w,_{yy})+4D_{66}(w,_{xy})^2]\mathrm{d}x\mathrm{d}y=U_{\max}\sin^2\omega t\\U_{\max}=&\frac{\rho\omega^2}{2}\int_0^a\int_0^b[D_{11}(w,_{xx})^2+2D_{12}(w,_{xx})(w,_{yy})+D_{22}(w,_{yy})^2+\\&4D_{16}(w,_{xx})(w,_{xy})+4D_{26}(w,_{xy})(w,_{yy})+4D_{66}(w,_{xy})^2]\mathrm{d}x\mathrm{d}y\end{aligned}\right\}$$

将 T，U 代入式（7-76），并对时间积分（$t_1=0$ 到 1/4 周期 $t_2=2\pi/\omega$）得：

$$\delta(T_{\max}-U_{\max})=0 \tag{7-78}$$

将式（7-77）中的第二式代入 $T_{\max}$，$U_{\max}$ 表达式中，可得：

$$T_{\max}=T_{\max}(A_{mn}),\quad U_{\max}=U_{\max}(A_{mn})$$

因此式（7-78）又可表示为：

$$\frac{\partial(U_{\max}-T_{\max})}{\partial A_{mn}}=0\quad(m=1,\ 2,\ \cdots,\ i;\ n=1,\ 2,\ \cdots,\ j) \tag{7-79}$$

这是关于 A_{mn} 的齐次线性代数方程组。由该方程组的非零解条件可以确定对称角铺设层合板横向微幅自由振动问题固有频率和振型的近似解。

3. 四边简支反对称正交铺设层合板

对于反对称正交铺设层合板，拉伸刚度矩阵 $\boldsymbol{A}$、耦合刚度矩阵 $\boldsymbol{B}$ 和弯曲刚度矩阵 $\boldsymbol{D}$ 中存在不为零的刚度系数：

A_{11}，$A_{22}=A_{11}$，A_{12}，A_{66}；　B_{11}，$B_{22}=-B_{11}$；　D_{11}，$D_{22}=D_{11}$，D_{12}，D_{66}

由于存在拉弯耦合，振动方程中 δu、δv、δw 之间是联立的，即：

$$\left.\begin{aligned}&A_{11}\delta u_{,xx}+A_{66}\delta u_{,yy}+(A_{12}+A_{66})\delta v_{,xy}-B_{11}\delta w_{,xxx}=0\\&(A_{12}+A_{66})\delta u_{,xy}+A_{66}\delta v_{,xx}+A_{11}\delta v_{,yy}+B_{11}\delta w_{,yyy}=0\\&D_{11}(\delta w_{,xxxx}+\delta w_{,yyyy})-B_{11}(\delta u_{,xxx}-\delta v_{,yyy})+2(D_{12}+2D_{66})\delta w_{,xxyy}+\rho\delta w_{,tt}=0\end{aligned}\right\} \tag{7-80}$$

简支边界条件采用式（7-41）中的 s_2：

$$\left.\begin{aligned}x=0,\ a:\quad&\delta w=0;\ \delta M_x=B_{11}\delta u_{,x}-D_{11}\delta w_{,xx}-D_{12}\delta w_{,yy}=0\\&\delta v=0;\ \delta N_x=A_{11}\delta u_{,x}+A_{12}\delta v_{,y}-B_{11}\delta w_{,xx}=0\\y=0,\ b:\quad&\delta w=0;\ \delta M_y=-B_{11}\delta v_{,y}-D_{12}\delta w_{,xx}-D_{11}\delta w_{,yy}=0\\&\delta u=0;\ \delta N_y=A_{12}\delta u_{,x}+A_{11}\delta v_{,y}+B_{11}\delta w_{,yy}=0\end{aligned}\right\} \tag{7-81}$$

选取横向微幅自由振动位移变分函数：

$$\left.\begin{aligned}\delta u(x,\ y,\ t)&=a_{mn}\cos\frac{m\pi x}{a}\sin\frac{n\pi y}{b}\sin\omega t\\\delta v(x,\ y,\ t)&=b_{mn}\sin\frac{m\pi x}{a}\cos\frac{n\pi y}{b}\sin\omega t\\\delta w(x,\ y,\ t)&=c_{mn}\sin\frac{m\pi x}{a}\sin\frac{n\pi y}{b}\sin\omega t\end{aligned}\right\} \tag{7-82}$$

将式（7-82）代入式（7-81），容易验证其满足全部边界条件。将式（7-82）代入式（7-80）可得关于待定系数 a_{mn}、b_{mn}、c_{mn} 的线性代数方程组：

$$\begin{bmatrix} T_{11} & T_{12} & T_{13} \\ T_{12} & T_{22} & T_{23} \\ T_{13} & T_{23} & T_{33} \end{bmatrix} \begin{bmatrix} a_{mn} \\ b_{mn} \\ c_{mn} \end{bmatrix} = \begin{bmatrix} 0 \\ 0 \\ 0 \end{bmatrix} \tag{7-83}$$

式中

$$T_{11}=A_{11}\left(\frac{m\pi}{a}\right)^2+A_{66}\left(\frac{n\pi}{b}\right)^2 \qquad T_{12}=(A_{12}+A_{66})\frac{m\pi}{a}\left(\frac{n\pi}{b}\right)$$

$$T_{13}=-B_{11}\left(\frac{m\pi}{a}\right)^3 \qquad T_{22}=A_{66}\left(\frac{m\pi}{a}\right)^2+A_{11}\left(\frac{n\pi}{b}\right)^2$$

$$T_{23}=B_{11}\left(\frac{n\pi}{b}\right)^3 \qquad T_{33}=\overline{T}_{33}-\rho\omega^2$$

$$\overline{T}_{33}=D_{11}\left[\left(\frac{m\pi}{a}\right)^4+\left(\frac{n\pi}{b}\right)^4\right]+2(D_{12}+2D_{66})\left(\frac{m\pi}{a}\right)^2\left(\frac{n\pi}{b}\right)^2$$

线性代数方程组式（7-83）有非零解的必要充分条件为：

$$\Delta=\begin{vmatrix} T_{11} & T_{12} & T_{13} \\ T_{12} & T_{22} & T_{23} \\ T_{13} & T_{23} & T_{33} \end{vmatrix}=0$$

由此可得：

$$\omega^2=\frac{1}{\rho}\left(\overline{T}_{33}+\frac{2T_{23}T_{13}T_{12}-T_{13}^2T_{22}-T_{23}^2T_{11}}{T_{11}T_{22}-T_{12}^2}\right) \tag{7-84}$$

式中，取 $m=1$，$n=1$，2，…；或 $m=2$，$n=1$，2，…；……得到一系列 ω，其中最小的为反对称正交铺设层合板自由振动问题的基频。

注意，若 $B_{11}=0$，则 $T_{13}=T_{23}=0$，又有 $D_{11}=D_{22}$，则式（7-84）可化为特殊正交各向异性层合板自由振动的解式（7-72）。

对于 $E_1/E_2=40$，$G_{12}/E_2=0.5$，$\nu_{12}=0.25$ 的反对称正交铺设石墨/环氧层合板，图 7-18 给出了 $\omega-a/b$ 关系曲线。从图中可以看出，拉弯耦合效应的影响降低了板自由振动的固有频率，随着层数的增加，耦合效应的影响减小。当层数达到 6 层及以上时，耦合效应可忽略不计。

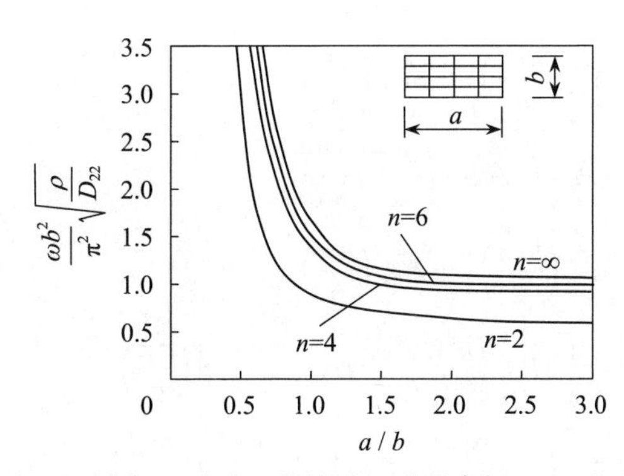

图 7-18　石墨/环氧反对称正交铺设矩形层合板 $\omega-a/b$ 关系曲线

4. 四边简支反对称角铺设层合板

对于反对称角铺设层合板，不为零的刚度系数包括：

$$A_{11}, A_{22}, A_{12}, A_{66}; \quad B_{16}, B_{26}; \quad D_{11}, D_{22}, D_{12}, D_{66}$$

层合板存在拉弯耦合刚度。由式（7-62）得层合板振动方程为：

$$\left.\begin{aligned}
&A_{11}\delta u_{,xx}+A_{66}\delta u_{,yy}+(A_{66}+A_{12})\delta v_{,xy}-3B_{16}\delta w_{,xxy}-B_{16}\delta w_{,yyy}=0\\
&(A_{66}+A_{12})\delta u_{,xy}+A_{66}\delta v_{,xx}+A_{22}\delta v_{,yy}-B_{16}\delta w_{,xxx}-3B_{16}\delta w_{,xyy}=0\\
&D_{11}\delta w_{,xxxx}+2(D_{12}+2D_{66})\delta w_{,xxyy}+D_{22}\delta w_{,yyyy}-B_{16}(3\delta u_{,xxy}+\delta v_{,xxx})-\\
&\quad B_{26}(\delta u_{,yyy}+3\delta v_{,xyy})+\rho\delta w_{,tt}=0
\end{aligned}\right\} \tag{7-85}$$

边界条件采用式（7-41）中的 s_3，即：

$$\left.\begin{aligned}
x=0, a: \quad & \delta w=0;\ \delta M_x=B_{16}(\delta u_{,y}+\delta v_{,x})-D_{11}\delta w_{,xx}-D_{12}\delta w_{,yy}=0\\
& \delta u=0;\ \delta N_{xy}=A_{66}(\delta u_{,y}+\delta v_{,x})-B_{16}\delta w_{,xx}-B_{26}\delta w_{,yy}=0\\
y=0, b: \quad & \delta w=0;\ \delta M_y=B_{26}(\delta u_{,y}+\delta v_{,x})-D_{12}\delta w_{,xx}-D_{22}\delta w_{,yy}=0\\
& \delta v=0;\ \delta N_{xy}=A_{66}(\delta u_{,y}+\delta v_{,x})-B_{16}\delta w_{,xx}-B_{26}\delta w_{,yy}=0
\end{aligned}\right\} \tag{7-86}$$

选取横向自由振动位移变分函数：

$$\left.\begin{aligned}
\delta u(x, y, t)&=a_{mn}\sin\frac{m\pi x}{a}\cos\frac{n\pi y}{b}\sin\omega t\\
\delta v(x, y, t)&=b_{mn}\cos\frac{m\pi x}{a}\sin\frac{n\pi y}{b}\sin\omega t\\
\delta w(x, y, t)&=c_{mn}\sin\frac{m\pi x}{a}\sin\frac{n\pi y}{b}\sin\omega t
\end{aligned}\right\} \tag{7-87}$$

将式（7-87）代入式（7-86），容易验证其满足全部边界条件。因此可选取位移变分函数式（7-87）给出反对称角铺设层合板屈曲问题的精确解。

将式（7-87）代入式（7-85），可得关于待定系数 a_{mn}、b_{mn}、c_{mn} 的线性代数方程组：

$$\begin{bmatrix} T_{11} & T_{12} & T_{13}\\ T_{12} & T_{22} & T_{23}\\ T_{13} & T_{23} & T_{33}\end{bmatrix}\begin{bmatrix} a_{mn}\\ b_{mn}\\ c_{mn}\end{bmatrix}=\begin{bmatrix}0\\0\\0\end{bmatrix} \tag{7-88}$$

式中

$$T_{11}=A_{11}\left(\frac{m\pi}{a}\right)^2+A_{66}\left(\frac{n\pi}{b}\right)^2$$

$$T_{12}=(A_{12}+A_{66})\left(\frac{m\pi}{a}\right)\left(\frac{n\pi}{b}\right)$$

$$T_{22}=A_{66}\left(\frac{m\pi}{a}\right)^2+A_{22}\left(\frac{n\pi}{b}\right)^2$$

$$T_{13}=-\left[3B_{16}\left(\frac{m\pi}{a}\right)^2+B_{26}\left(\frac{n\pi}{b}\right)^2\right]\left(\frac{n\pi}{b}\right)$$

$$T_{23}=-\left[B_{16}\left(\frac{m\pi}{a}\right)^2+3B_{26}\left(\frac{n\pi}{b}\right)^2\right]\left(\frac{m\pi}{a}\right)$$

$$\overline{T}_{33}=D_{11}\left(\frac{m\pi}{a}\right)^4+2(D_{12}+2D_{66})\left(\frac{m\pi}{a}\right)^2\left(\frac{n\pi}{b}\right)^2+D_{22}\left(\frac{n\pi}{b}\right)^4$$

$$T_{33}=\overline{T}_{33}-\rho\omega^2$$

关于待定系数 a_{mn}、b_{mn}、c_{mn} 的线性代数方程组式（7-88）有非零解的必要充分条件为：

$$\Delta=\begin{vmatrix} T_{11} & T_{12} & T_{13} \\ T_{12} & T_{22} & T_{23} \\ T_{13} & T_{23} & T_{33} \end{vmatrix}=0$$

由此可得：

$$\omega^2=\frac{1}{\rho}\left(T_{33}+\frac{2T_{23}T_{13}T_{12}-T_{13}^2T_{22}-T_{23}^2T_{11}}{T_{11}T_{22}-T_{12}^2}\right) \tag{7-89}$$

式中，取 $m=1$，$n=1$，2，…；或 $m=2$，$n=1$，2，…；……得到一系列 ω，其中最小的为反对称角铺设层合板横向微幅自由振动问题的固有频率。

对于 $E_1/E_2=40$，$G_{12}/E_2=0.5$，$\nu_{12}=0.25$ 的反对称角铺设石墨/环氧复合材料层合板，图 7-19 给出了 $\omega-\theta$ 关系曲线。结果表明，耦合刚度 B_{16}、B_{26} 降低了固有频率；当层合板的层数增加时，耦合刚度 B_{16}、B_{26} 的影响将会随之减小。

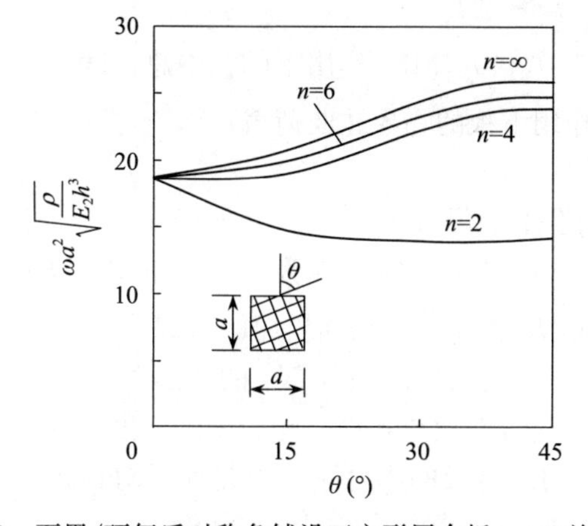

图 7-19 石墨/环氧反对称角铺设正方形层合板 $\omega-\theta$ 关系曲线

习　题

7.1　各向同性材料的特性 $E_x=E_y=E$，$\nu_{xy}=\nu_{yx}=\nu$，$G_{xy}=G=E/[2(1+\nu)]$，求其弯曲基本方程。

7.2　四边简支各向同性板受 $q=q_0$ 横向荷载作用。

（1）证明 $w=\dfrac{16q_0}{\pi^6 D}\dfrac{a^4b^4}{a^4+2a^2b^2+b^4}\sin\dfrac{\pi x}{a}\sin\dfrac{\pi y}{b}$；

（2）利用力矩与曲率的关系，计算 M_x；

（3）$h=5\text{mm}$，$a=b=500\text{mm}$，$\nu=0.3$，$qab=500\text{N}$，由公式 $\sigma_x=6M_x/t^3$，求板中央表面的应力。

7.3　四边简支正交铺设矩形层合板（$[0t/90°2t/0t]$）的几何尺寸为 $a=200\text{cm}$，$b=100\text{cm}$，厚度 $h=16\text{mm}=4t$；单层板的特性为 $E_1=100\text{GPa}$，$E_2=20\text{GPa}$，$G_{12}=5\text{GPa}$，$\nu_{12}=0.2$。试求：

（1）均布荷载 $q_0=1.0\times10^{-3}\text{MPa}$ 作用下的板中总挠度 w；

（2）面内荷载 $\overline{N}_x$ 作用下板的临界屈曲荷载；

（3）板的自振基频。

7.4　四边简支角铺设矩形层合板（$[45°t/-45°t/45°t]$）的几何尺寸为 $a=b=40\text{cm}$，厚度 $h=9\text{mm}=3t$；单层板的特性为 $E_1=50\text{GPa}$，$E_2=10\text{GPa}$，$G_{12}=5\text{GPa}$，$\nu_{12}=0.3$。试求面内荷载 $\overline{N}_x$ 作用下板的临界屈曲荷载。

7.5　考虑一板面内承受均匀单向荷载 N_x 的四边简支矩形对称角铺设层合板的屈曲问题。试列出基本屈曲方程及边界条件。能否得到挠度的封闭解，为什么？

7.6　试通过计算证明层合板的耦合刚度总是使反对称正交铺设及反对称角铺设层合板的弯曲挠度增加，屈曲荷载降低及自振频率降低。

7.7　一双向铺设层合板的各单层厚度相等，与层合板 x 轴成 $+\alpha_i$ 及 $-\alpha_i$ 夹角方向铺设相同数量的同种纤维，各基体也相同。在板的中面承受均匀荷载 $\overline{N}_x$ 及 $\overline{N}_y$，且 $\overline{N}_y=k\overline{N}_x$，$k$ 为常数。层合板四边简支，总厚度为 h。试证明其屈曲荷载满足下式结果：

$$\overline{N}_x=\frac{1}{\pi^2a^2(m^2+kn^2R^2)}\left(T_{33}+\frac{2T_{12}T_{13}T_{23}-T_{22}T_{13}^2-T_{11}T_{23}^2}{T_{11}T_{22}-T_{12}^2}\right)$$

式中

$$T_{11}=(A_{11}m^2+A_{66}n^2R^2)\pi^2$$
$$T_{12}=(A_{12}+A_{66})mnR\pi^2$$
$$T_{22}=(A_{66}m^2+A_{22}n^2R^2)\pi^2$$
$$T_{13}=[B_{11}m^3+(B_{12}+2B_{66})mn^2R^2]\pi^3$$
$$T_{23}=[(B_{12}+2B_{66})m^2nR+B_{22}n^3R^3]\pi^3$$
$$T_{33}=[D_{11}m^4+2(D_{12}+2D_{66})m^2n^2R^2+D_{22}n^4R^4]\pi^4$$
$$R=a/b$$

参考文献

[1] 蒋咏秋，陆逢升，顾志建．复合材料力学［M］．西安：西安交通大学出版社，1990.

[2] 沈观林．复合材料力学［M］．北京：清华大学出版社，2013.

[3] 矫桂琼，贾普荣．复合材料力学［M］．西安：西北工业大学出版社，2008.

[4] 刘新东，刘伟．复合材料力学基础［M］．西安：西北工业大学出版社，2010.

[5] 赵渠森．先进复合材料手册［M］．北京：机械工业出版社，2003.